工业和信息化职业教育“十二五”规划教材

电气工程CAD

总主编 王全亮

主 编 马英杰

副主编 王春红 孙爱芬 孙承秀

主 审 张长富

電子工業出版社

Publishing House of Electronics Industry

北京·BEIJING

内 容 简 介

本书分为 8 个项目，分别为电气工程图纸的技术要求、AutoCAD 软件的操作、常用电气元件的绘制、电力电气工程图的绘制、建筑电气图的绘制、机械电气控制图的绘制、绘制楼宇智能化系统图、ACE 绘图。每个项目分知识训练和技能训练两大模块。知识训练部分介绍相关 AutoCAD 2010 简体中文版的基础知识和操作方法，技能训练部分安排了若干项目，要求学生按电气制图规范工艺要求，掌握利用 AutoCAD 2010 简体中文版软件绘制电气工程图的过程和方法。

通过对本教材的学习，学生既能掌握理论知识，又能具备较强的动手能力，真正做到理论联系实际。

本教材适用于电气工程及自动化专业与相关专业“电气工程 CAD”课程的教学，符合目前高职高专教育项目导向，任务驱动的课改方向。可作为高职高专院校、高等工科院校电气类专业教材，也可作为电力类、机电一体化类、在职职工岗位培训及工程技术人员的参考读物。

未经许可，不得以任何方式复制或抄袭本书之部分或全部内容。
版权所有，侵权必究。

图书在版编目（CIP）数据

电气工程 CAD / 马英杰主编．—北京：电子工业出版社，2012.8
工业和信息化职业教育“十二五”规划教材

ISBN 978-7-121-17975-4

Ⅰ. ①电… Ⅱ. ①马… Ⅲ. ①电工技术—计算机辅助设计—AutoCAD 软件—高等职业教育—教材 Ⅳ.①TM02-39

中国版本图书馆 CIP 数据核字（2012）第 192628 号

策划编辑：白　楠
责任编辑：郝黎明　　文字编辑：裴　杰
印　　刷：北京虎彩文化传播有限公司
装　　订：北京虎彩文化传播有限公司
出版发行：电子工业出版社
　　　　　北京市海淀区万寿路 173 信箱　邮编　100036
开　　本：787×1 092　1/16　印张：15.75　字数：403.2 千字
版　　次：2012 年 8 月第 1 版
印　　次：2024 年 1 月第 24 次印刷
定　　价：34.80 元

凡所购买电子工业出版社图书有缺损问题，请向购买书店调换。若书店售缺，请与本社发行部联系，联系及邮购电话：（010）88254888，88258888。

质量投诉请发邮件至 zlts@phei.com.cn，盗版侵权举报请发邮件至 dbqq@phei.com.cn 。

本书咨询联系方式：（010）88254592，bain@phei.com.cn。

前　言

本教材是根据高职电气工程及自动化技术专业的培养目标，并参照相关行业的职业技能鉴定规范及高级技术工人等级考核标准编写的。

为了适应新技术的发展对 AutoCAD 电气工程制图课程的教学需要，并且符合目前高职教育项目导向、任务驱动的课改方向，本教材在编写过程中，坚持理论联系实际、突出能力培养的原则。

本书从两个方面出发，把 AutoCAD 和电气制图结合起来，使读者把 AutoCAD 电气制图作为一个整体看待，既了解 AutoCAD 2010 简体中文版和 AutoCAD Electrical 2012 的制图特点，又可以掌握电气制图原理及应用方面的基本知识。

本书分为 8 个项目：电气工程图纸的技术要求、AutoCAD 软件的操作、常用电气元件的绘制、电力电气工程图的绘制、建筑电气图的绘制、机械电气控制图的绘制、绘制楼宇智能化系统图、ACE 绘图。每个项目分知识训练和技能训练两个部分，在知识训练部分重点介绍 AutoCAD 2010 简体中文版的二维绘图工作环境的设置和基本操作方法与技巧等，技能训练部分安排了若干项目，要求学生自己按照电气工程制图的规范工艺要求，利用 AutoCAD 2010 简体中文版完成电气工程图的绘制及简单的电气设计。通过学习 AutoCAD 2010 简体中文版的基础知识和电气工程制图的基本方法与技巧，达到计算机辅助设计与电气工程制图的完美结合。使学生既掌握了知识点，又具有电气工程制图和简单电气设计的动手能力，基本达到了培养目标。

本教材适用于电气工程及自动化技术专业与相关专业、学制三年的高等职业教育的教学，建议课时分配如下表所示。

序　号	内　容	总 学 时	知 识 训 练	技 能 训 练
项目一	电气工程图纸的技术要求	8	6	2
项目二	AutoCAD 软件的操作	16	6	10
项目三	常用电气元件的绘制	12	6	6
项目四	电力电气工程图的绘制	14	4	10
项目五	建筑电气图的绘制	8	4	4
项目六	机械电气控制图的绘制	6	2	4
项目七	绘制楼宇智能化系统图	8	4	4
项目八	认识 ACE 绘图	8	8	0
总计		80	40	40

本书由王全亮任总主编，马英杰任主编，王春红、孙爱芬、孙承秀任副主编，张长富担任主审。在编写过程中得到了赵辉高级工程师以及河南华民电力设计有限公司的支持，在此表示衷心的感谢。

由于编者水平所限，书中难免存在错误和不妥之处，恳请广大读者批评指正。

编　者

目　录

项目一
电气工程图纸的技术要求

知识要求

1．了解电气工程图的种类及特点。

2．掌握电气工程制图的基本知识。

3．掌握电气工程 CAD 制图的规范、电气图形符号的构成。绘制电气工程图需要遵循的规范。

技能要求

1．熟悉电气工程图的分类方法。

2．熟练掌握电气工程 CAD 制图的规范。

3．掌握电气工程图的电气图形符号的构成和分类。

1.1 知识训练

电气工程图的特点：电气工程图的主要表现形式是简图，简图是采用标准的图形符号和带注释的框或者简化外形表示系统或设备中各组成部分之间相互关系的一种图。电气图大多以简图的形式绘制。它描述的主要内容是元件和连接线。通过电气元件与连接线的连接构成电路图、系统图、平面图等。电气图的基本要素是图形符号、文字和项目代号。它的布局方法包括功能布局法和位置布局法。所谓功能布局法：是指在绘图时，图中各元件的位置只考虑元件之间的功能关系，而不考虑元件的实际位置关系的一种布局方法。例如系统图和电路图就是采用这种方法绘制的；所谓位置布局法：是指电气工程图中的元件位置对应于元件的实际位置的一种布局方法。例如接线图和设备布置图就是采用这种方法绘制的。另外，它还具有多样性。不同的描述方法形成了不同的电气工程图。系统图、电路图、框图、布置图就是描述能量流和信息流的电气工程图；逻辑图是描述逻辑流的电气工程图；功能图、程序框图是描述功能流的电气工程图。

知识训练一　电气工程图的种类及特点

电气工程图是表示电气系统、装置和设备各组成部分的功能、用途、原理、装接和使用信息的一种工程设计文件。主要用来阐述电气工程的构成和功能，描述电气装置的工作原理，提供安装和维护使用的信息，辅助电气工程研究和指导电气工程实际施工等的技术文件。它是电气工程中各部门进行沟通、交流信息的载体，各种类别的电气工程图都有某些联系和共同点，不同类别的电气工程图适用不同的场合，其表达工程含义的侧重点也不相同。对于不同专业和在不同场合下，只要是按照同一种用途绘成的电气工程图，不仅在表达方法与方式上必须是统一的，而且在图的分类与属性上也应该一致。根据电气工程的规模不同，该项工程的电气图的种类和数量也不同。电气工程的电气图通常装订成册，包含以下内容：

1. 目录和前言

目录类似图书的目录，便于检索图样和资料系统化，它主要由序号、图样名称、编号、张数等构成。

前言中一般包括设计说明、图例、设备材料明细表、工程经费概算等。设计说明的主要目的在于阐述电气工程设计的依据、基本指导思想与原则，图样中未能清楚表明的工程特点、安装方法、工艺要求、特殊设备的安装使用说明，以及有关的注意事项等的补充说明。图例就是图形符号，一般在前言中只列出本图样涉及的一些特殊图例，通常图例都有约定俗成的图形格式，可以通过查询国家标注和电气工程手册获得。设备材料明细表列出该电气工程所需的主要电气设备和材料的名称、型号、规格和数量，可供实验准备、经费预算和购置设备材料时参考。工程经费概算用于大致统计该套电气工程所需的费用。可以作为工程经费的预算和决算的重要依据。

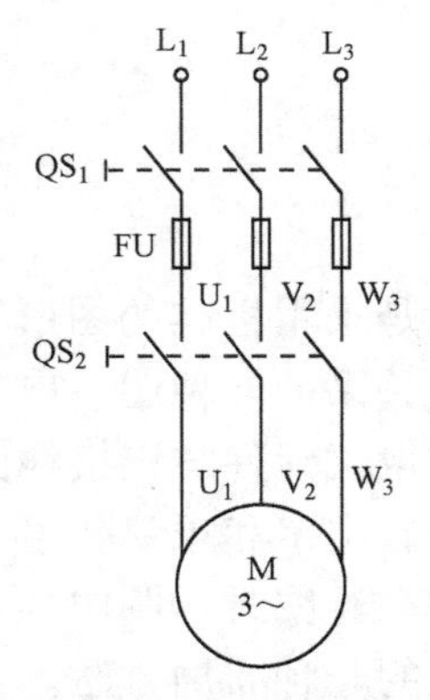

图 1-1　三相电路主回路

2. 电气系统图

系统图是一种简图，由符号或带注释的框绘制而成，用来概略表示系统、分系统、成套装置或设备的基本组成、相互关系及其主要特征，为进一步编制详细的技术文件提供依据，供操作和维修时参考。电气系统图用于表示整个工程或工程中某一项目的供电方式和电能输送的关系，也可以表示某一装置各主要组成部分的关系。例如，一个电动机的供电关系，则可以采用如图 1-1 所示的电气系统图。

系统图对布图要求很高，强调布局清晰，以利于识别过程和信息的流向。基本的流向应该是自左至右或自下至上。只有某些特殊情况下方向例外，例如用于表达非电气工程中的电气控制系统或者电气控制设备的系统图和框图，可以根据非电过程的流程图绘制，但是图中的控制信号应该与过程的流向相互垂直，以利识别。

3. 电路图

电路图主要表示某一系统成套装置的电气工作原理。它是用图形符号绘制，并按工作顺序排列，详细表示电路、设备或成套装置的全部基本组成部分的连接关系，侧重表达电气工程的逻辑关系，而不考虑其实际位置的一种简图。电路图的用途很广，可以用于详细地理解电路、设备或成套装置及其组成部分的作用原理，分析和计算电路特性，为测试和寻找故障提供信息，并作为编制接线图的依据，简单的电路图可以直接用于接线。

电路图的布图突出表示功能的组合和性能。每个功能都应以适当的方式加以区分，图层信息流及各级之间的功能关系，其中使用的图形符号，必须具有完整形式，元件画法简单而且符合国家规范。电路图应根据使用对象的不同需要，标注相应的各种补充信息，特别是应该尽可能考虑给出维修所需的各种详细资料。

4. 电气接线图

接线图是主要用于表示电气装置内部各元件之间及其与外部其他装置之间的连接关系的一种简图，便于安装接线及维护。有单元接线图、互连接线图端子接线图、电力电缆配置图等类型。

接线图中的每个端子都必须注出元件的端子代号，连接导线的两端子必须在工程中统一编号。接线布图时，应大体按照各个项目的相对位置进行布置，连接线可以用连续线方式画，也可以用断线方式画。

5. 电气平面图

电气平面图表示电气工程中电气设备、装置和线路的平面布置，一般是在建筑平面图的基础上绘制出来的。常见的电气工程平面图有线路平面图、变电所平面图、照明平面图、弱电平面图、防雷与接地平面图等，如图 1-2 所示。

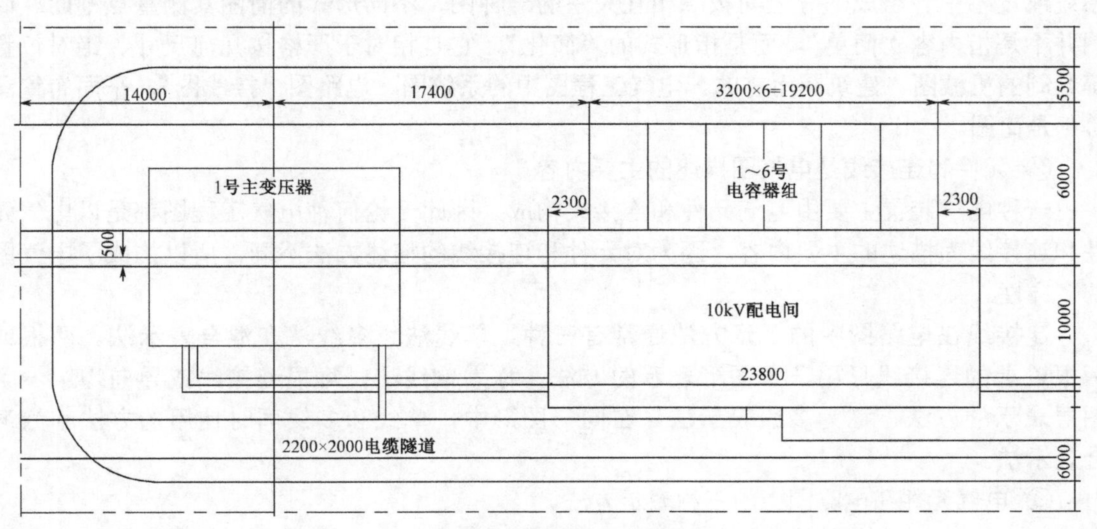

图 1-2 某变电所平面布置图局部

6．设备布置图

设备布置图主要表示各种电气设备和装置的布置形式、安装方式及相互位置之间的尺寸关系，通常由平面图、立面图、断面图、剖面图等组成。

7．大样图

大样图用于表示电气工程某一部分、构件的结构，用于指导加工与安装，部分大样图为国家标准图。

8．产品使用说明书用电气图

电气工程中选用的设备和装置，其生产厂家往往随产品使用说明书附上电气图，这些也是电气工程图的组成部分。

9．电气工程图的一般特点

图形符号、文字符号和项目代号是构成电气图的基本要素。

图形符号、文字符号和项目代号是构成电气图的基本要素，一些技术数据也是电气图的主要内容。电气系统、设备或装置通常由许多部件、组件、功能单位等组成。一般用一种图形符号描述和区分这些项目的名称、功能、状态、特征、相互关系、安装位置、电气连接等，不必画出它们的外形结构。

在同一张图上，同类设备只用一种图形符号，例如各种开关元件都用同一个符号表示。为了区分同一类设备中不同元器件的名称、功能、状态、特征以及安装位置，还必须在符号旁边标注文字符号。有时还要标注一些技术数据。

电气工程图属于专业工程图，其区别与机械工程图、建筑工程图的主要特点归纳为以下几点。

① 简图是电气工程图的主要形式。简图是采用图形符号和带注释的框或简化外形表示系统或设备中各组成部分之间按照相互关系的一种图，不同形式的简图其侧重点不同。简图并不是指内容“简单”，而是指形式的“简化”，它是相对于严格按几何尺寸、绝对位置等绘制的机械图、建筑图而言的。电气工程图中的系统图、电路图“接线图”、平面布置图等都是简图。

② 元件和连接线是电气图描述的主要内容。

一种电气装置主要由电气元件和连接线构成，因此无论何种电气工程图都是以电气元件和连接线为描述的主要内容。因为对元件和连接线的描述方法不同，所以构成了电气图的多样性。

连接线在电路图中的表示方法通常有三种，单线法、多线法和混合表示法。两根或两根以上的连接线只用一条图形表示的方法，称为单线法；每根连接线或导向均用一条图层表示的方法，称为多线表示法；在同一图形中，单线和多线同时使用的方法称为混合表示法。

③ 电气元件在电路图中的三种表示方法。

在电气工程图的绘制过程中，用于电气元件的表示方法可分别采用集中表示法、半集中表示法、分开表示法。

集中表示法是把一个元器件各组成部分的图形符号绘制在一起的方法；半集中表示法是介于集中表示法和分开表示法之间的一种表示法。其特点是，在图中把一个项目的某些部分的图形符号分开布置，并用机械连接线表示出项目中各部分的关系。其目的是得到清晰的电路布局。这里，机械连接线一般用虚线表示。它可以是直线，也可以是折弯、分支或交叉。

④ 连接线去向的表示方法。

在接线图和某些电路图中，通常要求表示连接线的两端各引向何处。表示连接线去向一般有连续线表示法和中断线表示法。

⑤ 电气工程图的布局方法。

在完成电气工程图的绘制过程中，通常采用功能布局法和位置布局法。功能布局法是指在绘图过程中，只考虑便于看出它们所表示的元器件之间的功能关系，而不考虑实际位置的一种布局方法。例如电气系统图、电路原理图都是采用这种布局方法绘制的。

所谓位置布局法，是指在绘图过程中，电气图中的元器件符号的布置对应该元件的实际安装位置的布局方法。例如接线图、平面图等。

⑥ 对能量流、信息流、逻辑流、功能流的不同描述方法，构成了电气图的多样性，不同的电气工程图采用不同的描述方法。因为在某一个电气系统或电气装置中，各种元器件、设备、装置之间，从不同角度，不同方面去考察，存在着不同的关系。能量流主要表示电流的传递过程和流向；信息流主要表示系统中信号的流向、传递和反馈；逻辑流主要表示弱电系统相互间的逻辑关系；功能流主要表示设备相互间的功能控制关系。

在电气技术领域内，往往需要从不同的目的出发，对上述 4 种物理流进行研究和描述，而作为描述这些物理流的工具之一——电气图，也需要采用不同的形式。这些不同的形式，从本质上揭示了各种电气图内在的特征和规律。实际上，将电气图分成若干种类，从而构成了电气图的多样性。

知识训练二　电气工程 CAD 制图的一般规范

电气工程设计部门设计、绘制图样，施工单位按图样组织工程施工，所以图样必须有设计和施工等部门共同遵守的一定格式和一些基本规定，本节简要介绍国家标准 GB/T18135—2000《电气工程 CAD 制图规则》中常用的有关规定。

（1）图纸的格式。

一张图纸的完整图面是由边框线、标题栏、会签栏和绘图区组成的。其格式如图 1-3 所示。

（2）幅面尺寸。

图纸的幅面就是由边框线所围成的绘图图面。幅面尺寸共分五等：A0～A4，具体的尺寸。绘制图样时，图纸幅面尺寸应优先采用表 1-1 中规定的基本幅面。

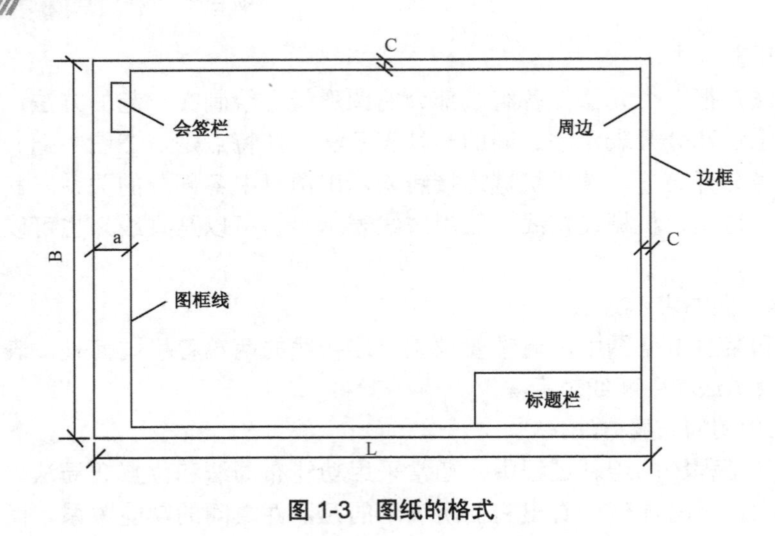

图 1-3 图纸的格式

表 1-1 图纸的基本幅面及图框尺寸 代号 B×Lace mm

幅面代号	A0	A1	A2	A3	A4
B×L	841×1189	594×841	420×594	297×420	210×297
a	25				
c	10			5	
e	20		10		

其中，a、c、e 为留边宽度。图纸幅面代号由“A”和相应的幅面号组成，即 A0～A4。基本幅面共有 5 种，其尺寸关系如图 1-4 所示。

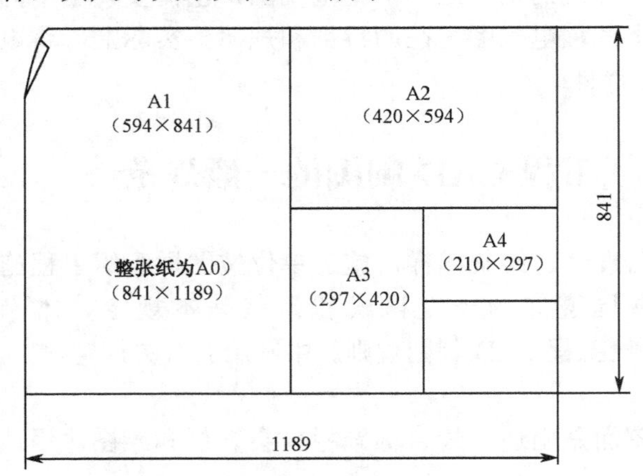

图 1-4 基本幅面的尺寸关系

幅面代号的几何含义，实际上就是对 0 号幅面的对开次数。如 A1 中的“1”，表示将全张纸（A0 幅面）长边对折裁切一次所得的幅面；A4 中的“4”，表示将全张纸长边对折裁切四次所得的幅面，如图 1-4 所示。

必要时，允许沿基本幅面的短边成整数倍加长幅面，但加长量必须符合国家标准（GB/T 14689—93）中的规定。

图框线必须用粗实线绘制。图框格式分为留有装订边和不留装订边两种，如图 1-5 和图 1-6 所示。两种格式图框的周边尺寸 a、c、e 见表 1-1。但应注意，同一产品的图样只能采用一种格式。

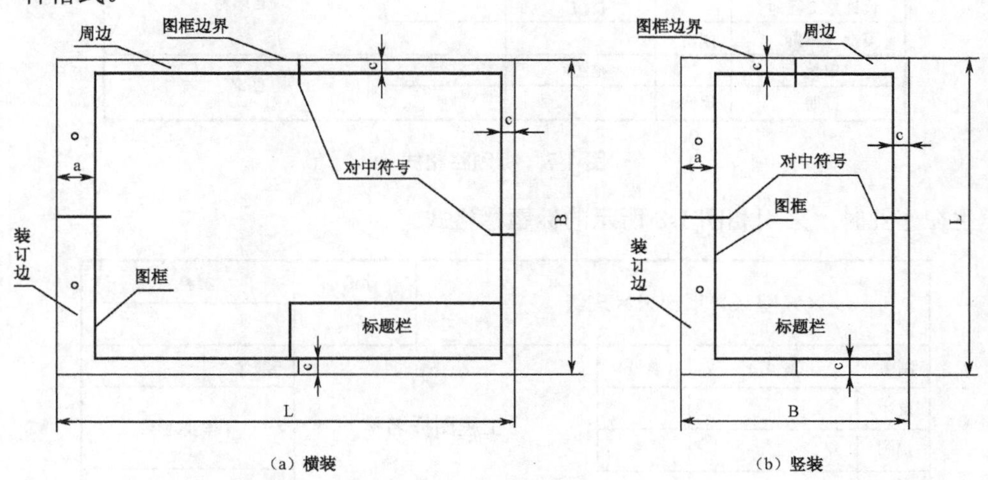

图 1-5　留有装订边图样的图框格式

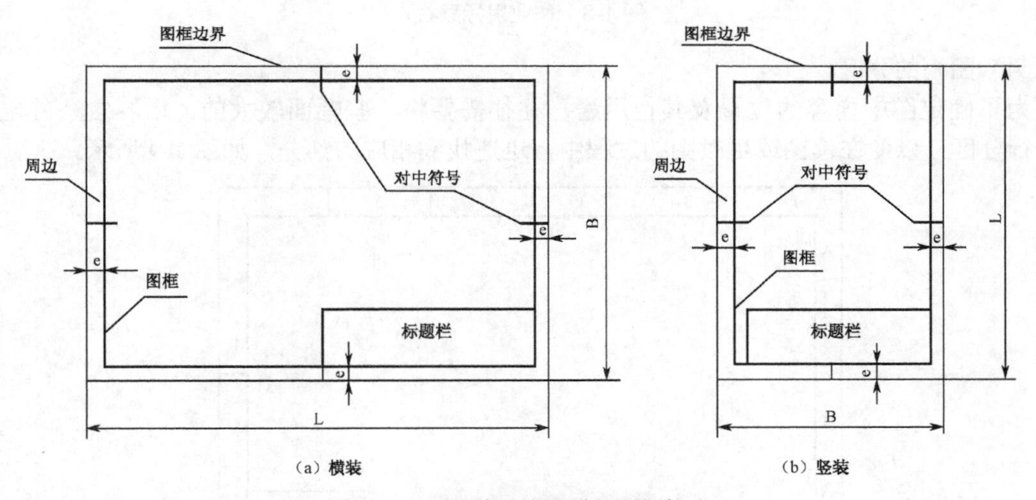

图 1-6　不留装订边图样的图框格式

国家标准规定，工程图样中的尺寸以毫米为单位时，不需标注单位符号（或名称）。如采用其他单位，则必须注明相应的单位符号。本书的文字叙述和图例中的尺寸单位为毫米，均未标出。

（3）标题栏。

标题栏是用来确定图样的名称、图号、张次、更改和有关人员签署等内容的栏目，位于图样的下方或右下方。图中的说明、符号均应以标题栏的文字方向为准。

目前我国尚没有统一规定标题栏的格式，各设计部门标题栏格式不一定相同。通常采用的标题栏格式应有以下内容：设计单位名称、工程名称、项目名称、图名、图别、图号等。电气工程图中常采用图 1-7 所示的标题栏格式，可供读者借鉴。

<table>
<tr><td colspan="4" rowspan="2">设计单位名称</td><td rowspan="2">工程名称</td><td>设计号</td><td></td></tr>
<tr><td>图号</td><td></td></tr>
<tr><td>总工程师</td><td></td><td>主要设计人</td><td></td><td colspan="3" rowspan="3">项目名称</td></tr>
<tr><td>设计总工程师</td><td></td><td>技核</td><td></td></tr>
<tr><td>专业工程师</td><td>制图</td><td></td><td></td></tr>
<tr><td>组长</td><td></td><td>描图</td><td></td><td colspan="3" rowspan="2">图名</td></tr>
<tr><td>日期</td><td>比例</td><td></td><td></td></tr>
</table>

图 1-7 标题栏格式

学生在作业时，采用如图 1-8 所示的标题栏格式。

<table>
<tr><td colspan="4" rowspan="2">××院××系部××班级</td><td>比例</td><td colspan="2">材料</td></tr>
<tr><td></td><td colspan="2"></td></tr>
<tr><td>制图</td><td>（姓名）</td><td>（学号）</td><td rowspan="4">工程图样名称</td><td>质量</td><td colspan="2"></td></tr>
<tr><td>设计</td><td></td><td></td><td colspan="3" rowspan="2">（作业编号）</td></tr>
<tr><td>描图</td><td></td><td></td></tr>
<tr><td>审核</td><td></td><td></td><td colspan="3">共 张 第 张</td></tr>
</table>

图 1-8 作业用标题栏

（4）图幅的分区。

为了确定图中内容的位置及其他用途，往往需要将一些幅面较大的，内容复杂的电气图进行分区，以便在读图或更改图的过程中，迅速找到相应的部分，如图 1-9 所示。

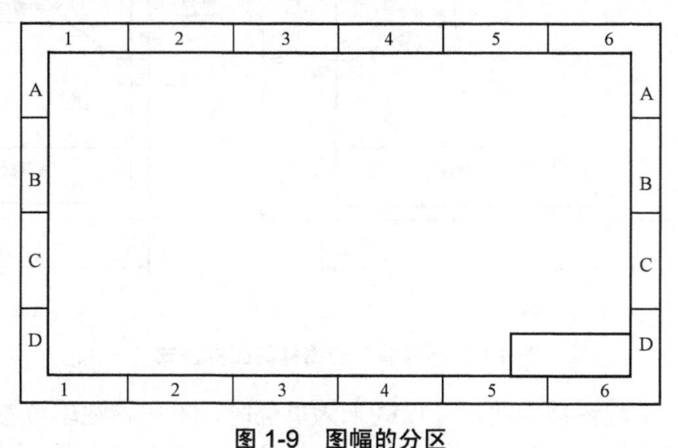

图 1-9 图幅的分区

图幅的分区方法是：等分图纸相互垂直的两边，分区的数目视图的复杂程度而定，但要求每边必须为偶数。每一分区一般不小于 25mm，不大于 75mm 分区代号，竖边方向用大写拉丁字母编号，横边方向用阿拉伯数字编号，编号的顺序应从标题栏相对的左上角开始，自左向右，对分区中符号应以粗实线给出，其线宽不宜小于 0.5mm。分区代号用字母和数字表示，字母在前，数字在后。

图纸分区后，相当于在图样上建立了一个坐标。电气图上的元件和连接线的位置可由此“坐标”而唯一确定下来。

（5）图线。

图线是指起点和终点间以任意方式连接的一种几何图形，它是组成图形的基本要素，形状可以是直线或曲线、连续线或不连续线。国家标准中规定了在工程图样中使用的六种图线，其形式、名称、宽度，以及应用示例见表 1-2。

表 1-2 常用图线的形式、宽度和主要用途

图线名称	图线形式	图线宽度	主要用途
粗实线		b	电气线路、一次线路
细实线		约 b/3	二次线路、一般线路
虚线		约 b/3	屏蔽线、机械连线
细点画线		约 b/3	控制线、信号线、围框线
粗点画线		b	有特殊要求线
双点画线		约 b/3	原轮廓线

图线分为粗、细两种。以粗线宽度作为基础，粗线的宽度 b 应按图的大小和复杂程度，在 0.5～2mm 之间选择，细线的宽度应为粗线宽度的 1/3。图线宽度的推荐系列为：0.18、0.25、0.35、0.5、0.7、1、1.4、2mm，若各种图线重合，应按粗实线、点画线、虚线的先后顺序选用线型。

（6）字体。

在图样上除了要用图形来表达机件的结构形状外，还必须用数字及文字来说明它的大小和技术要求等其他内容。电气图中的字体必须符合标准，一般汉字常用仿宋体、宋体，字母、数字用正体、罗马字体。

① 基本规定。

在图样和技术文件中书写的汉字、数字和字母，都必须做到：字体工整、笔画清楚、间隔均匀、排列整齐。字体的号数代表字体高度（用 h 表示）。字体高度的公称尺寸系列为：1.8、2.5、3.5、5、7、10、14、20mm。如需更大的字，其字高应按 $\sqrt{2}$ 的比率递增。汉字应写成长仿宋体字，并应采用国家正式公布的简化字。汉字的高度 h 应不小于 3.5，其字宽一般为 $h/\sqrt{2}$ 。字母和数字分 A 型和 B 型。A 型字体的笔画宽度 d＝h/14，B 型字体的笔画宽度 d＝h/10。在同一张图样上，只允许选用一种形式的字体。字母和数字可写成斜体和正体。斜体字字头向右倾斜，与水平基准线成 75°。

② 字体示例。

汉字示例：

横平竖直注意起落结构均匀填满

字母示例：

罗马数字：

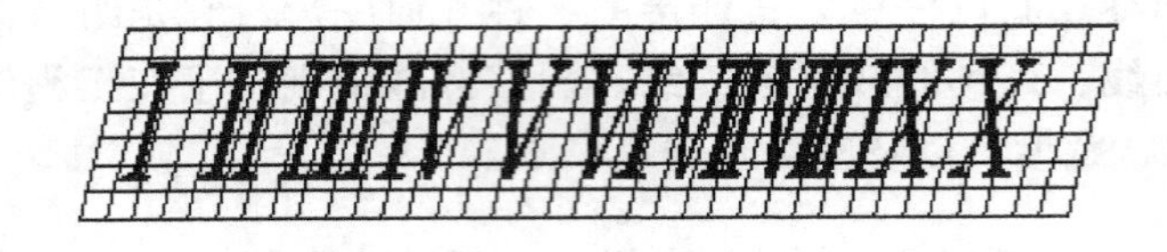

数字示例：

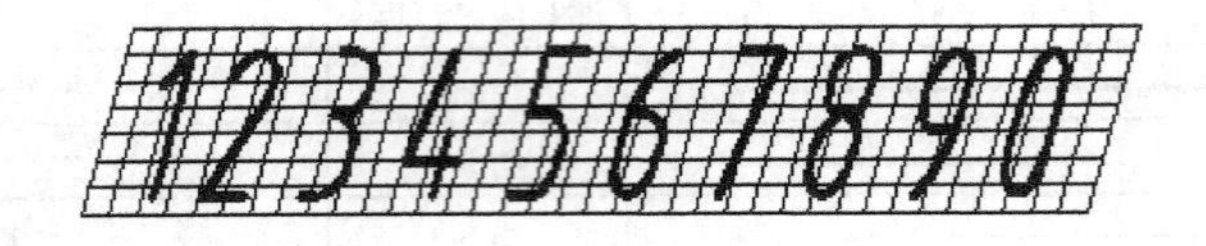

（7）比例。

比例是指图中图形与其实物相应要素的线性尺寸之比。大部分电气工程图是不按比例绘制的，只有某些位置图按比例绘制或部分按比例绘制。

绘制图样时，应优先选择表 1-3 中的优先使用比例。必要时也允许从表 1-3 中允许使用比例中选取。电气工程图采用的比例一般为 1∶10、1∶20、1∶50、1∶100、1∶200、1∶500。

表 1-3　绘图的比例

种　类		比　例
原值比例		1:1
放大比例	优先使用	5:1　2:1　5×10^n:1　2×10^n:1　1×10^n:1
	允许使用	4:1　2.5:1　4×10^n:1　2.5×10^n:1
缩小比例	优先使用	1:2　1:5　1:10　1:2×10^n　1:5×10^n　1:1×10^n
	允许使用	1:1.5　1:2.5　1:3　1:4　1:6 1:1.5 $\times10^n$　1:2.5 $\times10^n$　1:3×10^n　1:4×10^n　1:6×10^n

注：*n* 为正整数。

（8）方位。

一般来说，电气平面图按上北下南，左西右东来表示建筑物和设备的位置和朝向。但外电总平面图中用方位标记（指北针方向）来表示朝向。

（9）安装标高。

在电气平面图中，电气设备和线路的安装标高是用标高来表示的，这与建筑制图类似。标高有绝对标高和相对标高两种。绝对标高是我国的一种高度表示方法，又称为海拔高度。相对标高是选定某一参考平面为零点而确定的高度尺寸。建筑工程图上采用的相对标高，一般是选定建筑物室外地平面±0.00m，标注方法为根据这个高度标注出相对高度。

在电气平面图中，也可以选择每一层地平面后楼面为参考面，电气设备和线路安装，敷设位置高度以该层地平面为基准，一般称为敷设标高。

（10）定位轴线。

电力、照明和电信平面布置图通常是在建筑物平面图的基础上完成的，由于建筑物平面图中建筑物都标有定位轴线，因此电气平面图也带有轴线。定位轴线编号的原则是：在水平方向采用阿拉伯数字，自左向右注写；在垂直方向采用拉丁字母由下往上注写，数字和字母组成分别用点画线引出。通过定位轴线可以帮助用户了解电气设备和其他设备的具体安装位置，使用定位轴线，可以很容易找到设备的位置，对修改、设计变更图样非常有利。

（11）详图。

电气设备中某些零部件、连接点等的结构、做法、安装工艺要求等，有时需要将这些部分单独放大，详细表示，这种图样称为详图。

电气设备中某些部分的详图可以画在同一张图样上，也可画在另一张图样上。为了将它们联系起来，需要使用一个统一的标记。标注在总图某位置上的标记称为详图索引标志；标注在详图位置上的标记称为详图标志。

1.2 技能训练

技能训练一 绘制简单的电气图形符号

1. 训练目的

（1）了解电气图形符号的构成和分类。

（2）熟练掌握手工作图时电气图形符号的绘制方法。

在绘制电气图形时，一般用于图样或其他文件来表示一个设备或概念的图形、标记或字符的符号称为电气图形符号。电气图形符号只要示意图形绘制，不需要精确比例。在按照简图形式绘制的电气工程图中，元器件、设备、装置、线路及其安装方法等都是借用图形符号、文字符号和项目代号来表达的；分析电气工程图，首先要明确这些符号的形式、内容、含义以及它们之间的相互关系。

2. 电气图形符号的构成

电气图用图形符号通常由一般符号、符号要素、限定符号、方框符号和组合符号等组成。

（1）一般符号。它是用来表示一类产品和此类产品特征的一种通常很简单的符号。

（2）符号要素。它是一种具有确定意义的简单图形，不能单独使用。符号要素必须同其他图形组合后才能构成一个设备或概念的完整符号。

（3）限定符号。它是用以提供附加信息的一种加在其他符号上的符号。通常它不能单独使用。有时一般符号也可用作限定符号，如电容器的一般符号加到扬声器符号上即构成电容式扬声器符号。

（4）框形符号。它是用来表示元件、设备等的组合及其功能的一种简单图形符号。既不给出元件、设备的细节，也不考虑所有连接。通常使用在单线表示法中，也可用在全部输入和输出接线的图中。

（5）组合符号。它是指通过以上已规定的符号进行适当组合所派生出来的、表示某些特定装置或概念的符号。

3. 电气图形符号的分类

新的《电气图用图形符号　总则》国家标准代号为 GB/4728.1—1985，采用国际电工委员会（IES）标准，在国际上具有通用性，有利于对外技术交流。GB/4728 电气图用图形符号共分 13 部分。

（1）总则。有本标准内容提要、名词术语、符号的绘制、编号使用及其他规定。

（2）符号要素、限定符号和其他常用符号。内容包括轮廓和外壳、电流和电压的种类、可变性、力或运动的方向、流动方向、材料的类型、效应或相关性、辐射、信号波形、机械控制、操作件和操作方法、非电量控制、接地、接机壳和等到电位、理想电路元件等。

（3）导体和连接件。内容包括电线、屏蔽或绞合导线、同轴电缆、端子导线连接、插头和插座、电缆终端头等。

（4）基本无源元件。内容包括电阻器、电容器、电感器、铁氧体磁芯、压电晶体、驻极体等。

（5）半导体管和电子管。如二极管、三极管、电子管等。

（6）电能的发生与转换。内容包括绕组、发电机、变压器等。

（7）开关、控制和保护器件。内容包括触点、开关、开关装置、控制装置、启动器、继电器、接触器和保护器件等。

（8）测量仪表、灯和信号器件。内容包括指示仪表、记录仪表、热电偶、遥控装置、传感器、灯、电铃、蜂鸣器、扬声器等。

（9）电信：交换和外围设备。内容包括交换系统、选择器、电话机、电报和数据处理设备、传真机等。

（10）电信：传输。内容包括通信电路、天线、波导管器件、信号发生器、激光器、调制器、解调器、光纤传输等。

（11）建筑安装平面布置图。内容包括发电站、变电所、网络、音响和电视的分配系统、建筑用设备、露天设备等。

（12）二进制逻辑元件。内容包括计数器、存储器等。

（13）模拟元件。内容包括放大器、函数器、电子开关等。

电气图形常用图形符号及画法、使用命令符号见表 1-4。

表 1-4　电气图形常用图形符号及画法、使用命令

序　号	图 形 符 号	说　明	画法使用命令
1	⎓	直流电 电压可标注在符号右边，系统类型可标注在左边	直线
2	～	交流电 频率或频率范围可标注在符号的左边	样条曲线
3		交直流	直线、样条曲线
4	+	正极性	直线

续表

序号	图形符号	说明	画法使用命令
5	—	负极性	直线
6	→	运动方向或力	引线
7	→—	能量、信号传输方向	直线
8		接地符号	直线
9		接机壳	直线
10		等电位	正三角形、直线
11		故障	引线、直线
12		导线的连接	直线、圆、图案填充
13		导线跨越而不连接	直线
14		电阻器的一般符号	矩形、直线
15		电容器的一般符号	直线、圆弧
16		电感器、线圈、绕组、扼流圈	直线、圆弧
17		原电池或蓄电池	直线
18		动合（常开）触点	直线
19		动断（常闭）触点	直线
20		延时闭合的动合（常开）触点 带时限的继电器和接触器触点	直线、圆弧
21		延时断开的动合（常开）触点	
22		延时闭合的动断（常闭）触点	
23		延时断开的动断（常闭）触点	
24		手动开关的一般符号	直线
25		按钮开关	

续表

序　号	图形符号	说　明	画法使用命令
26		位置开关，动合触点 限制开关，动合触点	直线
27		位置开关，动断触点 限制开关，动断触点	
28		多极开关的一般符号，单线表示	
29	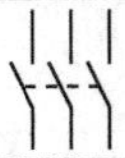	多极开关的一般符号，多线表示	
30		隔离开关的动合（常开）触点	
31		负荷开关的动合（常开）触点	直线、圆弧
32		断路器（自动开关）的动合（常开）触点	直线
33		接触器动合（常开）触点	直线、圆弧
34	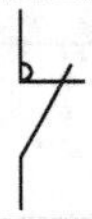	接触器动断（常闭）触点	
35	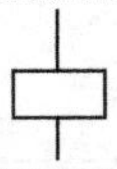	继电器、接触器等的线圈一般符号	矩形、直线
36	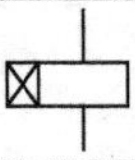	缓吸线圈（带时限的电磁电器线圈）	
37	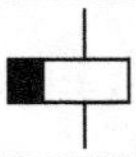	缓放线圈（带时限的电磁电器线圈）	直线、矩形 图案填充
38	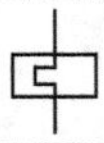	热继电器的驱动器件	直线、矩形
39	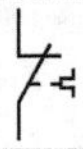	热继电器的触点	直线
40		熔断器的一般符号	直线、矩形
41		熔断器式开关	直线、矩形 旋转

续表

序号	图形符号	说明	画法使用命令
42		熔断器式隔离开关	直线、矩形 旋转
43		跌开式熔断器	直线、矩形 旋转、圆
44		避雷器	矩形 图案填充
45		避雷针	圆、图案填充
46	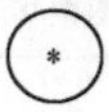 *	电机的一般符号 C—同步变流机 G—发电机 GS—同步发电机 M—电动机 MG—能作为发电机或电动机使用的电机 MS—同步电动机 SM—伺服电机 TG—测速发电机 TM—力矩电动机 IS—感应同步器	直线
47	 M ~	交流电动机	圆、多行文字
48	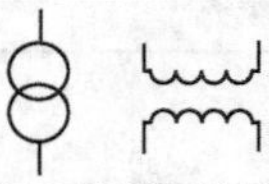	双绕组变压器，电压互感器	
49	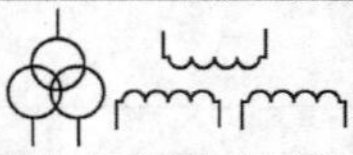	三绕组变压器	直线、圆、复制、修剪
50		电流互感器	
51		电抗器，扼流圈	直线、圆、 修剪
52		自耦变压器	直线、圆、 圆弧
53	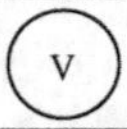 V	电压表	
54	 A	电流表	圆、多行文字
55	 COSφ	功率因数表	
56	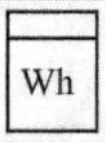 Wh	电度表	矩形、多行文字

续表

序 号	图形符号	说 明	画法使用命令
57		钟	圆、直线、修剪
58		电铃	
59		电喇叭	矩形、直线
60		蜂鸣器	圆、直线、修剪
61		调光器	圆、直线
62	t	限时装置	矩形 多行文字 A
63		导线、导线组、电线、电缆、电路、传输通路等线路母线的一般符号	直线
64		中性线	圆、直线、图案填充
65		保护线	直线
66		灯的一般符号	直线、圆
67	A–B C	电杆的一般符号	圆、多行文字 A
68	11 12 13 14 15	端子板	矩形、多行文字 A
69		屏、台、箱、柜的一般符号	矩形
70		动力或动力-照明配电箱	矩形、图案填充
71		单项插座	圆、直线、修剪
72		密闭（防水）	
73		防爆	圆、直线、修剪、图案填充
74		电信插座的一般符号 可用文字和符号加以区别： TP—电话 TX—电传 TV—电视 *--扬声器 M—传声器 FM—调频	直线、修剪
75		开关的一般符号	圆、直线
76		钥匙开关	矩形、圆、直线
77		定时开关	

续表

序号	图形符号	说明	画法使用命令
78		阀的一般符号	直线
79		电磁制动器	矩形、直线
80		按钮的一般符号	圆
81		按钮盒	矩形、圆
82		电话机的一般符号	矩形、圆、修剪
83		传声器的一般符号	圆、直线
84		扬声器的一般符号	矩形、直线
85		天线的一般符号	直线
86		放大器的一符号 中断器的一般符号，三角形指传输方向	正三角形、直线
87		分线盒的一般符号	圆、修剪、直线
88		室内分线盒	
89		室外分线盒	
90		变电所	圆
91		杆式变电所	
92		室外箱式变电所	直线、矩形、图案填充
93		自耦变压器式启动器	矩形、圆、直线
94		真空二极管	圆、直线
95		真空三极管	
96		整流器框形符号	矩形、直线

4. 电气设备用图形符号的用途

电气设备用图形符号是完全区别于电气图用图形符号的另一类符号。设备用图形符号主要用于各种类型的电气设备或电气设备部件，使操作人员了解其用途和操作方法。这些符号也可用于安装或移动电气设备的场合，以指出诸如禁止、警告、规定或限制等应注意的事项。

在电气图中，尤其是在某些电气平面图、电气系统说明书用图等图中，也可以适当使用这些符号，以补充这些图形所包含的内容。

设备用图符号与电气简图用图符号的形式大部分是不同的，有一些也是相同的，但含义大不相同。例如，设备用熔断器图形符号虽然与电气简图符号的形式是一样的，但电气简图用熔断器符号表示的是一类熔断器。而设备用图形符号如果标在设备外壳上，则表示熔断器盒及其位置；如果标在某些电气图上，也仅仅表示这是熔断器的安装位置。

5．常用设备用图形符号

电气设备用图形符号分为 6 个部分：通用符号，广播、电视及音响设备符号，通信、测量、定位符号，医用设备符号，电话教育设备符号，家用电器及其他符号，如表 1-5 所示。

表 1-5　常用设备用图形符号

序　号	名　称	符　号	应 用 范 围
1	直流电		适用于直流电的设备的铭牌上，以及用来表示直流电的端子
2	交流电		适用于交流电的设备的铭牌上，以及用来表示交流电的端子
3	正极	+	表示使用或产生直流电设备的正端
4	负极	—	表示使用或产生直流电设备的负端
5	电池检测		表示电池测试按钮和表明电池情况的灯或仪表
6	电池定位		表示电池盒本身及电池的极性和位置
7	整流器		表示整流设备及其有关接线端和控制装置
8	变压器		表示电气设备可通过变压器与电力线连接的开关、控制器、连接器或端子，也可用于变压器包封或外壳上
9	熔断器		表示熔断器盒及其位置
10	测试电压		表示该设备能承受 500V 的测试电压
11	危险电压		表示危险电压引起的危险
12	接地		表示接地端子
13	保护接地		表示在发生故障时防止电击的与外保护导线相连接的端子，或与保护接地相连接的端子
14	接机壳、接机架		表示连接机壳、机架的端子
15	输入		表示输入端
16	输出		表示输出端
17	过载保护装置		表示一个设备装有过载保护装置

续表

序号	名称	符号	应用范围
18	通		表示已接通电源，必须标在开关的位置
19	断		表示已与电源断开，必须标在开关的位置
20	可变性（可调性）		表示量的被控方式，被控量随图形的宽度而增加
21	调到最小		表示量值调到最小值的控制
22	调到最大		表示量值调到最大值的控制
23	灯、照明设备		表示控制照明光源的开关
24	亮度、辉度		表示亮度调节器、电视接收机等设备的亮度、辉度控制
25	对比度		表示电视接收机等的对比度控制
26	色饱和度		表示彩色电视机等设备上的色彩饱和度控制

6. 电气技术中的文字符号和项目代号

一个电气系统或一种电气设备通常都是由各种基本件、部件、组件等组成，为了在电气图上或其他技术文件中表示这些基本件、部件、组件，除了采用各种图形符号外，还须标注一些文字符号和项目代号，以区别这些设备及线路的不同功能、状态和特征等。

7. 文字符号

通常由基本文字符号、辅助文字符号和数字组成。用于按提供电气设备、装置和元器件的种类字母代码和功能字母代码。

8. 基本文字符号

基本文字符号可分为单字母符号和双字母符号两种。

（1）单字母符号。单字母符号是采用英文字母将各种电气设备、装置和元器件划分为23大类，每一大类用一个专用字母符号表示，如“R”表示电阻类，“Q”表示电力电路的开关器件等，如表1-6所示。其中，“I”、“O”易同阿拉伯数字“1”和“0”混淆，不允许使用，字母“J”也未采用。

表1-6 电气设备常用的单字母符号

符号	项目种类	举例
A	组件、部件	分离元件放大器、磁放大器、激光器、微波激光器、印制电路板等组件、部件
B	变换器 （从非电量到电量或相反）	热电传感器、热电偶
C	电容器	
D	二进制单元 延迟器件 存储器件	数字集成电路和器件、延迟线、双稳态元件、单稳态元件、磁芯储存器、寄存器、磁带记录机、盘式记录机

续表

符　　号	项 目 种 类	举　　例
E	杂项	光器件、热器件、本表其他地方未提及元件
F	保护电器	熔断器、过电压放电器件、避雷器
G	发电机 电源	旋转发电机、旋转变频机、电池、振荡器、石英晶体振荡器
H	信号器件	光指示器、声指示器
J	--	--
K	继电器、接触器	
L	电感器、电抗器	感应线圈、线路陷波器、电抗器
M	电动机	
N	模拟集成电路	运算放大器、模拟/数字混合器件
P	测量设备、试验设备	指示、记录、计算、测量设备、信号发生器、时钟
Q	电力电路开关	断路器、隔离开关
R	电阻器	可变电阻器、电位器、变阻器、分流器、热敏电阻
S	控制电路的开关选择器	控制开关、按钮、限制开关、选择开关、选择器、拨号接触器、连接级
T	变压器	电压互感器、电流互感器
U	调制器、变换器	鉴频器、解调器、变频器、编码器、逆变器、电报译码器
V	电真空器件 半导体器件	电子管、气体放电管、晶体管、晶闸管、二极管
W	传输导线 波导、天线	导线、电缆、母线、波导、波导定向耦合器、偶极天线、抛物面天线
X	端子、插头、插座	插头和插座、测试塞空、端子板、焊接端子、连接片、电缆封端和接头
Y	电气操作的机械装置	制动器、离合器、气阀
Z	终端设备、混合变压器、 滤波器、均衡器、限幅器	电缆平衡网络、压缩扩展器、晶体滤波器、网络

（2）双字母符号。双字母符号是由表 1-7 中的一个表示种类的单字母符号与另一个字母组成的，其组合形式为：单字母符号在前、另一个字母在后。双字母符号可以较详细和更具体地表达电气设备、装置和元器件的名称。双字母符号中的另一个字母通常选用该类设备、装置和元器件的英文名词的首位字母，或常用缩略语，或约定俗成的习惯用字母。例如，“G”为同步发电机的英文名，则同步发电机的双字母符号为“GS”。

电气图中常用的双字母符号如表 1-7 所示。

表 1-7　电气图中常用的双字母符号

序　　号	设备、装置和元器件种类	名　　称	单字母符号	双子母符号
1	组件和部件	天线放大器	A	AA
		控制屏		AC
		晶体管放大器		AD
		应急配电箱		AE
		电子管放大器		AV
		磁放大器		AM
		印制电路板		AP
		仪表柜		AS
		稳压器		AS

续表

序号	设备、装置和元器件种类	名称	单字母符号	双子母符号
2	电量到电量变换器或电量到非电量变换器	变换器	B	
		扬声器		
		压力变换器		BP
		位置变换器		BQ
		速度变换器		BV
		旋转变换器（测速发电机）		BR
		温度变换器		BT
3	电容器	电容器	C	
		电力电容器		CP
4	其他元器件	本表其他地方未规定的器件	E	
		发热器件		EH
		发光器件		EL
		空气调节器		EV
5	保护器件	避雷器	F	FL
		放电器		FD
		具有瞬时动作的限流保护器件		FA
		具有延时动作的限流保护器件		FR
		具有瞬时和延时动作的限流保护器件		FS
		熔断器		FU
		限压保护器件		FV
6	信号发生器 发电机电源	发电机	G	
		同步发电机		GS
		异步发电机		GA
		蓄电池		GB
		直流发电机		GD
		交流发电机		GA
		永磁发电机		GM
		水轮发电机		GH
		汽轮发电机		GT
		风力发电机		GW
		信号发生器		GS
7	信号器件	声响指示器	H	HA
		光指示器		HL
		指示灯		HL
		蜂鸣器		HZ
		电铃		HE

续表

序　号	设备、装置和元器件种类	名　称	单字母符号	双字母符号
8	继电器和接触器	继电器	K	
		电压继电器		KV
		电流继电器		KA
		时间继电器		KT
		频率继电器		KF
		压力继电器		KP
		控制继电器		KC
		信号继电器		KS
		接地继电器		KE
		接触器		KM
9	电感器和电抗器	扼流线圈	L	LC
		励磁线圈		LE
		消弧线圈		LP
		陷波器		LT
10	电动机	电动机	M	
		直流电动机		MD
		力矩电动机		MT
		交流电动机		MA
		同步电动机		MS
		绕线转子异步电动机		MM
		伺服电动机		MV
11	测量设备和试验设备	电流表	P	PA
		电压表		PV
		（脉冲）计数器		PC
		频率表		PF
		电能表		PJ
		温度计		PH
		电钟		PT
		功率表		PW
12	电力电路的开关器件	断路器	Q	QF
		隔离开关		QS
		负荷开关		QL
		自动开关		QA
		转换开关		QC
		刀开关		QK
		转换（组合）开关		QT

续表

序　　号	设备、装置和元器件种类	名　　称	单字母符号	双子母符号
13	电阻器	电阻器、变阻器	R	
		附加电阻器		RA
		制动电阻器		RB
		频敏变阻器		RF
		压敏电阻器		RV
		热敏电阻器		RT
		启动电阻器（分流器）		RS
		光敏电阻器		RL
		电位器		RP
14	控制电路的开关选择器	控制开关	S	SA
		选择开关		SA
		按钮开关		SB
		终点开关		SE
		限位开关		SLSS
		微动开关		
		接近开关		SP
		行程开关		ST
		压力传感器		SP
		温度传感器		ST
		位置传感器		SQ
		电压表转换开关		SV
15	变压器	变压器	T	
		自耦变压器		TA
		电流互感器		TA
		控制电路电源用变压器		TC
		电炉变压器		TF
		电压互感器		TV
		电力变压器		TM
		整流变压器		TR
16	调制变换器	整流器	U	
		解调器		UD
		频率变换器		UF
		逆变器		UV
		调制器		UM
		混频器		UM
17	电子管、晶体管	控制电路用电源的整流器	V	VC
		二极管		VD
		电子管		VE
		发光二极管		VL

续表

序　号	设备、装置和元器件种类	名　称	单字母符号	双子母符号
17	电子管、晶体管	光敏二极管	V	VP
		晶体管		VR
		晶体三极管		VT
		稳压二极管		VV
18	传输通道、波导和天线	导线、电缆	W	
		电枢绕组		WA
		定子绕组		WC
		转子绕组		WE
		励磁绕组		WR
		控制绕组		WS
19	端子、插头、插座	输出口	X	XA
		连接片		XB
		分支器		XC
		插头		XP
		插座		XS
		端子板		XT
20	电器操作的机械器件	电磁铁	Y	YA
		电磁制动器		YB
		电磁离合器		YC
		防火阀		YF
		电磁吸盘		YH
		电动阀		YM
		电磁阀		YV
		牵引电磁铁		YT
21	终端设备、滤波器、均衡器、限幅器	衰减器	Z	ZA
		定向耦合器		ZD
		滤波器		ZF
		终端负载		ZL
		均衡器		ZQ
		分配器		ZS

9. 辅助文字符号

辅助文字符号是用来表示电气设备、装置和元器件，以及线路的功能、状态和特征的。如“ACC”表示加速，“BRK”表示制动等。辅助文字符号也可以放在表示种类的单字母符号后边组成双字母符号，例如“SP”表示压力传感器。若辅助文字符号由两个以上字母组成时，为简化文字符号，只允许采用第一位字母进行组合，如“MS”表示同步电动机。辅助文字符号还可以单独使用，如“OFF”表示断开，“DC”表示直流等。辅助文字符号一般不能超过三位字母。

电气图中常用的辅助文字符号如表 1-8 所示。

表 1-8 电气图中常用的辅助文字符号

序 号	名 称	符 号	序 号	名 称	符 号
1	电流	A	29	低，左，限制	L
2	交流	AC	30	闭锁	LA
3	自动	AUT	31	主，中，手动	M
4	加速	ACC	32	手动	MAN
5	附加	ADD	33	中性线	N
6	可调	ADJ	34	断开	OFF
7	辅助	AUX	35	闭合	ON
8	异步	ASY	36	输出	OUT
9	制动	BRK	37	保护	P
10	黑	BK	38	保护接地	PE
11	蓝	BL	39	保护接地与中性线共用	PEN
12	向后	BW	40	不保护接地	PU
13	控制	C	41	反，由，记录	R
14	顺时针	CW	42	红	RD
15	逆时针	CCW	43	复位	RST
16	降	D	44	备用	RES
17	直流	DC	45	运转	RUN
18	减	DEC	46	信号	S
19	接地	E	47	启动	ST
20	紧急	EM	48	置位，定位	SET
21	快速	F	49	饱和	SAT
22	反馈	FB	50	步进	STE
23	向前，正	FW	51	停止	STP
24	绿	GN	52	同步	SYN
25	高	H	53	温度，时间	T
26	输入	IN	54	真空，速度，电压	V
27	增	ING	55	白	WH
28	感应	IND	56	黄	YE

10．文字符号的组合

文字符号的组合形式一般为：基本符号＋辅助符号＋数字序号。

例如，第一台电动机，其文字符号为M1；第一个接触器，其文字符号为KM1。

11．特殊用途文字符号

在电气图中，一些特殊用途的接线端子、导线等通常采用一些专用的文字符号。例如，三相交流系统电源分别用“L1、L2、L3”表示，三相交流系统的设备分别用“U、V、W”表示。

12．项目代号

（1）项目代号的组成。

项目代号是用于识别图、图表、表格和设备上的项目种类，并提供项目的层次关系、实际位置等信息的一种特定的代码。每个表示元件或其组成部分的符号都必须标注其项目代号。在不同的图、图表、表格、说明书中的项目和设备中的该项目均可通过项目代号相互联系。

完整的项目代号包括 4 个相关信息的代号段。每个代号段都用特定的前缀符号加以区别。

完整项目代号的组成如表 1-9 所示。

表 1-9　完整项目代号的组成

代 号 段	名 称	定 义	前缀符号	示 例
第 1 段	高层代号	系统或设备中任何较高层次（对给予代号的项目而言）项目的代号	＝	＝S2
第 2 段	位置代号	项目在组件、设备、系统或建筑物中的实际位置的代号	＋	＋C15
第 3 段	种类代号	主要用于识别项目种类的代号	—	— G6
第 4 段	端子代号	用于外电路进行电气连接的电器导电件的代号	：	：11

（2）高层代号的构成。

一个完整的系统或成套设备中任何较高层次项目的代号，称为高层代号。例如，S1 系统中的开关 Q2，可表示为＝S1－Q2，其中“S1”为高层代号。

X 系统中的第 2 个子系统中第 3 个电动机，可表示为＝2－M3，简化为＝X1－M2。

（3）种类代号的构成。

用于识别项目种类的代码，称为种类代号。通常，在绘制电路图或逻辑图等电气图时就要确定项目的种类代号。确定项目的种类代号的方法有以下 3 种。

第 1 种方法，也是最常用的方法，是由字母代码和图中每个项目规定的数字组成的。按这种方法选用的种类代码还可补充一个后缀，即代表特征动作或作用的字母代码，称为功能代号。可在图上或其他文件中说明该字母代码及其表示的含义。例如，—K2M 表示具有功能为 M 的序号为 2 的继电器。一般情况下，不必增加功能代号。如需增加，为了避免混淆，位于复合项目种类代号中间的前缀符号不可省略。

第 2 种方法，是仅用数字序号表示。给每个项目规定一个数字序号，将这些数字序号和它代表的项目排列成表放在图中或附在另外的说明中。例如，－2、－6 等。

第 3 种方法，是仅用数字组。按不同种类的项目分组编号。将这些编号和它代表的项目排列成表置于图中或附在图后。例如，在具有多种继电器的图中，时间继电器用 11、12、13…表示。

（4）位置代号的构成。

项目在组件、设备、系统或建筑物中的实际位置的代号，称为位置代号。通常位置代号由自行规定的拉丁字母或数字组成。在使用位置代号时，应给出表示该项目位置的示意图。

（5）端子代号的构成。

端子代号是完整的项目代号的一部分，当项目具有接线端子标记时，端子代号必须与项目上端子的标记相一致，端子代号通常采用数字或大写字母，特殊情况下也可用小写字母表示。例如－Q3：B，表示隔离开关 Q3 的 B 端子。

（6）项目代号的组合。

项目代号由代号段组成。一个项目可以由一个代号段组成，也可以由几个代号段组成。通常项目代号可由高层代号和种类代号进行组合，设备中的任一项目均可用高层代号和种类代号组成一个项目代号，例如＝2－G3；也可由位置代号和种类代号进行组合，例如＋5－G2；还可先将高层代号和种类代号进行组合，用以识别项目，再加上位置代号，提供项目的实际安装位置，例如＝P1－Q2＋C5S6M10，表示 P1 系统中的开关 Q2，位置在 C5 室 S6 列控制柜 M10 中。

知识拓展

1．CAD 电气制图的规范有哪些？

2．电气制图粗实线的宽度为多少，细实线的宽度为多少？

3．电气制图的字体、比例是怎样规定的？

4．在电气制图中，如何使用项目符号？

项目二
AutoCAD 软件的操作

知识要求

1. 了解 AutoCAD 2010 中文版软件的应用。
2. 了解 AutoCAD 2010 中文版软件的应用行业。
3. 了解 AutoCAD 2010 中文版软件的基本功能。

技能要求

1. 掌握 AutoCAD 2010 中文版软件的基本操作。
2. 掌握 AutoCAD 2010 中文版软件的命令格式。
3. 掌握 AutoCAD 2010 中文版软件绘图环境的设置与工作空间。

2.1 知识训练

AutoCAD（Auto Computer Aided Design）是美国 Auto desk 公司首次于 1982 年生产的基于 Windows 平台运行的计算机辅助设计软件，它主要用于二维绘图、详细绘制、设计文档和基本三维设计。现已经成为国际上广为流行的绘图工具。它广泛应用于建筑、电气、机械、服装、轻工、航空航天等专业领域的设计。

知识训练一 AutoCAD 绘图软件的基础知识

1. AutoCAD 的基本功能

● 提供了绘制直线、圆、矩形、多边形等基本的二维图形绘制命令，通过这些基本图形的交叉和遮挡表现出一种控制或装配组合关系图形。

- 提供了对图形进行基本的修改、编辑的工具，如删除、修剪、复制、粘贴、镜像、移动和边角的修改等。
- 提供了用于图形显示控制的各种缩放方式和平移等使用的辅助功能，可以方便地观察图形，并具有多种图形视图控制显示方式。
- 提供了块及外部参照等功能。
- 使用图层控制管理器可以方便地管理各专业和类型的图纸集。
- 提供了工具选项板，方便用户有效地组织图块、图案填充和常用命令的执行。
- 突出了文字样式和文字编辑功能，并且可以根据所绘制的图形进行在线查询和尺寸标注。
- 提供了创建三维图形命令及三维操作命令、提取几何及物理特性的功能。
- 具备强大的用户定制功能，用户可以将软件改造得更适合自己使用。
- 提供了一体化的打印输出体系和网络支持功能，可以方便地实现数据共享及协同设计，并且可以对图纸资料的安全选项进行加密设置。

AutoCAD 提供了一种内部编程语言——Auto lisp，使用它可以完成计算与自动绘图功能，另外在 AutoCAD 平台上还支持用于二次开发的编程语言，例如 C、VB、C++等。

2．AutoCAD 2010 的新增功能

AutoCAD 2010 添加了很多新功能，更加人性化，让人们使用起来更加方便。它扩展了 AutoCAD 以前版本的优势和特点，并且在三维建模、Xref 方面、DWF 方面、图层工具和打印格式等方面进一步得到加强。用户界面增加了工具选项板、状态栏托盘图标、工具面板等功能。工具选项板可以更加方便地使用标准或用户创建的专业图库中的图形块以及国家标准的填充图案，状态栏托盘图标可以说是最具革命性的功能，它提供了对通信、外部参照、CAD 标准、数字签名的即时气泡通知支持，是 AutoCAD 协同设计理念最有力的工具。联机设计中心将互联网上无穷尽的设计资源方便地提供给用户。

3．启动 AutoCAD 2010

启动 AutoCAD 2010 中文版有以下 3 种方式：

（1）单击桌面图标；

（2）执行【开始】→【程序】→【Auto desk】→【AutoCAD 2010-Simplified Chinese】→【AutoCAD 2010】命令。

（3）双击打开一个已存在的与 AutoCAD 关联的文件，如* dwg、*dwt 格式的文件。

4．AutoCAD 用户界面

AutoCAD 2010 在加载时会要求您选择最适合您的行业和设置。AutoCAD 随即会根据您对绘图模板、工具栏和访问 www.auto desk.com 时的选择，创建一个绘图环境。如果您不小心跳过了此界面，请不必担心，因为您可以在“选项”中的“用户优选项（User Preferences）”选项卡中找到 “初始设置”，如图 2-1 所示。

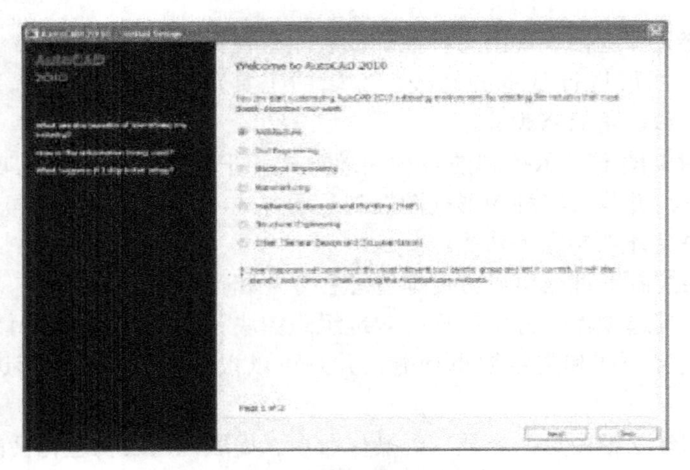

图 2-1　初始设置界面

第一次启动 AutoCAD 2010 中文版时，显示的用户界面如图 2-2 所示。

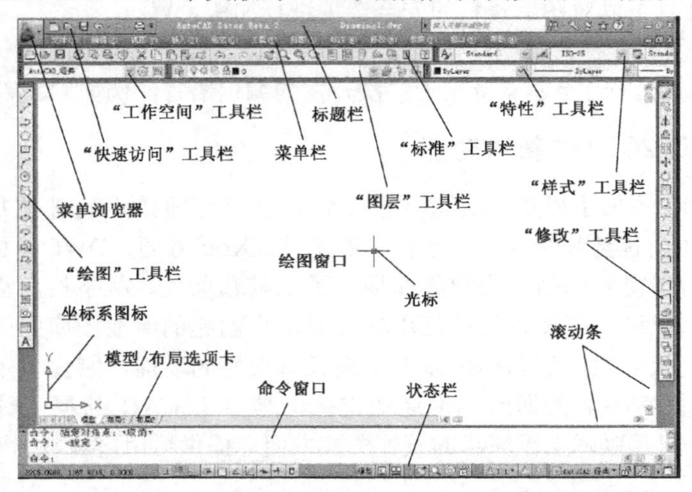

图 2-2　AutoCAD2010 中文版初始工作设置空间的工作界面

如果启动时选择了【AutoCAD 经典】工作空间，则其工作界面如图 2-3 所示。

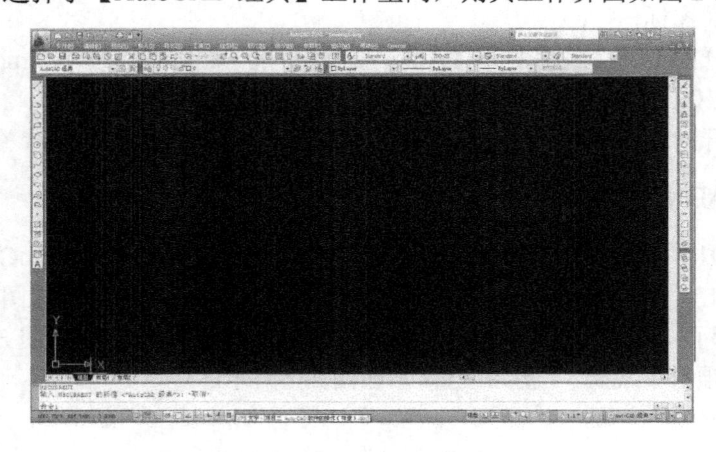

图 2-3　AutoCAD 2010 中文版工作界面

它由标题栏、菜单栏、工具栏、命令窗口、绘图窗口、模型/布局选项卡、状态栏、工具选项板等组成。为了保持屏幕的简洁，通常情况下，那些不经常使用的工具栏处于隐藏状态，调用的方法是：用鼠标右键单击已显示的任意工具栏按钮，会弹出快捷菜单，如图 2-4 所示。选择没有勾选标记的菜单，将调出对应的工具栏，选择有勾选标记的菜单，将关闭对应的工具栏。

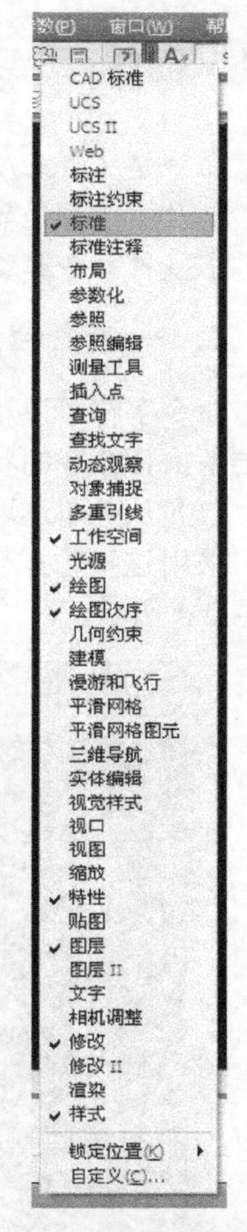

图 2-4　快捷菜单

需要说明的是，AutoCAD 中的每一个工具条位置是可以随意摆放的，而且可以随意改变工具条的形状，只要把光标放在工具条除图标外的任意位置，按住鼠标左键拖动，就可以把它拖放到目标位置。把鼠标放在工具条的边角上，当出现双向箭头时，按住鼠标左键拖动，就可以改变它的形状。

● 命令窗口

命令窗口主要用来显示已使用过的历史命令和输入命令，默认状态下窗口的高为 3 行。

● 绘图窗口

绘图窗口主要用来绘制、显示和修改图形，它没有边界，绘图时可以按照 1∶1 的标准绘制。只要在打印和输出图形时做好相应的设置，就可以正确显示所绘制的图形。

● 模型/布局选项卡

模型/布局选项卡在绘图窗口的左下方，其中布局包括布局 1、布局 2，分别对应模型空间和布局空间，布局空间主要用来调整图纸布局，方便打印出图。布局空间也可以在布局空间绘图，但是一般习惯在模型空间进行图形的绘制和编辑。

● 状态栏

状态栏位于用户界面的左下角，默认状态下显示“十”字光标的三维动态坐标值（x，y，z）在二维图形空间绘图时，Z 轴坐标值显示为 0.0000，中间部分的工具按钮主要用来显示用户精确绘图设置选项，包括捕捉、栅格、正交、极轴、对象捕捉、对象追踪、DUCS、DYN、线宽等，这些工具按钮的打开和关闭可以通过鼠标单击来完成，其中详细项目内容可以通过把鼠标放在相应的工具按钮上单击鼠标右键来设置。

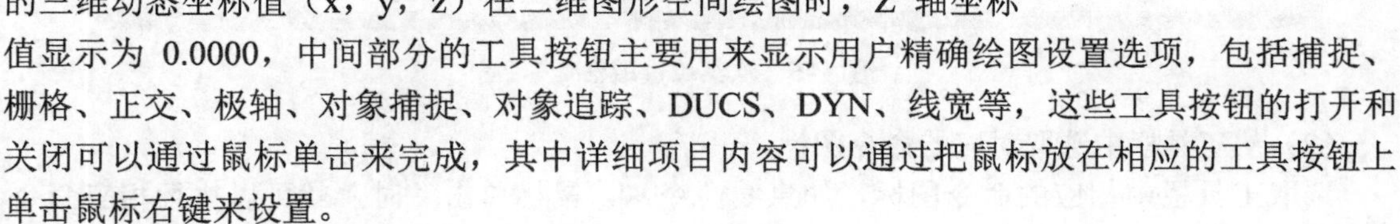

● 工具选项板

【工具选项板】包含了图案填充、常用命令、组织图块等，可以有效地提高绘图效率，它的打开和关闭可以通过快捷键【Ctrl+3】来实现。

5. 退出 AutoCAD 2010 中文版

退出 AutoCAD 2010 中文版最快捷的方法是按快捷键【Alt+F4】。

知识训练二 AutoCAD 2010 中文版的命令格式及使用

命令是 AutoCAD 绘制与编辑图形的核心，在 AutoCAD 2010 中文版绘图环境下，图形的绘制及修改都是靠调用相关命令和输入有关参数来完成的。AutoCAD 2010 中文版为用户提供了多种命令和参数的输入方式。

1. 一般命令及选项输入方法

命令字符可以不区分大小写，当命令窗口出现提示：“命令：”时，表示 AutoCAD 已处于准备执行命令的状态。可按如下方式输入命令：

（1）从菜单选取命令。

采用这种方式使用命令时，选取目标选项后，在状态栏中可以看到对应的命令解释。如图 2-5 所示。

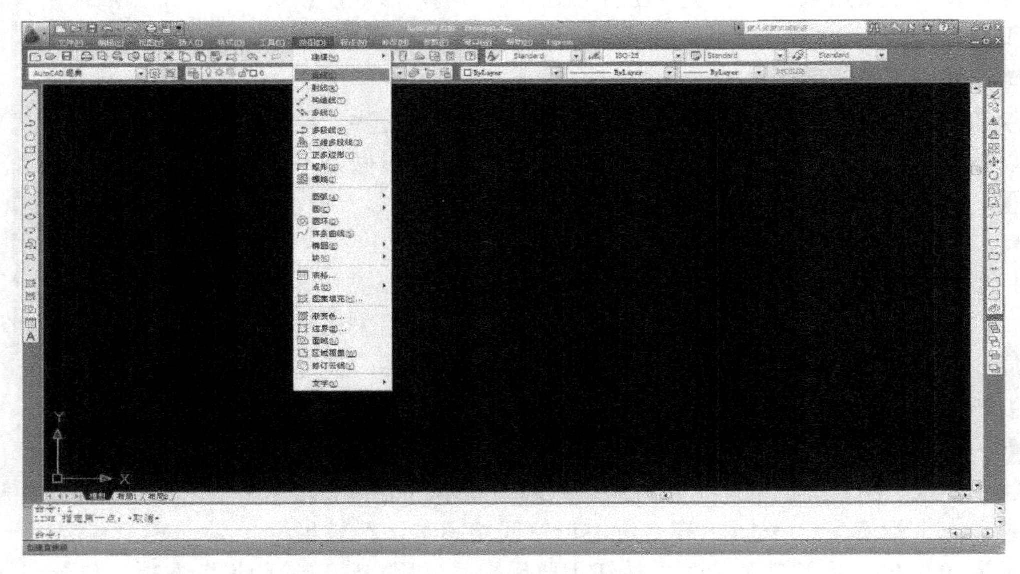

图 2-5 从菜单选取命令

（2）从工具栏中选取对应的命令图标。

选取工具栏中相应的命令图标，如直线命令。鼠标单击时，就可以执行相应命令的操作。

（3）用键盘输入。

例如用键盘输入画直线命令如下。

命令：LINE↙。执行命令时，在命令行提示中经常会出现命令选项。（“↙”表示按回车键，以后同此说明）。

也可以使用如下方法。

命令：L↙

LINE 指定第一点：

为方便使用，AutoCAD 为大部分命令提供了快捷键命令。利用命令英文单词的首字母、前两个字母或者三个字母来代替命令的全名，以方便用户操作和提高绘图效率，如 LINE 命令的快捷键是“L”，也就是说，在“命令:”提示符下输入“L”，和输入 LINE 命令的操作效果是相同的。表 2-1 列出了部分常用命令的快捷键。

表 2-1　常用命令快捷键

命令全名	快捷键	对应操作	命令全名	快捷键	对应操作
Line	L	绘制直线	Xline	XL	绘制构造线
Spline	SPL	绘制多段线	Polygon	POL	绘制多边形
Rectang	REC	绘制矩形	Arc	A	绘制圆弧
Circle	C	绘制圆	Text	T	文字
Erase	E	删除	Copy	CO	复制
Mirror	MI	镜像	Array	AR	阵列

（4）执行右键菜单命令。

如果在前面刚使用过要输入的命令结束后，单击鼠标右键就会出现右键菜单，当选取“最近使用的命令”就可以在这个子菜单中选取需要的命令或者重复上一个命令。图 2-6 所示为右键菜单命令。

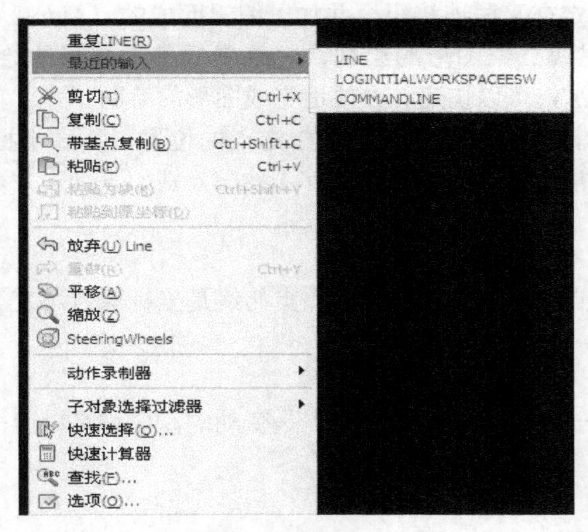

图 2-6　右键菜单

2．透明命令

透明命令是指两个命令可以同时执行的命令，两者在执行的过程中互不影响各自的执行效果。常用的透明命令大多为绘图辅助工具命令和图形修改设置命令等，许多命令可以透明使用，即可以在使用另一个命令时，在命令行中输入这些命令。透明命令经常用于更改图形设置或显示，例如 GRID 或 ZOOM。例如 ZOOM（视图缩放）、LAYER（图层）、PAN（视图平移）等命令，要以透明命令方式使用命令时，应在输入命令之前输入单引号（‘），执行透明命令后，原来被暂时终止的命令将可以继续执行。

3．命令的重复、终止、撤销和重做

在 AutoCAD 2010 中文版中，用户在绘制图形时，并不能保证所有操作都是正确的，经常需要使用重复和终止命令。

（1）重复命令：用户可以使用右键菜单重复一个命令，也可以通过按【Enter】键或者【Space】键的方式执行重复命令。

（2）终止命令：在命令执行过程中，可以随时按【Esc】键终止命令。

（3）放弃和重做命令：放弃前面进行的操作，最简单的方法是在命令行输入 UNDO 命令来执行放弃单个操作，也可以一次放弃前面的多步操作。如果要重做一个使用 UNDO 放弃的最后一个操作，可以使用 REDO 命令。

注意：在执行 AutoCAD 2010 的命令中，通过命令行输入命令执行相应的操作时，所输入的命令不区分大小写，但是不能使用中文的全角字符输入命令。

知识训练三　二维点坐标的表示及输入方式

AutoCAD 交互绘图必须输入必要的指令和参数，我们知道不论多么复杂的图形，都是由基本图形元素经过一定交叉与连接组合并加以编辑而成的，AutoCAD 提供了大量的绘图工具，可以帮助用户完成二维图形的绘制，熟练掌握基本图形的绘制技巧，利用这些命令，掌握一定的输入方法，可以快速、方便地完成图形的绘制。

在使用绘图命令时，系统常常需要用户指定点的位置，那么掌握正确的点的坐标位置的输入方法是个关键，常用的坐标输入方式有 4 种，分别如下。

1．绝对坐标

绝对坐标是基于原点（0，0）的，其参照点始终是坐标原点不变。

2．相对坐标

相对坐标是基于上一输入点的，其参照点是变动的，始终是以上一点为坐标原点。

3．直角坐标

所谓直角坐标，就是在二维绘图中以（x，y）的形式来精确定位点的位置，那么当输入二维点坐标的参照点始终是坐标原点不变时的方式，称为绝对直角坐标输入法，其表达式为：（x，y），当输入二维点坐标的参照点始终是这一点的上一点时，称为相对直角坐标，其表达式为：@（Δx，Δy）。

4．极坐标

所谓极坐标，就是以（$l<\alpha$）的形式来精确定位点的位置的，其中l表示线段长度，α表示线段l与水平方向的夹角。那么当输入二维点坐标的参照点始终是坐标原点不变时的方式，称为绝对极坐标，其表达式为（$l<\alpha$），当输入二维点坐标的参照点始终是这一点的上一点时，称为相对极坐标，其表达式为：（@$l<\alpha$）。

二维点坐标的输入表达式。

点

操作格式。

命令行菜单：POINT

【绘图】→点→单点或多点

工具栏：绘制点→

系统在屏幕上的指定位置绘制出一个点，也可以在屏幕上直接用鼠标左键单击确定点的位置。

点在图形中的表示样式，共有 20 种。可以通过【格式】→【点样式】命令进行操作，点的输入方式如下：

（1）用鼠标输入点的坐标值。

（2）在命令行，用键盘输入点的坐标值。

（3）使用动态输入方式输入点的坐标值。

（4）直接距离输入。

（5）用对象捕捉方式捕捉图形的特殊点。

（6）用对象追踪方式输入特殊点数据。

需要说明的是，输入坐标时不要带括号，并且连续输入坐标时，只有第一点是绝对坐标，而其后输入的所有点如果不做设置在默认状态下都是相对坐标。而绝对坐标与相对坐标的切换按钮是 DYN ，当 DYN 处于凸起状态时，默认状态下表示相对坐标有效，当 DYN 处于凹陷状态时，表示绝对坐标有效。

知识训练四　绘图辅助工具及基本绘图命令

辅助绘图工具是指在绘图过程中，为了精确定位某些特殊的点（如中点、端点、象限点、圆心等）和特殊位置（如水平位置、平行位置、垂直位置等）而使用的工具，AutoCAD 2010 中文版提供了辅助定位工具，使用这类工具，用户可以很轻松地在屏幕上捕捉到这些特殊的点，进行精确绘图。状态栏辅助绘图工具按钮如图 2-7 所示。包括“捕捉”、“栅格”、“正交”、“极轴”、“对象捕捉”、“对象追踪”、“允许/静态 UCS”、“动态输入”、“显示/隐藏线宽”和“快速特性”10 个功能开关按钮，在对应的按钮上单击鼠标可以实现启用与关闭之间的切换操作。

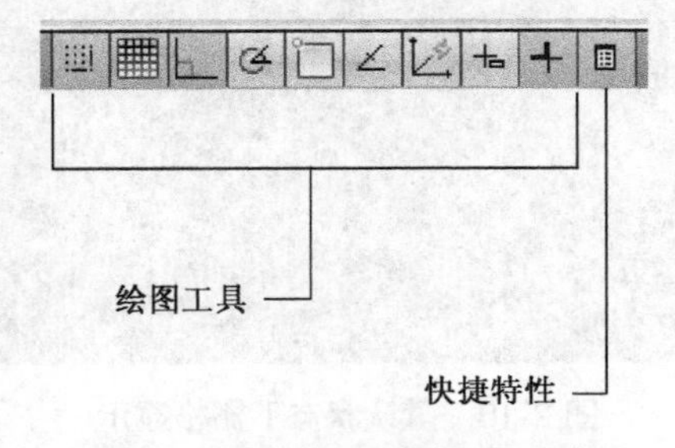

图 2-7　状态栏辅助绘图工具栏

1．捕捉工具

AutoCAD 提供的捕捉功能可以限制光标只能在特定的栅格点上停留，捕捉类型可分为矩形捕捉和等轴测捕捉两种。如图 2-8 所示默认状态下为“矩形捕捉”即捕捉点的阵列类似于栅格。“等轴测捕捉”表示捕捉模式为等轴测模式，此模式是绘制正等轴测图的工作环境。在“等轴测捕捉”模式下，栅格和光标“十”字线呈绘制等轴测图时的特定角度。如图 2-9 所示在绘制一些特定尺寸的图形时，可以通过设置捕捉和栅格中的捕捉间距与捕捉模式，设置栅格间距，来实现简洁高效的作图工作。

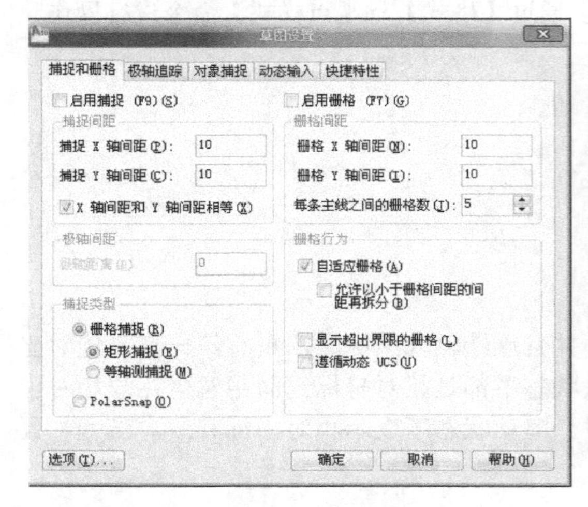

图 2-8 “草图设置”对话框

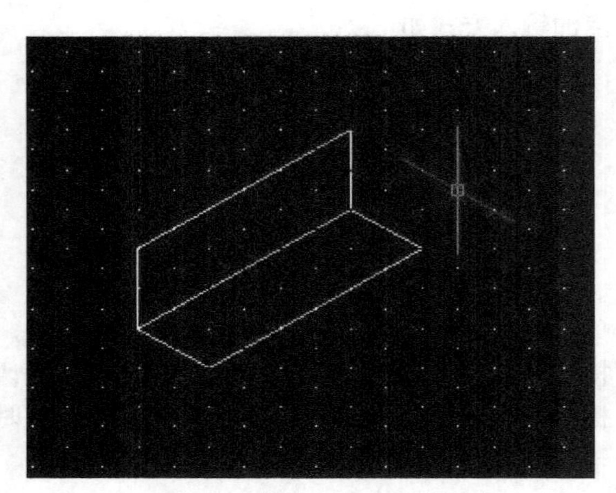

图 2-9 等轴测模式下绘图的栅格与光标

2．栅格工具

AutoCAD 的栅格由有规则的点的矩阵所组成，栅格点布满整个图形界限的区域。如图 2-10 所示，使用栅格类似于在坐标纸上绘图，绘图时可以方便地对齐对象并直观显示图形之间的间距。这些栅格点在屏幕上是可见的，它们主要是用来完成辅助精确绘图，在图纸打印时并不会被打印出来。也不会影响绘图位置的确定。控制栅格是否显示的快捷键为【F7】。需要说明的是，当 AutoCAD 的图形界限发生改变时，栅格点的间距如果不进行相应的调整，可能不能正确显示。

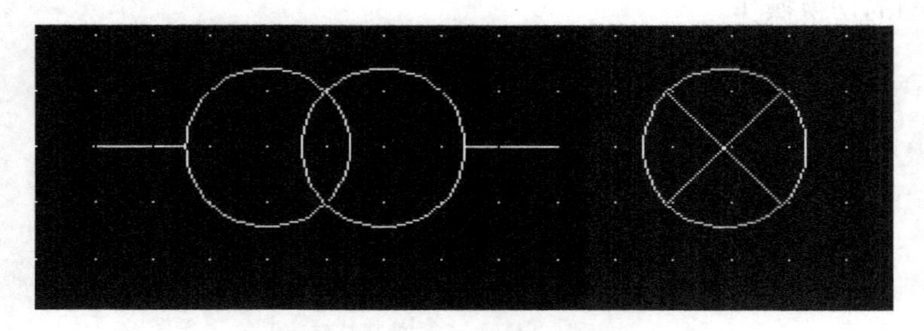

图 2-10 默认状态下栅格显示

3．正交与极轴

（1）正交模式。在正交模式打开的状态下，光标被限制在沿与当前 X 轴或 Y 轴正方形平行的方向移动，只能用来绘制平行于 X 轴或 Y 轴的水平线或垂直线。控制正交模式是否开启的快捷键为【F8】。

（2）极轴模式。极轴追踪模式用于控制自动追踪设置。如图 2-11 所示，启用极轴追踪后，可以按事先设定的增量角来追踪特征点，用户在极轴追踪模式下确定目标点，系统会在光标接近指定角度位置时，显示临时的对齐路径和角度值。并且在设定角度或者设定角度的倍数位置出现一条虚线。打开或关闭极轴追踪。也可以通过按【F10】键或使用 AUTOSNAP 系统变量来打开或关闭极轴追踪。

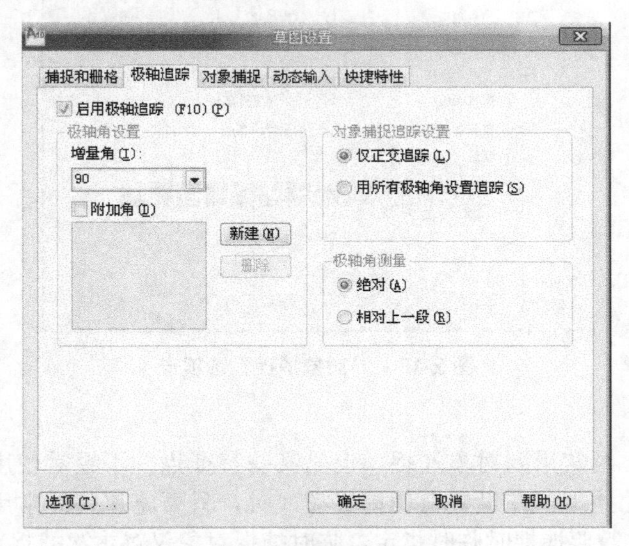

图 2-11 “极轴追踪”选项卡

该对话框中各选项的意义如下：

① “启用极轴追踪”复选框：用于控制极轴追踪的打开或关闭。

② “极轴角设置”区域：用于设置极轴追踪的追踪方向。

- “增量角”：用于设置极轴夹角的递增值，当极轴夹角为该值倍数时，都将显示辅助线。
- “附加角”：当“增量角”下拉列表中的角度不能满足需要时，先选中该项，然后通过“新建”命令来增加新的极轴夹角。

注意：正交模式和极轴模式不能同时开启。

4. 对象捕捉

对象捕捉是控制对象捕捉设置。AutoCAD 为所有的图形对象都定义了特征点，通过捕捉这些特征点，使用执行对象捕捉设置（也称为对象捕捉），可以在对象上的精确位置指定捕捉点。将新的图形对象定位在现有图形对象的确切位置上。例如端点、中点、象限点、圆心、节点。选择多个选项后，将应用选定的捕捉模式，以返回距离靶框中心最近的点。按【Tab】键以在这些选项之间循环。

（1）自动捕捉对象。

在绘制图形时，使用对象捕捉的频率非常高，如果每次在捕捉时都要先选择捕捉模式，将使绘图效率大为降低，基于此，AutoCAD 提供了自动捕捉对象模式，启用自动捕捉功能后，当光标距指定的捕捉点较近时，系统会自动精确地捕捉这些特征点，并显示相应的标记以及该捕捉的提示。设置“草图设置”对话框中的“对象捕捉”选项卡，选中“启用对象捕捉追踪”复选框，可以调用自动捕捉，如图 2-12 所示。

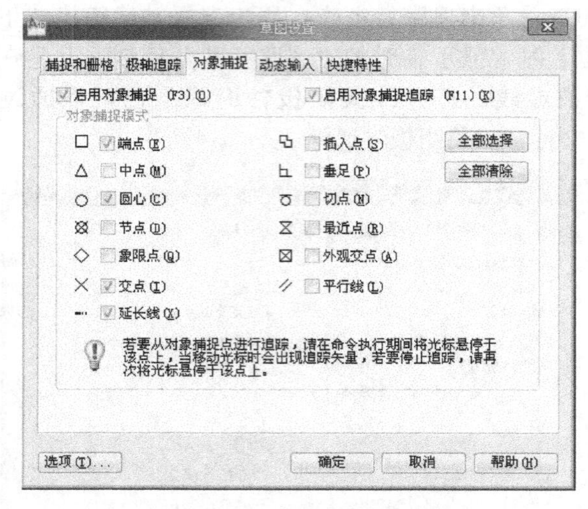

图 2-12　“对象捕捉”选项卡

（2）临时捕捉。

在绘图过程中，经常用到对象捕捉，但是某些特征点并不经常使用，所以为了提高绘图效率，保证正确的捕捉，在设置自动捕捉模式时，只要将那些经常用的特征点打开，而其余类型的特征点，需要捕捉时临时指定，临时捕捉对象仅对本次捕捉点有效。

启用临时捕捉方式最快捷的是按住【Shift】（或【Ctrl】）键单击鼠标右键，在弹出的对象捕捉快捷菜单中选择相应的捕捉点的类型。如图 2-13 所示。

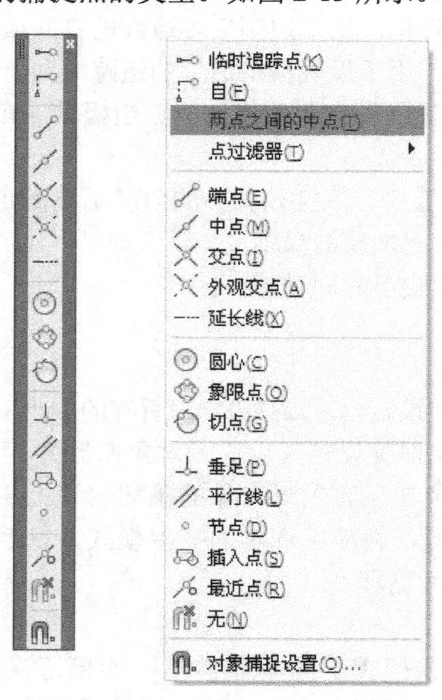

图 2-13　捕捉点类型

5．对象捕捉追踪

对象捕捉追踪是按照与对象的某种特性关系来追踪，不知道具体的角度值，但知道特定的关系进行对象捕捉追踪。应用对象捕捉追踪可以方便地捕捉到通过指定对象点延长线上的任意点，但是它必须与对象捕捉同时使用，也就是说在执行追踪对象捕捉到点之前，必须先打开对象捕捉。绘图时 AutoCAD 提示用户确定一点时，将光标指向被追踪点，出现点标记后，在绘图路径上移动光标，它可以沿着基于该点的对齐路径进行追踪。而且 AutoCAD 还支持同时追踪多个点联合确定点的位置，它的启用和关闭可以在对应的按钮上单击鼠标实现切换操作。

6．动态输入

动态输入功能可以在指针位置处显示标注输入和命令提示等信息，以帮助用户专注于绘图区域，在 AutoCAD 2010 中文版中，动态输入相当于一个快捷的命令提示行。启用“动态输入”时，工具栏提示将在光标附近显示信息，该信息会随着光标的移动而更新动态。用户可以直接通过键盘输入功能在光标处输入准确的数值，极大地方便了绘图。单击状态栏上的按钮即可打开动态输入功能。

7．AutoCAD 2010 中文版基本的绘图命令

AutoCAD 2010 中文版基本的绘图命令包括直线、构造线、多短线、多边形、矩形、圆弧、圆、修订云线、样条曲线、椭圆、椭圆弧、插入块、创建块、点、图案填充、渐变色填充、面域、表格、文字等。

知识训练五　二维对象编辑

二维图形对象指在二维平面空间绘制的图形，在 AutoCAD 2010 中文版中绘图时，经常需要使用绘图命令和二维编辑命令相结合的方法，完成工程图纸的绘制工作，因此熟练使用和编辑命令是保证绘图正确性、高效性的前提。AutoCAD 把被编辑的图形称为对象，只要进行编辑，用户就必须先准确地选择对象。

用户选择目标对象后，该目标对象将以高亮显示，图形边界轮廓线由原来的线型变成虚线，十分明显地和那些未选对象区分开。

1．常用的对象选择方法

在 AutoCAD 2010 中，为了方便用户选择对象，可以通过鼠标单击对象逐个选取，也可以利用窗口方式和交叉窗口方式选取对象。对象的选取可以在命令执行之前，也可以在命令执行之后进行。

在命令行输入某一编辑命令如“移动”命令，在命令行的“选择对象”提示下输入“？”，这时将显示如下提示：

```
需要点或窗口(W)/上一个(L)/窗交(C)/框(BOX)/全部(ALL)/栏选(F)/圈围(WP)/圈交(CP)/编组(G)/添加(A)/删除(R)/多个(M)/前一个(P)/放弃(U)/自动(AU)/单个(SI)/子对象(SU)/对象(O)
```

输入括号中的大写字母，可以指定选择对象的模式。例如设置“窗口”的选择模式，

可以在命令行的“选择对象”提示下输入 W。

（1）默认情况下选择对象方法是直接用鼠标单击所要选择的目标对象。

（2）窗口选择方式 ，此模式下执行选择目标对象时，只有目标对象完全包含在选择窗口内时，才可以选中，选择时的执行方式是，用鼠标在屏幕上单击，然后按住左键由左向右拖动，默认状态下窗口背景色此时为蓝色。

（3）交叉窗口选择方式，此模式下执行选择目标对象时，只要目标对象的一点与选择窗口相接，就可以被选中，选择时的执行方式是，用鼠标在屏幕上单击，然后按住左键由右向左拖动，默认状态下窗口背景色此时为绿色，如图 2-14 所示。

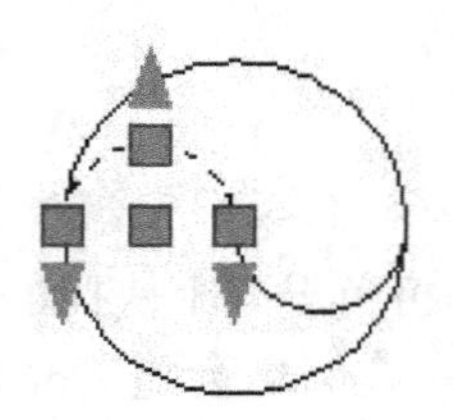

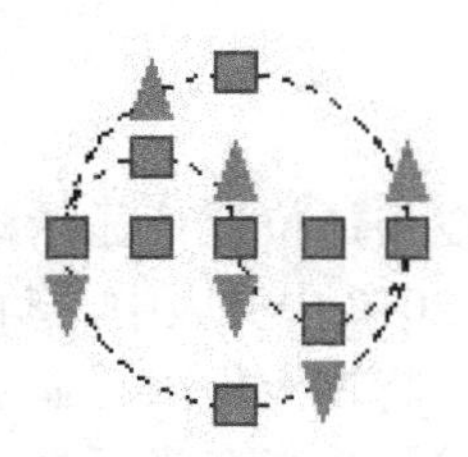

图 2-14　窗口方式与交叉窗口方式选择示意图

（4）其他的选择方式。

除了以上这些常用的对象选择方式之外，还有一些在特殊情况下不太常用的选择方式。例如，选择全部、栏选、选择编组，快速选择等。

知识训练六　绘图环境

在使用 AutoCAD 绘图前，经常需要对绘图环境的某些参数进行设置，使其更符合自己的使用习惯，从而提高绘图效率。AutoCAD 2010 中文版提供了“选项”对话框，用户可以在此对 AutoCAD 2010 中文版的绘图环境进行设置，例如，设置绘图的图形界限、设置图形单位、改变绘图区的颜色、改变“十”字光标的大小等。

1. 设置图形界限

图形界限是绘图的范围和图纸边界，设置图形界限的目的是为了避免用户所绘制的图形超出某个范围。在 AutoCAD 中进行图形界限设置，实质是指设置并控制栅格显示的界限，并非设置绘图区域边界，一般 AutoCAD 的绘图区域是无限的，可以任意绘制图形，不受边界约束，如图 2-15 所示。

工程图样一般采用 5 种比较固定的图纸规格，需要设定图纸区有 A0（1189×841）、A1（841×594）、A2（594×420）、A3（420×297）、A4（297×210）。利用 AutoCAD 2010 中文版绘制工程图时，通常采用 1∶1 的比例进行绘图，所以需要参照对象的实际尺寸设置图形界限。

启用图形界限命令的方法有以下两种：

（1）选择菜单“格式”→“图形界限”命令

（2）命令行输入命令：Limits。

执行图形界限命令后，命令行出现如下提示信息：

```
命令: Limits
重新设置模型空间界限
指定左下角点或[开(ON)/关(OFF)]<0.0000,0.0000>: ↙
指定右上角点<420.0000，297.0000>: 297,210↙
```

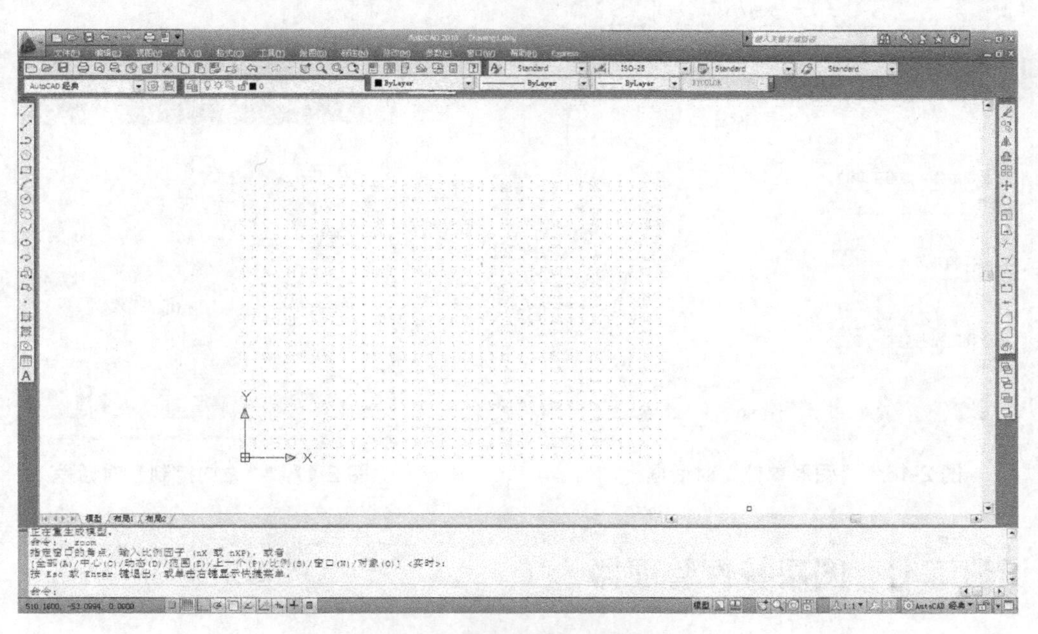

图 2-15　图形界限设置对话框

2. 设置图形单位

创建的所有对象都是根据图形单位进行测量的。开始绘图前，必须基于要绘制的图形确定一个图形单位代表的实际大小。然后据此约定创建实际大小的图形。例如，一个图形单位的距离通常表示实际单位的 1 毫米、1 厘米、1 英寸或 1 英尺。

图形单位是设置长度和角度的测量单位和显示精度，以及角度的测量起始位置与方向。默认状态下 AutoCAD 的图形单位为长度类型为小数，精度为 0.0000。角度类型为十进制度数，精度为 0。

启用图形单位命令可采用如下两种方法：

（1）选择“格式”→“单位”命令。

（2）在命令行输入：un。

执行命令后，会弹出如图 2-16 所示对话框，可在长度区域中选择长度单位的类型、精度。在角度区域中可以选择角度类型和精度，默认状态下角度的正方向为逆时针，当在顺时针前面的方框中单击左键加上勾选标记后，表示角度方向顺时针为正。角度的起始方向在最下面的方向对话框中设置。

在 AutoCAD 中的绘图单位本身是没有规定的，只是通常习惯上将这个单位视作毫米（mm）。设置“用于缩放插入内容的比例”选项中的计量单位，仅是为了提供图形之间相互引用的缩放依据。

在对话框下方的“方向”按钮是定义角度，并指定测量角度的方向。提示用户输入角度时，可以在所需方向定位一个点或输入一个角度。AutoCAD 默认状态下角度测量的起始位置为0°，方向是东（E）。

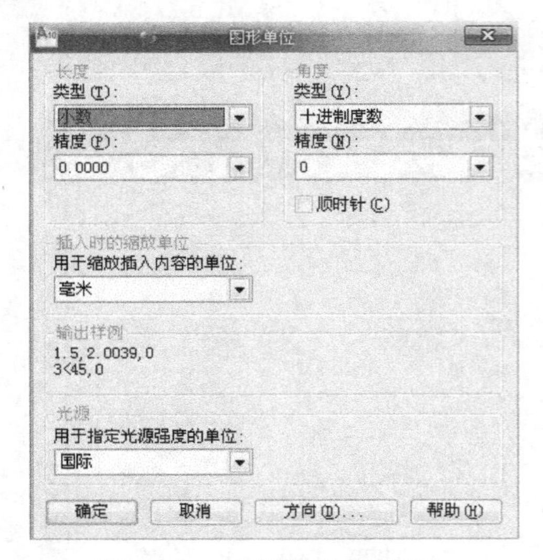

图 2-16 “图形单位”对话框

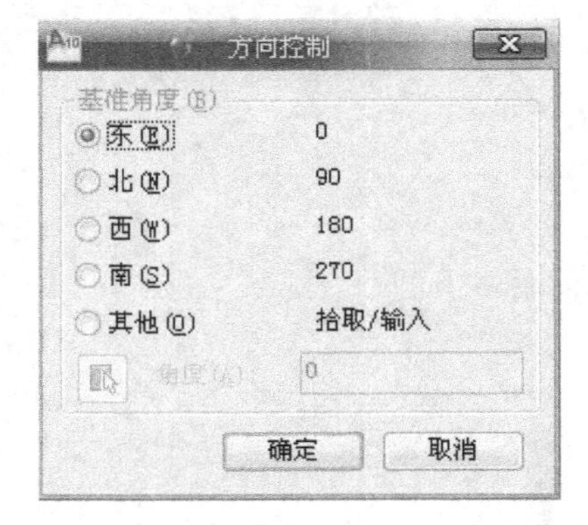

图 2-17 “方向控制”对话框

知识训练七 图层特性管理器

为了便于对图形中各种不同元素对象进行控制，AutoCAD 提供了图层功能，所谓图层：类似于一张张透明的纸叠放在一起，每个图层都有一些相关连的属性，比例图层名、颜色、线型和打印样式等。用 AutoCAD 来绘制图形时，通过设置可以使用许多这种完全透明的图纸，即使用许多图层。它的优点是，在绘图时可以对不同的图形对象进行分类管理和统一控制，因为同一个图层上的不同图层具有共同的颜色、线型、线宽和打印样式等属性，通过图层的显示控制可以设置某一个图层上的图形元素的开/关、冻结/解冻、锁定/解锁。

1. 图层特性管理器

在图层特性管理器中，用户可以完成建立新图层、删除图层、设置当前图层、设置图层颜色、线型、是否打印输出、控制图层状态等。

调用图层特性管理器可以采用如下方式：

（1）执行【格式】→【图层】命令。

（2）在“命令”：提示下输入 LAYER 命令。

（3）单击图层工具栏上的图层特性管理器图标。

执行上述操作后，系统弹出“图层特性管理器”对话框，如图 2-18 所示，默认状态下只有 0 层一个图层。连续单击其中的“新建图层”按钮，在当前图层选项区域下将以“图层 1、图层 2……”的名称建立相应的图层，即为新建图层，新建的图层属性默认继承上一个图层。然后单击“图层特性管理器”对话框左上角的按钮可实现图层特性管理器的关闭或自动隐藏。每个图形都有 1 个 0 层，其名称不可更改，且不可删除。其他新建图层的各项参数都是可以修改的。

2. 删除图层

选择要删除的图层，然后单击“删除图层”按钮✕。

在 AutoCAD 中不能删除的图层有：

（1）0 层和 Defpionts 层。

（2）当前层和含有实体的图层。

（3）外部参照依赖的图层。

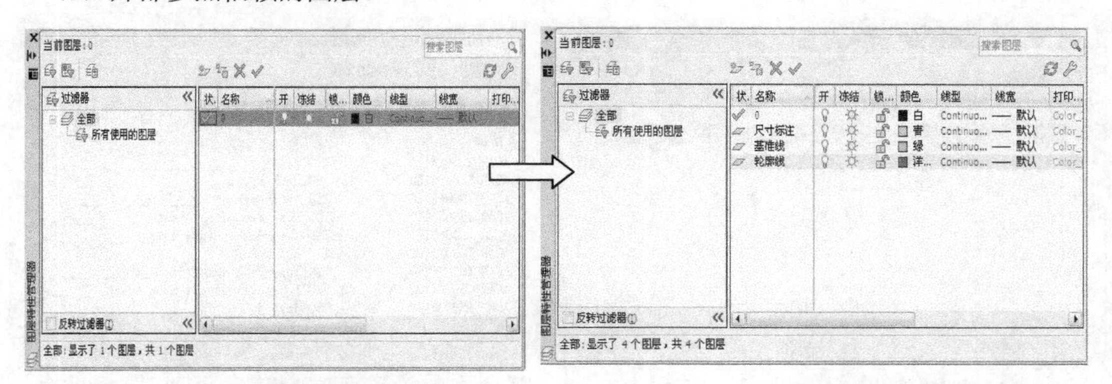

图 2-18 “图层特性管理器”对话框　　图 2-19 建立新的图层

3. 设置当前图层

用户只能在当前图层上绘制图形，而且所绘制的实体对象特性都从属于当前层的设置。默认状态下 0 层为当前层。当前图层的名字和属性状态都显示在“图层”工具栏上。

设置当前层最简单的方式是，用鼠标单击“图层特性管理器”上方中部的✓按钮。

4. 图层相关参数的修改

（1）图层名称。

为了便于图形实体的统一控制，通常为不同的图层设置不同的名字。例如，将“图层 1”修改为“基准线层”的方法是，在新建“图层 1”之后按回车键，切换输入法，直接输入图层名，也可以是把所需图层全部新建完成之后统一修改图层名称。此时需要双击对应的图层名，才可以修改。

（2）图层颜色。

AutoCAD 默认的图层颜色为白色或黑色，也可以根据绘图的需要为不同的图层设置不同的颜色。

例如，将“基准线”层的颜色设置为绿色，先启动“图层特性管理器”，然后单击“基准线”层对应的颜色块，系统将弹出选择颜色对话框，在该对话框中用光标拾取颜色，最后单击“确定”按钮。则该图层上所绘制的实体特性将从属于此色彩，如图 2-20 所示。

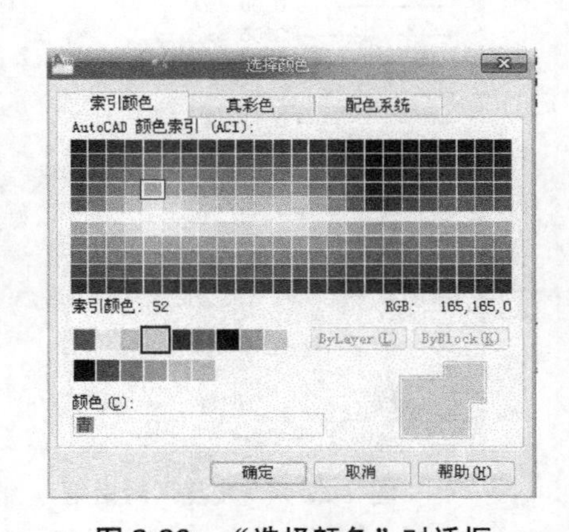

图 2-20 “选择颜色”对话框

（3）图层线型。

AutoCAD 默认的线型为 Continuous，其他线型则应加载之后才能使用。用户可以根据需要为对应的图层设置不同的线型。

例如，将“虚线”层的线型设置为 Hiddenx2，在“图层特性管理器”中，先选中“虚线”层。然后单击该图层名称后的线型图标按钮Continuo...，弹出“选择线型”对话框，如图 2-21 所示。单击“加载”按钮后弹出“加载或重载线型”对话框，如图 2-22 所示。在“可用线型”框中选择“Hiddenx2”线型，再单击“确定”按钮，返回“选择线型”对话框，再选中刚才加载的线型，最后单击“确定”按钮，这样“Hiddenx2”线型就被加载成功。

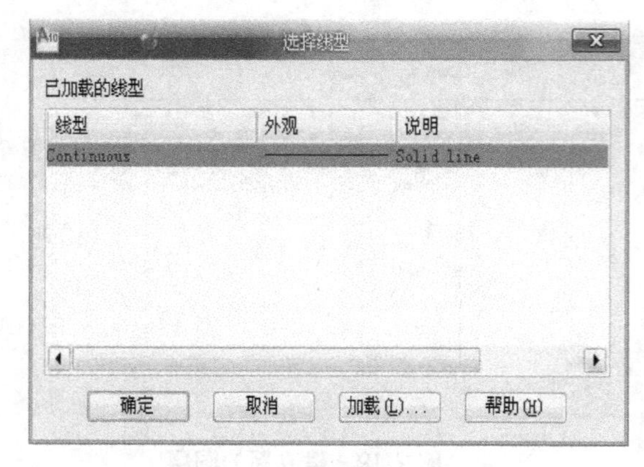

图 2-21　“选择线型”对话框

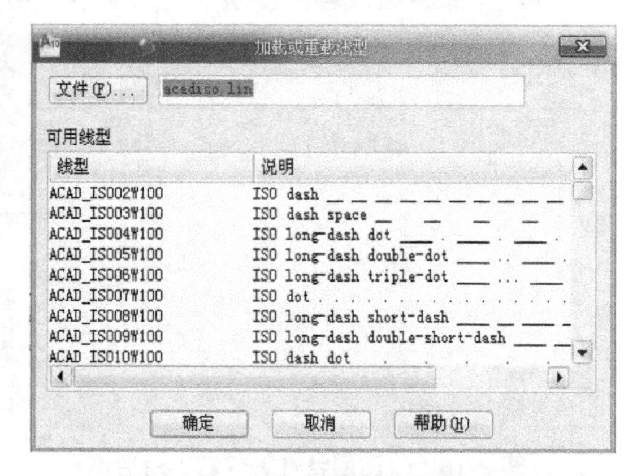

图 2-22　“加载或重载线型”对话框

（4）图层线宽。

AutoCAD 首次新建图层时使用“默认”线宽设置，用户可以为每个图层指定新的线宽。例如，将“虚线”层的线宽设置为 0.2mm，单击虚线图层对应线宽下面的—— 默认，弹出“线宽”对话框，如图 2-23 所示。选择 0.2mm 的线宽，再单击“确定”按钮，完成线宽设置。但是值得注意的是，这里设置的线宽信息并不会直接显示在绘图屏幕上，因为默认状态下，线宽显示是处于关闭状态的，因此线宽设置之后要想让它显示出来，可以通过单击“状态”栏上的“线宽”按钮开关来开启线宽设置，如图 2-24 所示。另外，在模型空间中，线宽信息是按像素显示的，在布局空间是按实际打印线宽显示的。

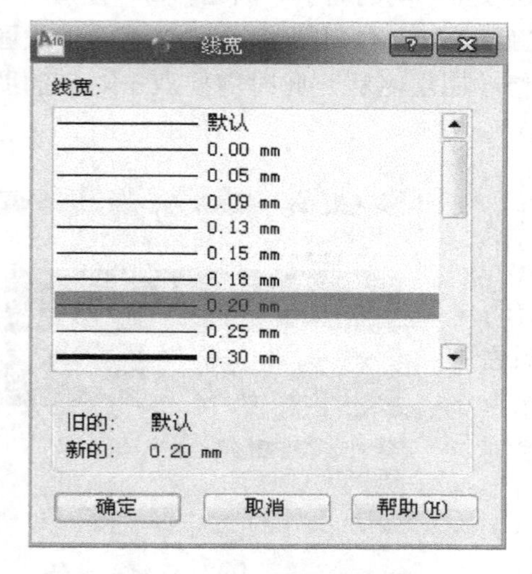

图 2-23　“线宽”对话框

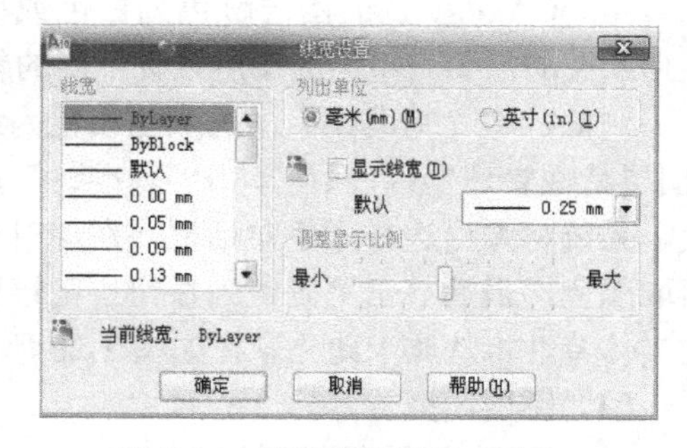

图 2-24　“线宽设置”对话框

5. 图层的状态控制

（1）开/关状态。

图层下拉列表中 / 表示图层的打开/关闭，单击该按钮图标可实现图层的开/关切换，当处于打开状态时，对应的图形信息可见，关闭之后，对应图层信息自动隐藏。位于被关闭图层上的图形既不可见，也不可被打印，但可以重生成，可以被某些选择集命令选择并修改。

（2）冻结/解冻状态。

图层下拉列表中 / 表示图层的冻结/解冻，单击该按钮可实现图层的冻结/解冻间的切换。当处于冻结状态时，对应图层上的图形既不可见，也不可被打印，也不能重生成，直到被冻结的图层解冻时，才可以重生成并显示该图层上的实体对象信息。

（3）锁定/解锁状态。

图层下拉列表中 / 表示图层的锁定/解锁，单击该按钮可以实现图层的锁定/解锁切换，当处于图层锁定状态时，对应图层上的图形信息将暗显，此时暗显对象可以被捕捉，被选定，但是不可对已有图形进行编辑和修改，但可以添加对象。

知识训练八 使用 AutoCAD 帮助

AutoCAD 2010 中文版提供了多种形式的帮助信息，用户可激活“帮助”菜单加以了解，这里仅对帮助菜单中常用的主要选项进行简单的介绍。

1. 帮助

“AutoCAD 2010 中文版帮助”窗口提供目录、索引和搜索，可以查询功能命令、操作指南等帮助说明文字，使用户可以方便地获得帮助，如图 2-25 所示。

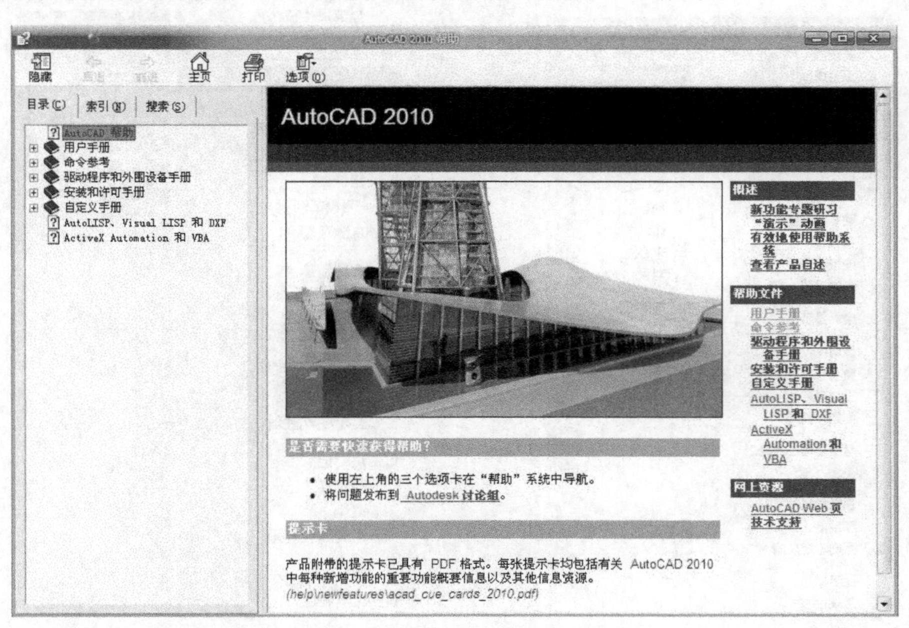

图 2-25 “AutoCAD 2010 帮助”窗口

调用【帮助】可以采用如下方式：

（1）【帮助】→【帮助】命令。

（2）在“命令”：提示下输入 HELP　命令。

（3）快捷键【F1】。

2. 新功能专题研习

新功能专题研习包含了一系列 AutoCAD 2010 中文版的新功能教程。

知识训练九　图形显示控制

图形显示控制就是对图形在屏幕上显示的位置进行改变和控制，它并不改变图形中各个实体对象的位置和大小等信息，掌握图形显示控制中的常用命令和技巧，对提高绘图效率有很大帮助。

1. 视图缩放

视图缩放命令可以对屏幕上的图形进行视觉上的放大或缩小，而不改变图形的真实大小，从而方便观察图形全局或局部细节，并准确地进行实体图形的绘制和目标捕捉等。

调用【缩放】命令可以采用如下方式：

执行【视图】→【缩放】命令。此时会弹出级联子菜单，如图 2-26 和图 2-27 所示。用户可以在其中选择对应的视图缩放方式。另外通过前后滚动鼠标中间的滚轮或者也可以在绘图区单击鼠标右键，选择“缩放”命令，实现视图的实时缩放。

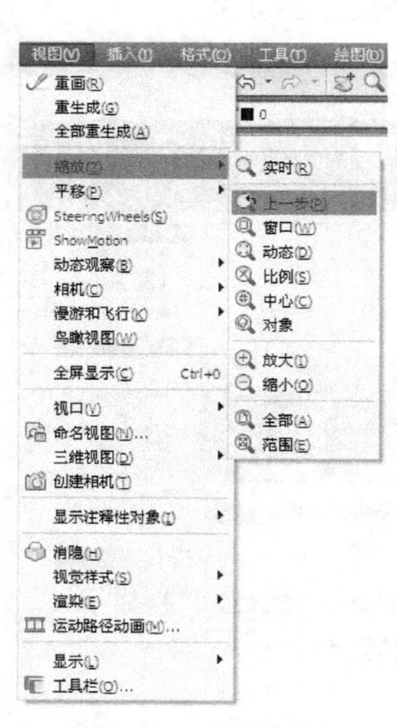

图 2-26　“视图”菜单

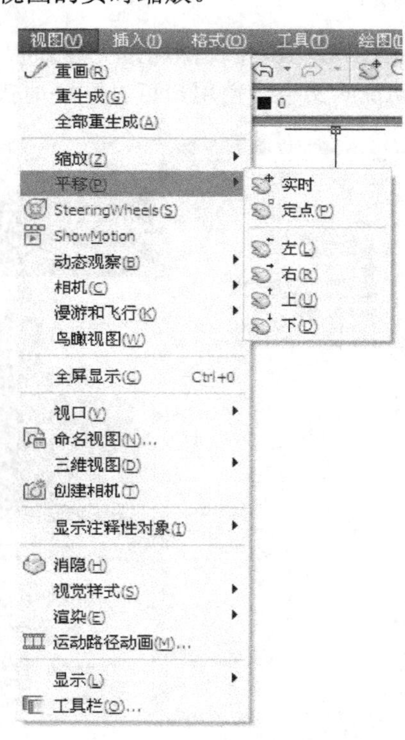

图 2-27　“缩放”菜单

2. 视图平移

AutoCAD 提供了对全图进行平移的实时平移命令（PAN）。方便用户调整、移动整个图形，使图纸特定部分位于当前屏幕的合适位置。

调用【平移】可以采用如下方式：

（1）执行【视图】→【平移】命令。

（2）在“命令”：提示下输入 PAN 命令。

执行该命令后，光标变为“小手”形状，按住鼠标左键移动光标，视图范围内的图形将随鼠标移动的方向实时移动，也可以直接按下鼠标中间的滚轮移动，同样可以实现视图平移的效果。

2.2 技能训练

技能训练一 绘制直线

1. 训练目的

（1）能够正确使用直线绘图命令绘制梯形、矩形等基本图形。

（2）能够在绘图中正确选择坐标输入法，提高绘图效率。

直线的 AutoCAD 功能命令为 LINE（快捷键为【L】）用于绘制直线段，可以通过直接输入相应端点坐标（X，Y）或者直接在屏幕上用鼠标点取。绘制一系列连续的直线段，但每条直线段都是一个独立的对象。结束此命令，可按回车或空格键。

调用【直线】命令可以采用如下方式：

（1）执行【绘图】→【直线】命令。

（2）在“命令”：提示下输入 L 命令。

【例 2-1】练习使用相对极坐标输入方式和绘制直线命令绘制如图 2-28 所示图形。

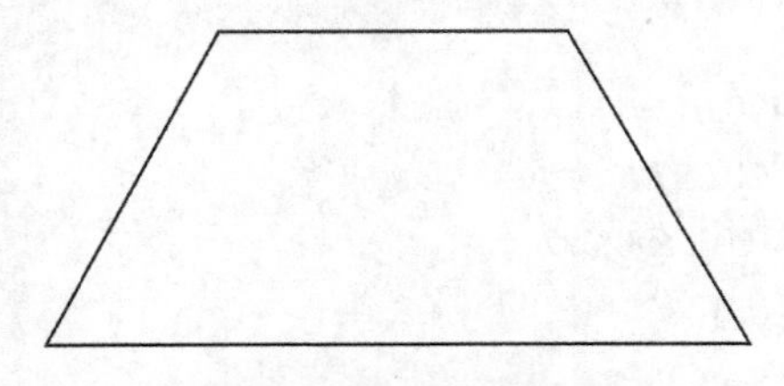

图 2-28 相对极坐标方式及直线命令练习

（1）单击图标，启动画直线命令。

（2）命令：line

```
指定第一点: 0,0↙
指定下一点或 [放弃(U)]: @100<60↙
```

```
指定下一点或 [放弃(U)]: @100<0↙
指定下一点或 [闭合(C)/放弃(U)]: @100<−60↙
指定下一点或 [闭合(C)/放弃(U)]: c↙
```

【例 2-2】练习使用绝对直角坐标的方式及直线命令绘制如图 2-29 所示图形。

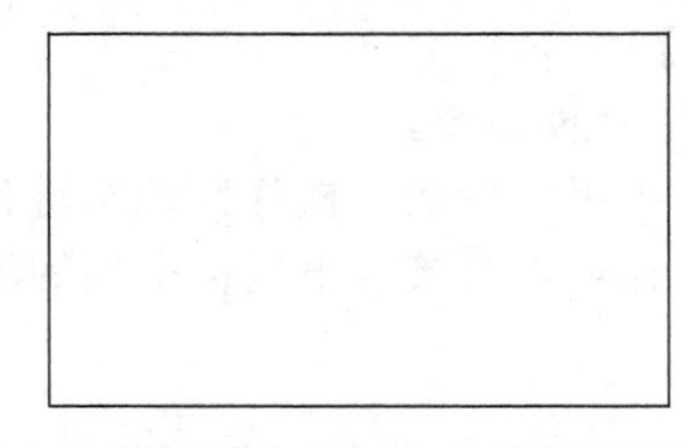

图 2-29 绝对直角坐标方式及直线命令练习

（1）单击图标，启动画直线命令。

（2）命令：line

```
指定第一点: 0,0↙
指定下一点或 [放弃(U)]: 420,0↙
指定下一点或 [放弃(U)]: 420,297↙
指定下一点或 [闭合(C)/放弃(U)]: 0,297↙
指定下一点或 [闭合(C)/放弃(U)]: c↙
```

【例 2-3】练习使用相对直角坐标的方式及直线命令绘制如图 2-30 所示图形。

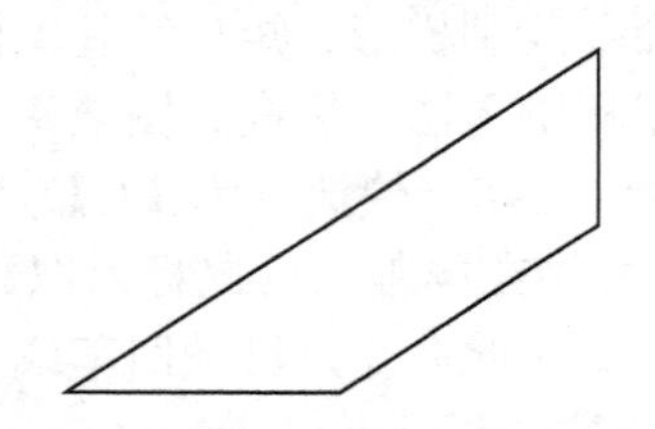

图 2-30 相对直角坐标方式及直线命令练习

（1）单击图标，启动画直线命令。

（2）命令：line

```
LINE 指定第一点: 0,0↙
指定下一点或 [放弃(U)]: @420,0↙
指定下一点或 [放弃(U)]: @420,297↙
指定下一点或 [闭合(C)/放弃(U)]: @0,297↙
指定下一点或 [闭合(C)/放弃(U)]: c ↙
```

技能训练二 删除图形

1. 训练目的

（1）学会使用删除命令。

2. 调用【删除】命令

可以采用如下方式：

（1）执行【修改】→【删除】命令。

（2）在“命令”：提示下输入 E 命令。

（3）选中对象后，按【Delete】键或者单击鼠标右键选择“删除”命令。

（4）单击【修改】工具栏。

要恢复被删除的图形，可通过快捷键【Ctrl+Z】或者在“命令：”提示下输入 U 命令来进行操作。

技能训练三 绘制多段线

1. 训练目的

（1）学会使用多段线命令。

（2）掌握多段线命令和直线命令的区别。

多段线的 AutoCAD 功能命令为 Pline（快捷键为【PL】），多段线是作为单个对象创建的相互连接的线段序列。可以创建直线段、圆弧段或两者的组合线段。多段线适用于以下应用方面：

- 用于地形、等压和其他科学应用的轮廓素线
- 布线图和电路印制板布局
- 流程图和布管图

2. 调用【多段线】命令

可以采用如下方式：

（1）执行【绘图】→【多段线】命令。

（2）在“命令”：提示下输入 PL 命令。

【例 2-4】练习使用多段线命令绘制如图 2-31 所示图形。

命令：pl

```
PLINE
指定起点: 0,0
当前线宽为 0.0000
指定下一个点或 [圆弧(A)/半宽(H)/长度(L)/放弃(U)/宽度(W)]: @100,0↙
指定下一点或 [圆弧(A)/闭合(C)/半宽(H)/长度(L)/放弃(U)/宽度(W)]: a↙
指定圆弧的端点或
[角度(A)/圆心(CE)/闭合(CL)/方向(D)/半宽(H)/直线(L)/半径(R)/第二个点(S)/放弃(U)/宽度(W)]: 35↙
（垂直向上）
指定圆弧的端点或
[角度(A)/圆心(CE)/闭合(CL)/方向(D)/半宽(H)/直线(L)/半径(R)/第二个点(S)/放弃(U)/宽度(W)]: 35↙
指定圆弧的端点或
[角度(A)/圆心(CE)/闭合(CL)/方向(D)/半宽(H)/直线(L)/半径(R)/第二个点(S)/放弃(U)/宽度(W)]: L↙
```

```
指定下一点或 [圆弧(A)/闭合(C)/半宽(H)/长度(L)/放弃(U)/宽度(W)]: 100↙（水平向左）
指定下一点或 [圆弧(A)/闭合(C)/半宽(H)/长度(L)/放弃(U)/宽度(W)]: c↙
```

【例 2-5】练习使用多段线绘制如图 2-32 所示图形。

命令：pl

```
PLINE
指定起点: 0,0
当前线宽为 0.0000↙
指定下一个点或 [圆弧(A)/半宽(H)/长度(L)/放弃(U)/宽度(W)]: w↙
指定起点宽度 <10.0000>: 10↙
指定端点宽度 <10.0000>: ↙
指定下一个点或 [圆弧(A)/半宽(H)/长度(L)/放弃(U)/宽度(W)]: @100,0↙
指定下一点或 [圆弧(A)/闭合(C)/半宽(H)/长度(L)/放弃(U)/宽度(W)]: a↙
指定圆弧的端点或
[角度(A)/圆心(CE)/闭合(CL)/方向(D)/半宽(H)/直线(L)/半径(R)/第二个点(S)/放弃(U)/宽度(W)]: w↙
指定起点宽度 <10.0000>: ↙
指定端点宽度 <10.0000>: 0↙
指定圆弧的端点或
[角度(A)/圆心(CE)/闭合(CL)/方向(D)/半宽(H)/直线(L)/半径(R)/第二个点(S)/放弃(U)/宽度(W)]: 60↙
（垂直向上）
指定圆弧的端点或
[角度(A)/圆心(CE)/闭合(CL)/方向(D)/半宽(H)/直线(L)/半径(R)/第二个点(S)/放弃(U)/宽度(W)]: L↙
指定下一点或 [圆弧(A)/闭合(C)/半宽(H)/长度(L)/放弃(U)/宽度(W)]: 100↙（水平向左）
指定下一点或 [圆弧(A)/闭合(C)/半宽(H)/长度(L)/放弃(U)/宽度(W)]: c↙
```

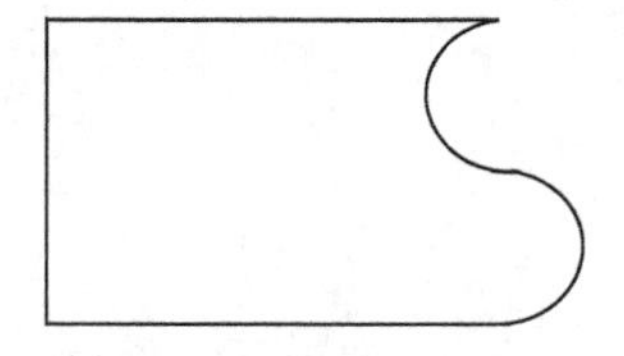

图 2-31　管道符号

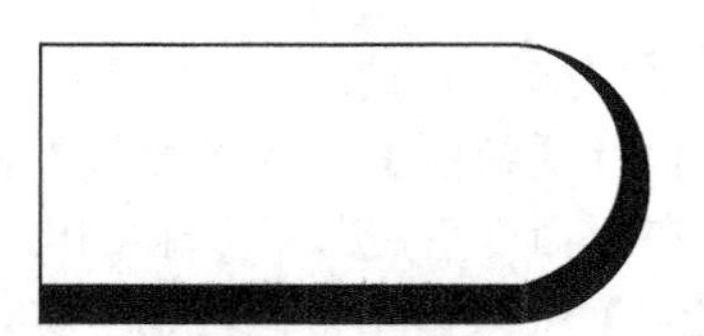

图 2-32　不同宽度

技能训练四　绘制正多边形

1. 训练目的

（1）练习使用多边形命令。

（2）掌握多边形命令的使用技巧。

正多边形的 AutoCAD 功能命令为 Polygon（快捷键为【POL】），可以快速创建矩形和规则多边形。绘制正多边形的方式有内接于圆、外切于圆和指定一条边绘制正多边形。创建多边形是绘制等边三角形、正方形、五边形、六边形等的简单方法。

2. 调用【正多边形】命令

可以采用如下方式：

（1）执行【绘图】→【正多边形】命令。

（2）在“命令”：提示下输入 POL 命令。

【例 2-6】绘制内接于圆的正六边形，如图 2-33 所示。

命令：polygon

```
命令: polygon 输入边的数目 <4>: 6↙
指定正多边形的中心点或 [边(E)]: 10,10↙
输入选项 [内接于圆(I)/外切于圆(C)] <C>: i↙
指定圆的半径: 50↙
```

【例 2-7】绘制外切于圆的正六边形，如图 2-34 所示。

命令：polygon

```
输入边的数目 <6>: ↙
指定正多边形的中心点或 [边(E)]: 20,20↙
输入选项 [内接于圆(I)/外切于圆(C)] <I>: c↙
指定圆的半径: 50↙
```

【例 2-8】绘制指定一条边的正六边形，如图 2-35 所示。

命令：pol

```
POLYGON 输入边的数目 <6>: ↙
指定正多边形的中心点或 [边(E)]: e↙
指定边的第一个端点: 10,10↙
指定边的第二个端点: 50,10↙
```

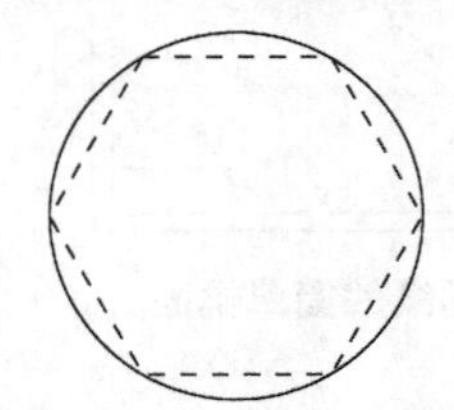

图 2-33 内接于圆的正六边形

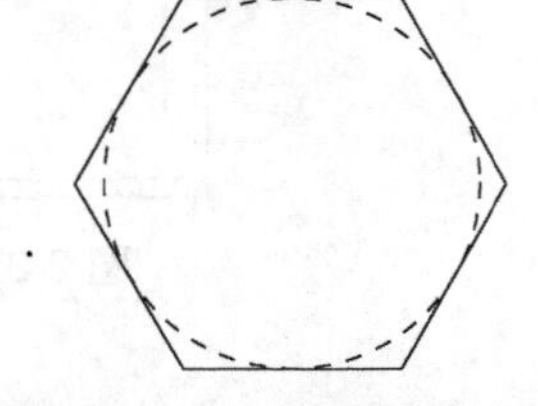

图 2-34 外切于圆的正六边形

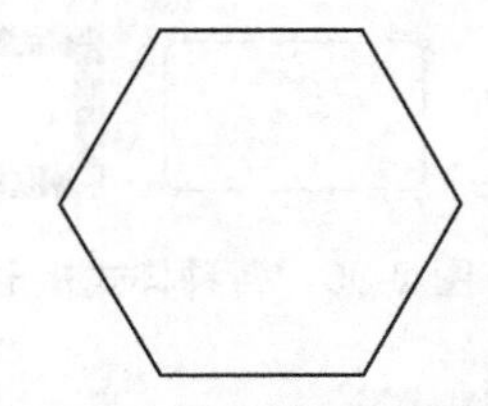

图 2-35 指定边的正六边形

技能训练五 绘制矩形

1. 训练目的

（1）练习使用矩形命令。

（2）掌握使用矩形命令绘图的技巧和一些必要的设置。

矩形的 AutoCAD 功能命令为 Rectang（快捷键为 REC）。使用矩形命令可创建矩形形状的闭合多段线。在 AutoCAD 中绘制矩形，可以为其设置倒角、标高、圆角，以及宽度和厚度等参数，启动矩形命令后只要确定了矩形的两个对角点坐标，矩形的位置就确定下来了。

执行该命令后，命令行提示如下：

```
指定第一个角点或 [倒角(C)/标高(E)/圆角(F)/厚度(T)/宽度(W)]:
```

其各选项的含义如下：

倒角（C）：绘制一个带倒角效果的矩形，倒角的第一距离和第二距离可以相等也可以不相等。

标高（E）：矩形的高度，默认情况下，矩形在 X，Y 平面内，该选项一般用于三维绘图。标高值是以 X，Y 平面为参照的。

圆角（F）：绘制带有圆角效果的矩形。

厚度（T）：绘制带有厚度效果的矩形，该选项一般用于三维绘图。

宽度（W）：定义矩形的宽度。

如图 2-36 所示为各种样式的矩形效果。

2．调用【矩形】命令

可以采用如下方式：

（1）执行【绘图】→【矩形】命令。

（2）在“命令：”提示下输入 REC 命令。

【例 2-9】绘制 A3 图纸的简单幅面，如图 2-37 所示。

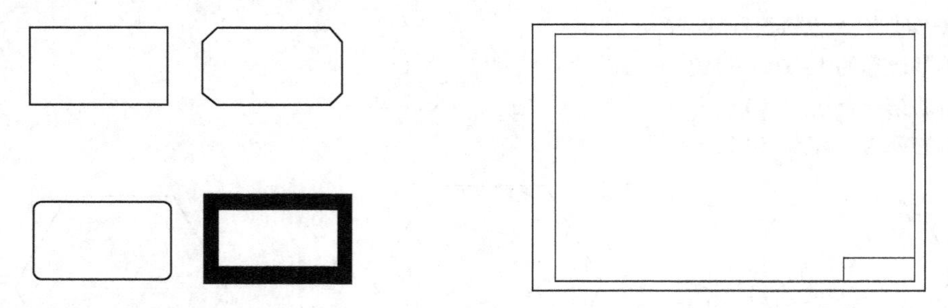

图 2-36　各种样式矩形的效果　　　图 2-37　A3 图纸的简单幅面

命令：rec

```
RECTANG
指定第一个角点或 [倒角(C)/标高(E)/圆角(F)/厚度(T)/宽度(W)]: 0,0↙
指定另一个角点或 [面积(A)/尺寸(D)/旋转(R)]: 420,297↙
命令:
RECTANG
指定第一个角点或 [倒角(C)/标高(E)/圆角(F)/厚度(T)/宽度(W)]: 25,10↙
指定另一个角点或 [面积(A)/尺寸(D)/旋转(R)]: 410,287↙
命令:
RECTANG
指定第一个角点或 [倒角(C)/标高(E)/圆角(F)/厚度(T)/宽度(W)]: 335,10↙
指定另一个角点或 [面积(A)/尺寸(D)/旋转(R)]: 410,34↙
```

技能训练六 复制

1．训练目的

（1）练习使用复制命令。

（2）掌握复制命令在不同模式下的使用技巧。

复制的功能命令为 Copy（快捷键为 CO）。使用复制命令可以从原对象以指定的角度和方向创建对象的副本。使用坐标、栅格捕捉、对象捕捉和其他工具可以精确复制对象。也可以使用夹点快速移动和复制对象。

复制的模式分为单个/多个，在执行“单个”复制模式时，执行复制命令一次有效。在执行“多个”模式时，执行复制命令可以连续有效，直到按【Enter】键结束命令。

2．调用【复制】命令

可以采用如下方式：

（1）执行【修改】→【复制】命令。

（2）在“命令：”提示下输入 CO 命令。

【例 2-10】绘制避雷针（已有绘制好的避雷针），如图 2-38 所示。

命令：copy

```
选择对象：指定对角点：找到 3 个
选择对象：(选择避雷针)
当前设置：复制模式 = 多个
指定基点或 [位移(D)/模式(O)] <位移>: ↙
指定第二个点或 <使用第一个点作为位移>: (用鼠标指定要复制的位置)
指定第二个点或 [退出(E)/放弃(U)] <退出>: ↙
指定第二个点或 [退出(E)/放弃(U)] <退出>: ↙
指定第二个点或 [退出(E)/放弃(U)] <退出>: ↙
```

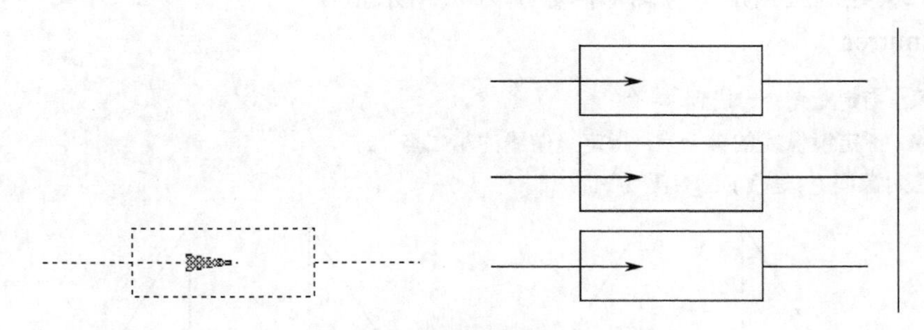

图 2-38 复制命令示例图

技能训练七　镜像

1. 训练目的

（1）练习使用镜像命令。

（2）掌握镜像命令的执行方式和系统变量的设置方法。

镜像的功能命令为 Mirror（快捷键为 MI）。使用镜像命令可以绕指定轴翻转对象创建对称的镜像图像。

镜像对创建对称的对象非常有用，因为可以快速地绘制半个对象，然后将其镜像，而不必绘制整个对象。

绕轴（镜像线）翻转对象创建镜像图像。要指定临时镜像线，请输入两点或者用鼠标单击拾取两点。执行镜像命令时可以选择是删除原对象还是保留原对象。

2. 调用【镜像】命令

可以采用如下方式：

（1）执行【修改】→【镜像】命令。

（2）在“命令：”提示下输入 MI 命令。

【例 2-11】绘制电阻图形，如图 2-39 所示。

命令：mirror

```
选择对象: 指定对角点: 找到 1 个
选择对象:（鼠标单击直线）指定镜像线的第一点:（选择长方形的上边中心点）
                         指定镜像线的第二点:（选择长方形的下边中心点）
要删除源对象吗? [是(Y)/否(N)] <N>: ↙
```

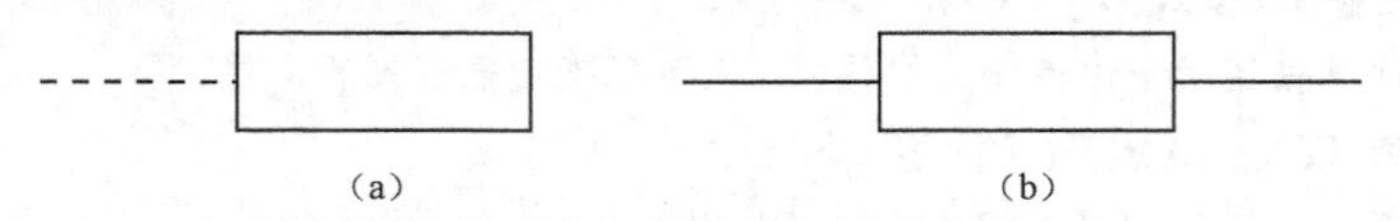

图 2-39　使用镜像命令复制图形

【例 2-12】绘制三角形符号图形，如图 2-40 所示。

命令：mirror

```
选择对象: 指定对角点: 找到 4 个
选择对象: 指定镜像线的第一点: 指定镜像线的第二点: ↙
要删除源对象吗? [是(Y)/否(N)] <N>: ↙
```

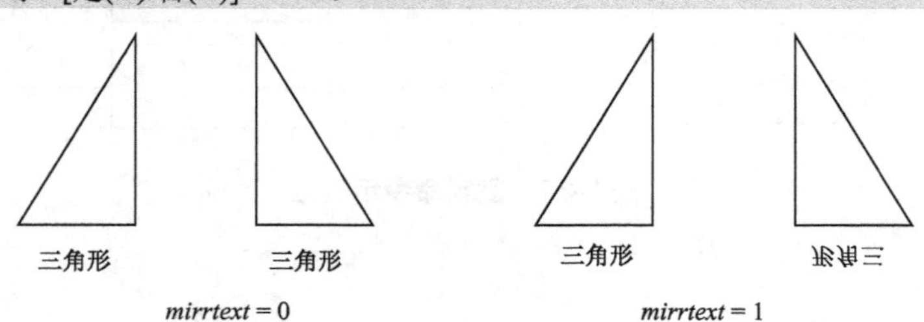

图 2-40　系统变量的值对镜像文字的影响

技能训练八 偏移

1．训练目的

练习使用偏移命令。

偏移的功能命令为 Offset（快捷键为 O)。使用偏移命令偏移对象以创建其造型与原始对象造型呈平行的新对象。例如创建同心圆、平行线和平行曲线。

2．调用【偏移】命令

可以采用如下方式：

（1）执行【修改】→【偏移】命令。

（2）在“命令”：提示下输入 O 命令。

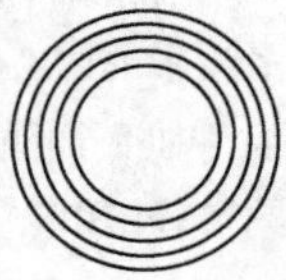

图 2-41 用偏移命令复制对象

【例 2-13】绘制同心圆图形，如图 2-41 所示。

命令：offset

当前设置：删除源=否 图层=源 OFFSETGAPTYPE=0

指定偏移距离或 [通过(T)/删除(E)/图层(L)] <通过>: 2

选择要偏移的对象，或 [退出(E)/放弃(U)] <退出>:（鼠标左键单击拾取圆的边）

指定要偏移的那一侧上的点，或 [退出(E)/多个(M)/放弃(U)] <退出>:（在圆的外侧单击鼠标左键）

选择要偏移的对象，或 [退出(E)/放弃(U)] <退出>:（拾取上一步偏移出来的圆然后在圆的外侧单击鼠标左键）

指定要偏移的那一侧上的点，或 [退出(E)/多个(M)/放弃(U)] <退出>:（拾取上一步偏移出来的圆然后在圆的外侧单击鼠标左键）

选择要偏移的对象，或 [退出(E)/放弃(U)] <退出>:（拾取上一步偏移出来的圆然后在圆的外侧单击鼠标左键）

指定要偏移的那一侧上的点，或 [退出(E)/多个(M)/放弃(U)] <退出>:↙

技能训练九 绘制圆弧

1．训练目的

（1）练习使用圆弧命令绘制基本图形。

（2）掌握圆弧命令的各种执行方式，选择合适的方法完成绘图。

圆弧的功能命令为 Arc（快捷键为 A)。圆弧是圆的一部分，要绘制圆弧，可以指定圆心、端点、起点、半径、角度、弦长和方向值的各种组合形式。绘制圆弧的默认方法是指定 3 个点：起点、第二点和端点，用这种方法创建的圆弧通过指定的这些点。可以使用多种方法创建圆弧。除第一种方法外，其他方法都是从起点到端点逆时针绘制圆弧。在 AutoCAD 2010 中文版中圆弧的绘制方法有 11 种。

2. 调用【圆弧】命令

可以采用如下方式：

（1）执行【绘图】→【圆弧】命令。

（2）在“命令”：提示下输入 A 命令。

【例 2-14】利用圆弧命令根据起点、圆心、端点的方式绘制如图 2-42 所示图形。

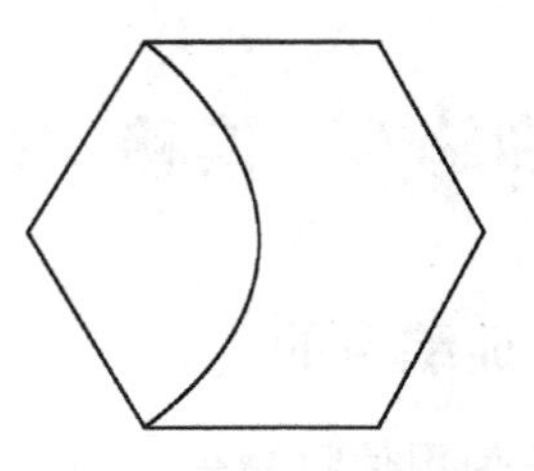

图 2-42　根据起点、圆心、端点绘制圆弧

命令：pol

POLYGON 输入边的数目 <4>: 6↙
指定正多边形的中心点或 [边(E)]: 50,50↙
输入选项 [内接于圆(I)/外切于圆(C)] <I>: ↙
指定圆的半径: 10 ↙

命令: _arc

指定圆弧的起点或 [圆心(C)]:（用鼠标单击拾取正六边形左下角点）
指定圆弧的第二个点或 [圆心(C)/端点(E)]: _c ↙
指定圆弧的圆心:（用鼠标单击拾取正六边形左角点）
指定圆弧的端点或 [角度(A)/弦长(L)]:（用鼠标单击拾取正六边形左上角点）

【例 2-15】利用圆弧命令根据圆心、起点、角度的方式绘制如图 2-43 所示图形。

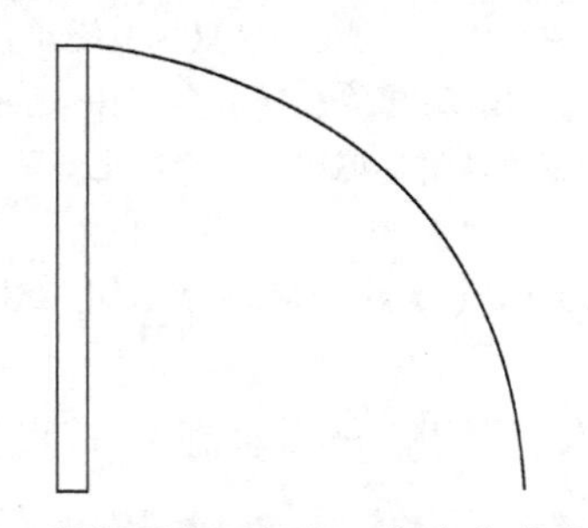

图 2-43　根据圆心、起点、角度方式绘制圆弧

命令：rec

RECTANG
指定第一个角点或 [倒角(C)/标高(E)/圆角(F)/厚度(T)/宽度(W)]: 0,0↙
指定另一个角点或 [面积(A)/尺寸(D)/旋转(R)]: 4.5,75↙

命令: arc

指定圆弧的起点或 [圆心(C)]: c↙
指定圆弧的圆心: 0,0↙
指定圆弧的起点: @75,0↙
指定圆弧的端点或 [角度(A)/弦长(L)]: a↙
指定包含角: 90↙

技能训练十 绘制圆

1. 训练目的

（1）练习使用圆命令绘制基本图形。

（2）掌握圆命令的各种执行方式，选择合适的方法完成绘图。

圆的功能命令为 Circle（快捷键为 C)。使用 AutoCAD 2010 中文版要创建圆，可以指定圆心、半径、直径、圆周上的点和其他对象上的点的不同组合。可以使用多种方法创建圆。默认方法是指定圆心和半径。AutoCAD 2010 中文版中圆的绘制方法有 6 种，如图 2-44 所示。

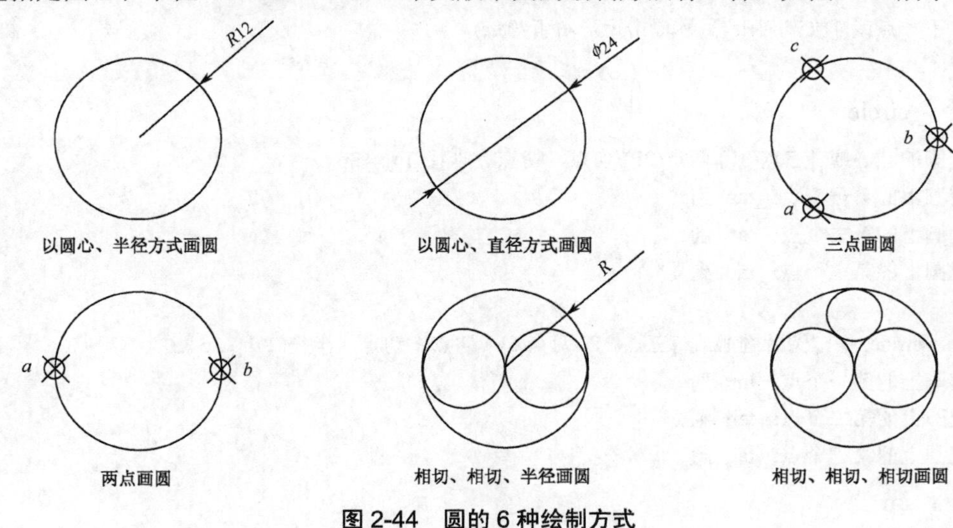

图 2-44 圆的 6 种绘制方式

2. 调用【圆】命令

可以采用如下方式：

（1）执行【绘图】→【圆】命令。

（2）在“命令”：提示下输入 C 命令。

执行 CIRCLE 命令，AutoCAD 提示：

指定圆的圆心或 [三点(3P)/两点(2P)/相切、相切、半径(T)]。其中，“指定圆的圆心”选项用于根据指定的圆心以及半径或直径绘制圆弧；“三点”选项根据指定的三点绘制圆；“两点”选项根据指定两点绘制圆；“相切、相切、半径”选项用于绘制与已有两对象相切，且半径为给定值的圆。

【例 2-16】利用圆命令绘制如图 2-45 所示图形。

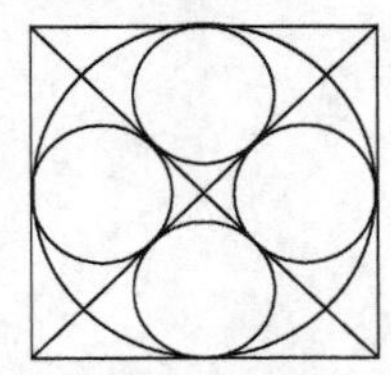

图 2-45 几种常用画圆方式示例

命令：rec

```
RECTANG
指定第一个角点或 [倒角(C)/标高(E)/圆角(F)/厚度(T)/宽度(W)]: 0,0↙
指定另一个角点或 [面积(A)/尺寸(D)/旋转(R)]: 20,20↙
```

命令：l

```
LINE 指定第一点:
指定下一点或 [放弃(U)]:（鼠标单击矩形左下角点）
指定下一点或 [放弃(U)]:（鼠标单击矩形右上角点）
命令: LINE 指定第一点:
指定下一点或 [放弃(U)]: (鼠标单击矩形左上角点)
指定下一点或 [放弃(U)]: (鼠标单击矩形右下角点)
命令: ↙
```

命令: _circle

```
指定圆的圆心或 [三点(3P)/两点(2P)/切点、切点、半径(T)]: _3p ↙
指定圆上的第一个点: _tan 到
指定圆上的第二个点: _tan 到
指定圆上的第三个点: _tan 到
命令:
命令: _circle 指定圆的圆心或 [三点(3P)/两点(2P)/切点、切点、半径(T)]: _3p ↙
指定圆上的第一个点: _tan 到
指定圆上的第二个点: _tan 到
指定圆上的第三个点: _tan 到
```

命令：mi

```
MIRROR
选择对象: 指定对角点: 找到 1 个
选择对象: 指定对角点: 找到 1 个，总计 2 个
选择对象: 指定镜像线的第一点:（鼠标单击矩形右上角点）
指定镜像线的第二点:（鼠标单击矩形左下角点）
要删除源对象吗？[是(Y)/否(N)] <N>:↙
```

命令：c

```
CIRCLE 指定圆的圆心或 [三点(3P)/两点(2P)/切点、切点、半径(T)]: 2p↙
指定圆直径的第一个端点:（鼠标单击矩形左边中点）
指定圆直径的第二个端点:（鼠标单击矩形右边中点）
```

技能训练十一　绘制云线

1．训练目的

（1）练习使用修订云线命令。

（2）掌握修订云线的使用方法。

修订云线的功能命令为 Rev cloud。修订云线是由连续圆弧组成的多段线。用于在检查阶段提醒用户注意图形的某个部分。

在检查或用红线圈阅图形时，可以使用修订云线功能亮显标记以提高工作效率。

2．调用【修订云线】命令

可以采用如下方式：

（1）执行【绘图】→【修订云线】命令。

（2）在“命令”：提示下输入 Rev cloud 命令。

Rev cloud 用于创建由连续圆弧组成的多段线以构成云线形状的对象。用户可以为修订云线选择样式：“普通”或“手绘”。如果选择“画笔”，修订云线看起来像是用画笔绘制的。

可以从头开始创建修订云线，也可以将对象（例如圆、椭圆、多段线或样条曲线）转换为修订云线。

注意：在执行 REVCLOUD 命令之前，请确保能够看到要使用此命令添加轮廓的整个区域。REVCLOUD 不支持透明和实时的平移和缩放。

3．创建修订云线的步骤

（1）在“绘图”菜单中，单击“修订云线”。

（2）根据提示，指定新的最大和最小弧长，或者指定修订云线的起点。

（3）默认的弧长最小值和最大值设置为 0.5000 个单位。弧长的最大值不能超过最小值的 3 倍。

（4）沿着云线路径移动“十”字光标。要更改圆弧的大小，可以沿着路径单击拾取点。

（5）可以随时按【Enter】键停止绘制修订云线。

（6）要闭合修订云线，请返回到它的起点。

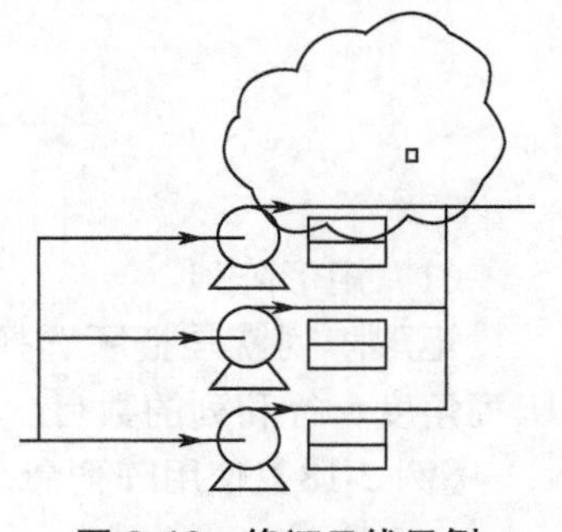

图 2-46　修订云线示例

【例 2-17】利用修订云线作图形注解，如图 2-46 所示。

命令：_revcloud

```
最小弧长: 15    最大弧长: 15    样式: 普通
指定起点或 [弧长(A)/对象(O)/样式(S)] <对象>:
```

沿云线路径引导十字光标。

修订云线完成。

技能训练十二　阵列

1．训练目的

（1）练习使用阵列命令。

（2）掌握阵列命令的使用方法与技巧。

阵列的功能命令为 Array（快捷键为 AR）。使用 AutoCAD 2010 中文版要创建阵列图形时相当于特殊格式的复制命令，可以一次复制多个，并且有规则排列的图形。阵列的类型分为矩形阵列和环形阵列，AutoCAD 默认状态下的阵列类型为矩形阵列。

2．调用【阵列】命令

可以采用如下方式：

（1）执行【修改】→【阵列】命令。

（2）在“命令”：提示符下输入 AR 命令。

3．操作方法

启动“阵列”命令后，将打开如图 2-47 所示的“阵列”对话框。

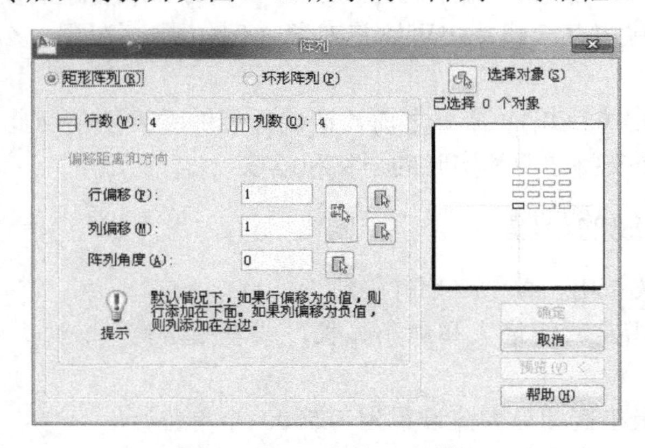

图 2-47 “阵列”对话框

（1）矩形阵列。

矩形阵列就是把所选择的对象按照行和列复制成类似矩阵的排列方式，这里可以控制阵列角度、行和列的数目，以及它们之间的距离。

【例 2-18】使用阵列命令绘制如图 2-48 所示图形。

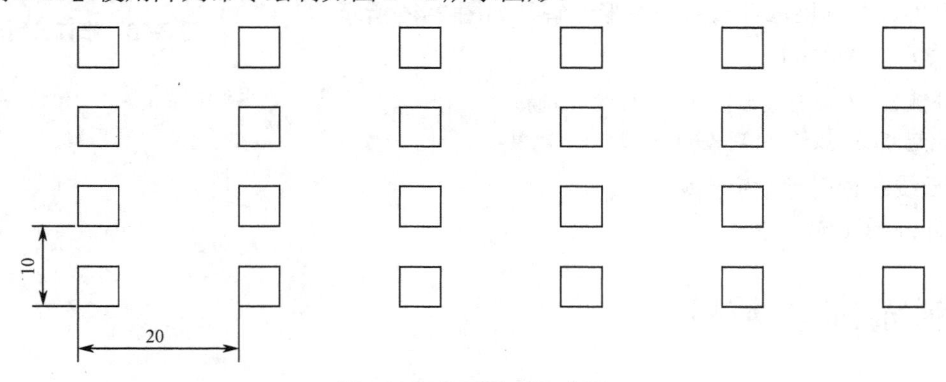

图 2-48 矩形阵列示意图

命令：rec

```
RECTANG
指定第一个角点或 [倒角(C)/标高(E)/圆角(F)/厚度(T)/宽度(W)]：0,0
指定另一个角点或 [面积(A)/尺寸(D)/旋转(R)]：5,5
```

命令：ar

ARRAY
选择对象：指定对角点：找到 1 个（选择小正方形）

（用鼠标选择“对象”对话框，此时阵列对话框暂时隐藏，单击刚才所绘制的矩形，单击鼠标右键或者按【Enter】键，返回“阵列”对话框，对话框右上侧提示“已选择一个对象，再设置矩形阵列的参数，如图 2-49 所示，设置行数为 4、列数为 6、行偏移为 10、列偏移为 20。最后单击“确定”按钮，阵列完成）。

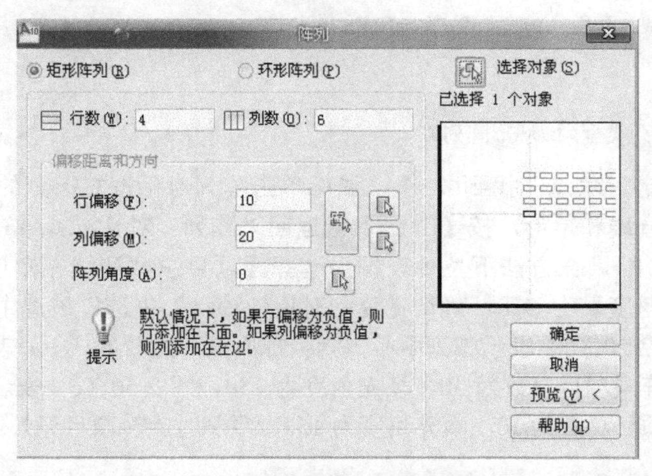

图 2-49　矩形阵列方式及参数设置

注意：这里的行偏移距离是指阵列后两个相邻阵列实体图形第一个图形的左下角点到第二个图形左下角点的纵轴间距，列偏移是指阵列后两个相邻阵列实体图形第一个图形的左下角点到第二个图形左下角点的横轴间距。

（2）环形阵列。

在执行阵列命令时，如果选择阵列类型为环形阵列，则可将所选择的对象按圆周等间距阵列复制，需要提供阵列后生成的项目总数（包括源对象）、阵列中心点以及阵列对象的填充角度等。默认状态下 AutoCAD 项目总数为 4，项目间填充角度为 360 度。

【例 2-19】使用环形阵列命令绘制如图 2-50 所示图形。

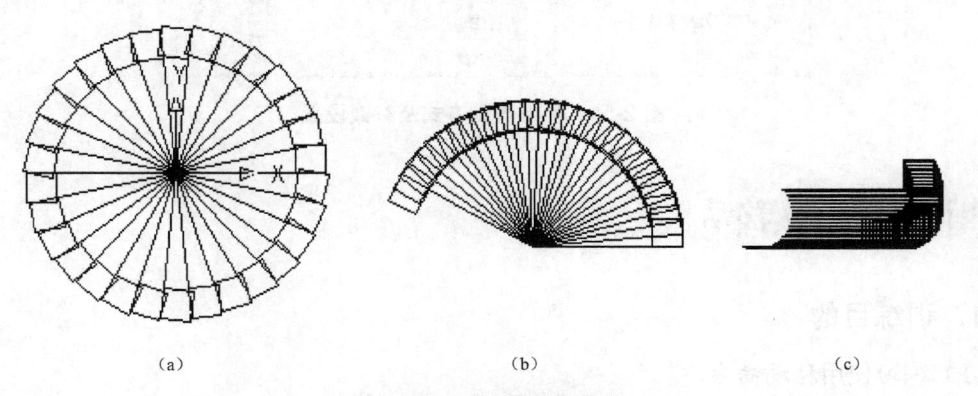

图 2-50　环形阵列示意图

命令：l

LINE 指定第一点: 0,0↙
指定下一点或 [放弃(U)]: 20,0↙
指定下一点或 [放弃(U)]: ↙

命令：rec

RECTANG
指定第一个角点或 [倒角(C)/标高(E)/圆角(F)/厚度(T)/宽度(W)]: 20,0↙
指定另一个角点或 [面积(A)/尺寸(D)/旋转(R)]: 25,5↙

命令：ar

ARRAY（选择阵列类型为: 环形阵列）

选择对象：指定对角点：找到 2 个（鼠标单击阵列对话框右上角的选择对象图标后，选中刚才所绘制的直线和矩形，按【Enter】键返回“阵列”对话框），按图 2-51 所示设置：中心点设置为（0，0），在方法下拉列表框中选择【项目总数和填充角度】，设置【项目总数】为 30，【填充角度】为 360，确认【复制时旋转项目】复选框被选中。单击【确定】按钮，阵列完成。图 2-50（a）表示阵列中心点为坐标原点，图 2-50（b）表示阵列中心点为水平直线的左端点，阵列项目总数为 30，填充角度为 150，图 2-50（c）表示阵列中心点为水平线的左端点，阵列项目总数为 30，填充角度为 150，复制时旋转项目无效。

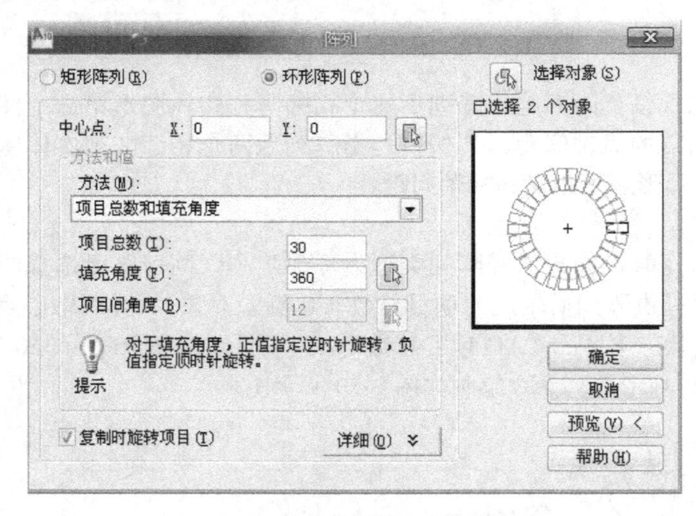

图 2-51　环形阵列方式及参数设置

技能训练十三　移动

1. 训练目的

（1）练习使用移动命令。

（2）掌握移动命令的使用方法。

移动的功能命令为 Move（快捷键为 M）。移动对象是指对象的重定位，可以在指定的方向上按指定的距离移动对象，对象的位置发生了改变，但大小和方向不改变，对移动位置的确定，一种是位移法，指定坐标偏移的数值，另一种是指定偏移的具体特征点。

2. 调用【移动】命令

可以采用如下方式：

（1）执行【修改】→【移动】命令。

（2）在“命令”：提示下输入 M 命令。

【例 2-20】绘制熔断器符号，如图 2-52 所示。

命令：rec

RECTANG
指定第一个角点或 [倒角(C)/标高(E)/圆角(F)/厚度(T)/宽度(W)]: 0，0↙
指定另一个角点或 [面积(A)/尺寸(D)/旋转(R)]: 5，10↙

命令：l

LINE 指定第一点: (鼠标单击拾取第一点)
指定下一点或 [放弃(U)]: @20<90↙
指定下一点或 [放弃(U)]: ↙

命令：m

MOVE
选择对象: 指定对角点: 找到 1 个
选择对象:
指定基点或 [位移(D)] <位移>: ↙
指定第二个点或 <使用第一个点作为位移>:（用鼠标拾取直线的中点）
指定第二个点或 <使用第一个点作为位移>:（小长方形的中心点）

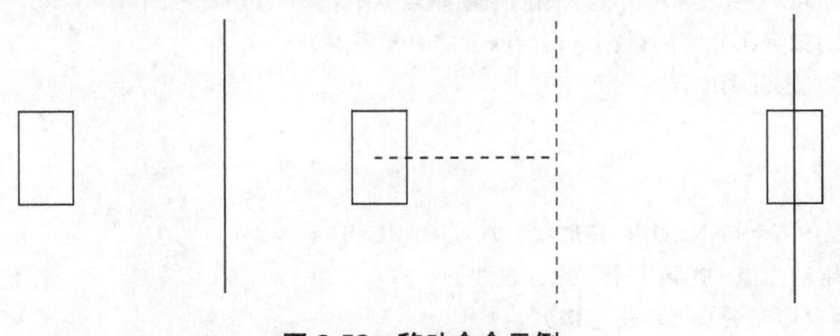

图 2-52 移动命令示例

技能训练十四 旋转

1. 训练目的

（1）学会使用旋转命令。

（2）掌握旋转命令的方法。

旋转的功能命令为 Rotate（快捷键为 RO）。使用旋转命令可以绕指定基点旋转图形中选中的对象。默认状态下旋转选中的图形时，删除源对象，也可以选择【复制】选项，保留源对象。

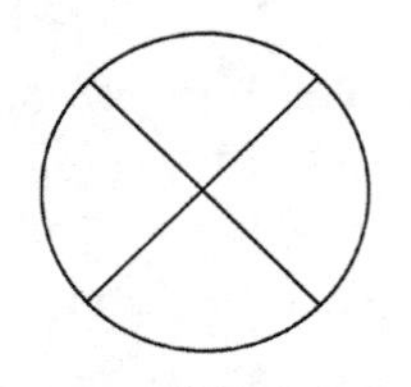

图 2-53　旋转命令示例

2．调用【旋转】命令

可以采用如下方式：

（1）执行【修改】→【旋转】命令。

（2）在“命令”：提示下输入 RO 命令。

【例 2-21】绘制信号灯符号，如图 2-51 所示。

命令：c

CIRCLE 指定圆的圆心或 [三点(3P)/两点(2P)/切点、切点、半径(T)]: 0,0
指定圆的半径或 [直径(D)] <10>: 10↙

命令：l

LINE 指定第一点:（用鼠标单击拾取圆的左象限点）
指定下一点或 [放弃(U)]:（用鼠标单击拾取圆的右象限点）
指定下一点或 [放弃(U)]: ↙

命令：ro

ROTATE
UCS 当前的正角方向: ANGDIR=逆时针　ANGBASE=0
选择对象: 指定对角点: 找到 1 个（选择直线）
指定基点:（用鼠标在圆心上单击左键）
指定旋转角度，或 [复制(C)/参照(R)] <0>: 45↙

命令：l

LINE 指定第一点:（用鼠标单击拾取圆的左象限点）
指定下一点或 [放弃(U)]:（用鼠标单击拾取圆的右象限点）
指定下一点或 [放弃(U)]: ↙

命令：ro

ROTATE
UCS 当前的正角方向: ANGDIR=逆时针　ANGBASE=0
选择对象: 指定对角点: 找到 1 个（选择直线）
指定基点:（用鼠标在圆心上单击左键）
指定旋转角度，或 [复制(C)/参照(R)] <45>: -45↙

技能训练十五　绘制样条曲线

1．训练目的

（1）了解样条曲线的特性。

（2）掌握样条曲线的使用方法。

样条曲线的功能命令为 Spline（快捷键为 SPL）。样条曲线是一种能够自由编辑的曲线，可以通过调整曲线上的起点、控制点和端点来控制曲线的形状，一般用来绘制近似的曲线，例如机械绘图中的凸轮，电气制图中的函数曲线等。需要说明的是，在结束样条曲线命令时必须按【Enter】键三次才可以。

2. 调用【样条曲线】命令

可以采用如下方式：

（1）执行【绘图】→【样条曲线】命令。

（2）在“命令”：提示下输入 SPL 命令。

【例 2-22】使用样条曲线命令绘制如图 2-54 所示图形。

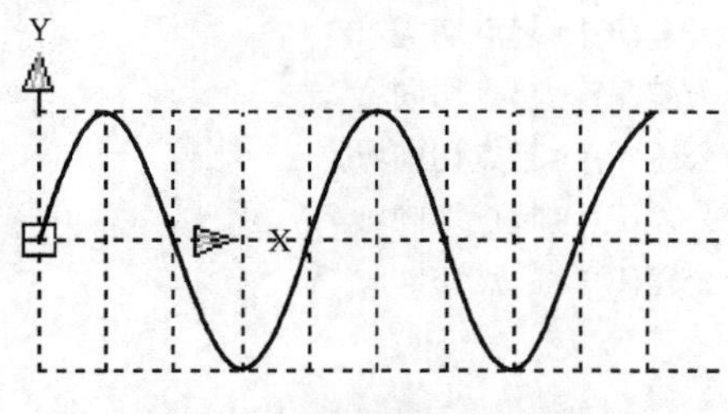

图 2-54 样条曲线命令示例

命令：l

```
LINE 指定第一点: 0,0↙
指定下一点或 [放弃(U)]: 50,0↙
指定下一点或 [放弃(U)]: ↙
```

命令：co

```
COPY
选择对象: 指定对角点: 找到 1 个（选择所绘制的水平直线）
选择对象:
当前设置: 复制模式 = 多个
指定基点或 [位移(D)/模式(O)] <位移>:（鼠标单击直线左端点）
指定第二个点或 <使用第一个点作为位移>: 10（鼠标向上移动输入 10）
指定第二个点或 [退出(E)/放弃(U)] <退出>: 10（以所绘制的直线左端点为参照，向下移动鼠标输入 10）
指定第二个点或 [退出(E)/放弃(U)] <退出>: ↙
```

命令：l

```
LINE 指定第一点:（鼠标单击最上边的直线左端点）
指定下一点或 [放弃(U)]:（鼠标单击最下边的直线左端点）
指定下一点或 [放弃(U)]: ↙
```

命令：ar

```
ARRAY
选择对象: 指定对角点: 找到 1 个（鼠标单击所绘制的竖直线段并设定相应的参数 1 行、10 列、行偏
```

移为 1、列偏移为 5，单击确定）
选择对象:

命令：spl

SPLINE
指定第一个点或 [对象(O)]:
指定下一点:
指定下一点或 [闭合(C)/拟合公差(F)] <起点切向>:
指定下一点或 [闭合(C)/拟合公差(F)] <起点切向>:
指定下一点或 [闭合(C)/拟合公差(F)] <起点切向>:
指定下一点或 [闭合(C)/拟合公差(F)] <起点切向>:
指定下一点或 [闭合(C)/拟合公差(F)] <起点切向>:
指定下一点或 [闭合(C)/拟合公差(F)] <起点切向>:
指定下一点或 [闭合(C)/拟合公差(F)] <起点切向>:
指定下一点或 [闭合(C)/拟合公差(F)] <起点切向>:
指定下一点或 [闭合(C)/拟合公差(F)] <起点切向>:
指定起点切向:
指定端点切向:

技能训练十六　绘制椭圆与椭圆弧

1. 训练目的

（1）练习使用椭圆和椭圆弧命令。
（2）了解椭圆和椭圆弧在绘图中的作用。

椭圆和椭圆弧的功能命令均为 Ellipse（快捷键为 EL）。椭圆由定义其长度和宽度的两条轴决定。较长的轴称为长轴，较短的轴称为短轴。在 AutoCAD 2010 中文版中，绘制椭圆的方法有两种：即指定端点和指定中心点。默认方法是首先指定椭圆圆心，然后指定一个轴的端点（即指定椭圆主轴）和另一个轴的半轴长度。用户也可以通过指定一个轴的两个端点（即首先确定一个主轴）和另一个轴的半轴长度来绘制椭圆。第二个轴也可以通过围绕第一个轴旋转一个圆，然后通过定义长轴和短轴的比值的方法来指定椭圆，其中，旋转角度应介于 0° ～89.4° 之间，如果旋转角度为零度，则绘制一个圆；如果旋转角度超过 89.4° ，将无法绘制椭圆；如果指定的长轴和短轴长度相同，则绘制的也是一个圆。

2. 调用【椭圆】命令

可以采用如下方式：
（1）执行【绘图】→【椭圆】命令。
（2）在“命令”：提示下输入 EL 命令。

3. 操作方法

（1）根据椭圆一个轴的两个端点及另一个轴的半轴长度绘制椭圆。

菜单命令：“绘图”→“椭圆”→“轴、端点”。

命令行提示：

① 指定椭圆的轴端点或 [圆弧(A)/中心点(C)]:（输入长轴的一个端点）
② 指定轴的另一个端点:（输入长轴的另一个端点）
③ 指定另一条半轴长度或 [旋转(R)]:（输入另一条轴的半长）

或者绕第一条轴（主轴）旋转圆来创建椭圆。

命令行提示：

① 指定另一条半轴长度或 [旋转(R)]:（输入 R）
② 指定绕长轴旋转的角度:（输入旋转角度）

（2）根据椭圆的中心点，一个轴的端点及另一个轴的半轴长度绘制椭圆。

菜单命令：[绘图]→[椭圆]→[中心点]。

命令行提示：

① 指定椭圆的轴端点或 [圆弧(A)/中心点(C)]:（输入 C）
② 指定椭圆的中心点:（输入椭圆的中心点）
③ 指定轴的端点:（指定一个轴的端点）
④ 指定另一条半轴长度或 [旋转(R)]:（指定另一个轴的半轴长度或输入旋转角度）

（3）椭圆弧即椭圆上的部分弧段。

4. 调用“椭圆弧”命令的方法

（1）命令：Ellipse。

（2）菜单命令：[绘图]→[椭圆]→[椭圆弧]。

（3）“绘图”工具栏：“椭圆弧”按钮。

5. 操作方法

执行命令，确定椭圆形状后，命令行继续提示：

① 指定起始角度或 [参数(P)]:
② 指定终止角度或 [参数(P)/包含角度(I)]:

（1）根据起始角度和终止角度绘制椭圆弧，命令行提示：

① 指定起始角度或 [参数(P)]:（输入起始角度）
② 指定终止角度或 [参数(P)/包含角度(I)]:（输入终止角度）

（2）根据起始角和椭圆弧的中心角绘制椭圆弧。

输入起始角度后，命令行提示：

① 指定终止角度或 [参数(P)/包含角度(I)]:（输入 I）
② 指定弧的包含角度 <180>:（输入中心角）

（3）根据指定参数绘制椭圆弧。

① 指定起始角度或 [参数(P)]:（输入 P）
② 指定起始参数或 [角度(A)]:（输入起始参数值）
③ 指定终止参数或 [角度(A)/包含角度(I)]:（输入终止参数）

【例 2-23】利用椭圆命令绘制如图 2-55 所示图形。

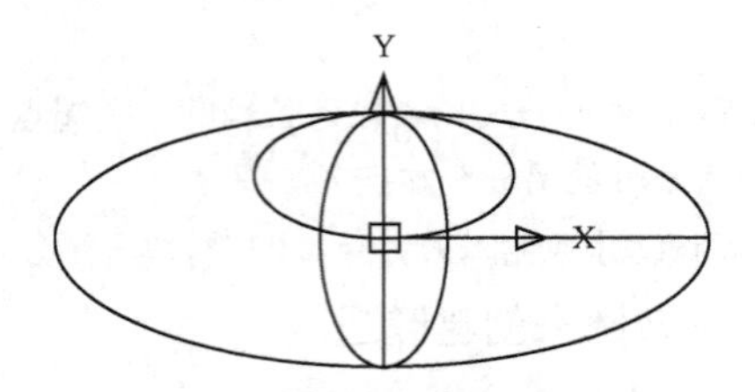

图 2-55　绘制椭圆命令示例

命令：l

LINE 指定第一点: 0,0↙
指定下一点或 [放弃(U)]: 20,0↙
指定下一点或 [放弃(U)]: ↙

命令：l

LINE 指定第一点:（鼠标单击拾取水平线左端点并向上移动）
指定下一点或 [放弃(U)]: 8↙
指定下一点或 [放弃(U)]: ↙

命令：mi

MIRROR
选择对象: 指定对角点: 找到 1 个（鼠标单击拾取所绘制竖直直线）
选择对象: 指定镜像线的第一点:（鼠标单击拾取水平线左端点）
指定镜像线的第二点:（鼠标单击拾取水平线右端点）
要删除源对象吗？[是(Y)/否(N)] <N>: ↙

命令：el

ELLIPSE
指定椭圆的轴端点或 [圆弧(A)/中心点(C)]: c↙
指定椭圆的中心点:（鼠标单击拾取直线交点）
指定轴的端点:（鼠标单击拾取竖直直线上端点）
指定另一条半轴长度或 [旋转(R)]:（鼠标单击拾取水平线右端点）

命令：ELLIPSE

指定椭圆的轴端点或 [圆弧(A)/中心点(C)]:（鼠标单击拾取竖直直线上端点）
指定轴的另一个端点:（鼠标单击拾取直线交点，同时鼠标向右移动）
指定另一条半轴长度或 [旋转(R)]: 8↙

命令：ELLIPSE

指定椭圆的轴端点或 [圆弧(A)/中心点(C)]:（鼠标单击拾取竖直直线上端点）
指定轴的另一个端点:（鼠标单击拾取竖直直线下端点，同时鼠标向右移动）
指定另一条半轴长度或 [旋转(R)]: 4↙

技能训练十七 比例

1. 训练目的

（1）练习使用比例缩放命令。

（2）掌握比例缩放命令在电气工程制图中的应用。

比例的功能命令为 Scale（快捷键为 SC）。执行比例缩放命令之后将放大或缩小选定对象，使缩放后对象的比例保持不变。

要缩放对象，请指定基点和比例因子。此外，根据当前图形单位，还可以指定要用作比例因子的长度。

比例因子大于 1 时将放大对象。比例因子介于 0～1 之间时将缩小对象。

缩放可以更改选定对象的所有标注尺寸。比例因子大于 1 时将放大对象。比例因子小于 1 时将缩小对象。

注意将 SCALE 命令用于注释性对象时，对象的位置将相对于缩放操作的基点进行缩放，但对象的尺寸不会更改。

2. 调用【比例】命令

可以采用如下方式：

（1）执行【修改】→【缩放】命令。

（2）在“命令”：提示下输入 SC 命令。

【例 2-24】利用缩放命令对图 2-56 进行编辑修改。

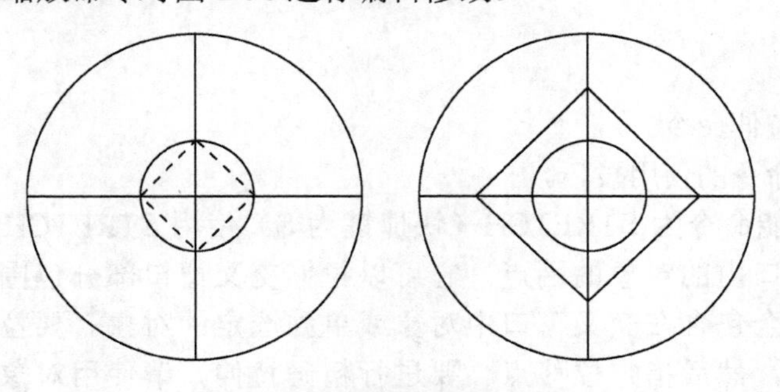

图 2-56 比例缩放命令示例

命令：c

CIRCLE 指定圆的圆心或 [三点(3P)/两点(2P)/切点、切点、半径(T)]: 10,10↙
指定圆的半径或 [直径(D)]: 10↙
命令: ↙
CIRCLE 指定圆的圆心或 [三点(3P)/两点(2P)/切点、切点、半径(T)]: 10,10↙
指定圆的半径或 [直径(D)] <10.0000>: 30↙

命令：1

LINE 指定第一点:（鼠标单击大圆左象限点）

指定下一点或 [放弃(U)]:（鼠标单击大圆右象限点）
指定下一点或 [放弃(U)]: ↙
命令: ↙
LINE 指定第一点:（鼠标单击大圆上象限点）
指定下一点或 [放弃(U)]:（鼠标单击大圆下象限点）
指定下一点或 [放弃(U)]: ↙

命令：pol

POLYGON 输入边的数目 <4>: ↙
指定正多边形的中心点或 [边(E)]:（鼠标单击小圆圆心）
输入选项 [内接于圆(I)/外切于圆(C)] <I>: ↙
指定圆的半径:（鼠标单击小圆右象限点）

命令：sc

SCALE
选择对象: 找到 1 个
选择对象:（鼠标单击正四边形）
指定基点:（鼠标单击圆心）
指定比例因子或 [复制(C)/参照(R)] <1.0000>: 2↙
命令: ↙

技能训练十八　拉伸

1. 训练目的

（1）练习使用拉伸命令。
（2）掌握拉伸命令的使用技巧。

拉伸命令的功能命令为 STRETCH（快捷键为 S）使用 STRETCH 命令可以重定位穿过或在窗交选择窗口内的对象的端点。它可以拉伸交叉窗口部分包围的对象。也可以移动（不是拉伸）完全包含在交叉窗口中对象或单独选定的对象。要拉伸对象，请首先为拉伸指定一个基点，然后指定位移点。要进行精确拉伸，请使用对象捕捉、栅格和相对坐标输入。

2. 调用【拉伸】命令

可以采用如下方式：
（1）执行【修改】→【拉伸】命令。
（2）在“命令”：提示下输入 S 命令。
【例 2-25】使用拉伸命令对图 2-57 进行拉伸编辑。
命令：l

LINE 指定第一点: 0,0↙
指定下一点或 [放弃(U)]: @60<90↙

指定下一点或 [放弃(U)]: @75<0↙
指定下一点或 [闭合(C)/放弃(U)]: @50<-90↙
指定下一点或 [闭合(C)/放弃(U)]: @50<180↙
指定下一点或 [闭合(C)/放弃(U)]: @10<,-90↙
指定下一点或 [闭合(C)/放弃(U)]: c

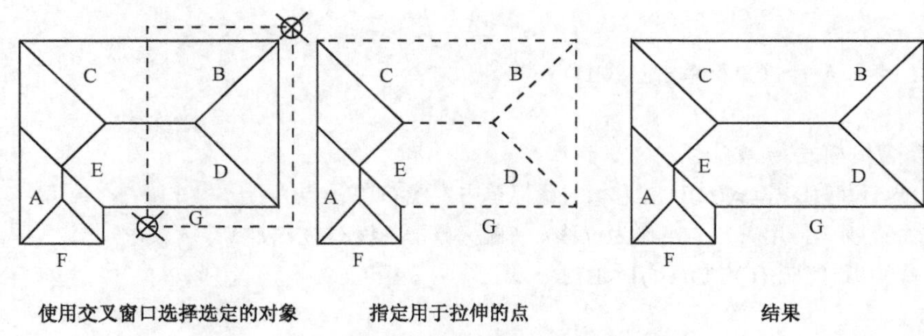

图 2-57 拉伸命令示例

命令：l

LINE 指定第一点: 0,0↙
指定下一点或 [放弃(U)]: @18<45↙
指定下一点或 [放弃(U)]: @10<90↙
指定下一点或 [闭合(C)/放弃(U)]: @18<45↙
指定下一点或 [闭合(C)/放弃(U)]: @25<0↙
指定下一点或 [闭合(C)/放弃(U)]: @35<45↙
指定下一点或 [闭合(C)/放弃(U)]: ↙

命令：mi

MIRROR
选择对象: 找到 1 个（鼠标单击选择直线 A）
选择对象:
指定镜像线的第一点:（鼠标单击直线 A 上端点）
指定镜像线的第二点:（鼠标单击直线 F 的中点）
要删除源对象吗？[是(Y)/否(N)] <N>: ↙
命令: ↙
命令: MIRROR
选择对象: 指定对角点: 找到 1 个（鼠标单击直线 B）
选择对象:
指定镜像线的第一点:（鼠标单击直线 B 下端点）
指定镜像线的第二点:（鼠标单击右边竖直线中点）
要删除源对象吗？[是(Y)/否(N)] <N>: ↙
命令: ↙
命令: MIRROR
选择对象: 找到 1 个（鼠标单击直线 B）

```
选择对象: 指定镜像线的第一点:（鼠标单击上平行线中点）
指定镜像线的第二点:（鼠标单击中间平行线中点）
要删除源对象吗？[是(Y)/否(N)] <N>: ↙
命令: ↙
```

命令：co

```
COPY
选择对象: 找到 1 个（鼠标单击直线 D）
选择对象:
当前设置: 复制模式 = 多个
指定基点或 [位移(D)/模式(O)] <位移>:（鼠标单击直线 G 右端点）
指定第二个点或 <使用第一个点作为位移>:（鼠标单击直线 G 左端点）
指定第二个点或 [退出(E)/放弃(U)] <退出>: ↙
```

命令：s

```
STRETCH
以交叉窗口或交叉多边形选择要拉伸的对象...
选择对象: 指定对角点: 找到 9 个
选择对象:
指定基点或 [位移(D)] <位移>: ↙
指定第二个点或 <使用第一个点作为位移>: 10↙
命令: ↙
```

技能训练十九　修剪

1．训练目的

（1）练习使用修剪命令。

（2）掌握修剪命令在电气制图中的使用技巧。

修剪命令的功能命令为 Trim（快捷键为 TR），使用修剪命令修剪对象以与其他对象的边相接。要修剪对象，请选择边界。然后按【Enter】键并选择要修剪的对象。要将所有对象用作边界，请在首次出现“选择对象”提示时按【Enter】键。

2．调用【修剪】命令

可以采用如下方式：

（1）执行【修改】→【修剪】命令。

（2）在“命令”：提示下输入 TR 命令。

其中输入修剪命令并选择图形，然后按【Enter】键，命令行提示如下：

命令：tr

```
TRIM
当前设置: 投影=UCS，边=无
```

选择剪切边...
选择对象或 <全部选择>: 指定对角点: 找到 10 个
选择对象:
选择要修剪的对象，或按住 Shift 键选择要延伸的对象，或
[栏选(F)/窗交(C)/投影(P)/边(E)/删除(R)/放弃(U)]:

这里的“栏选（F）/窗交（C）”表示执行选择图形时的选择方式。

“投影（P）”表示指定修剪对象时使用的投影方式。

“边（E）”表示修剪时的修剪模式：包括延伸和不延伸两种。

“延伸”表示沿自身自然路径延伸剪切边使它与三维空间中的对象相交。

“不延伸”表示指定对象只在三维空间中与其相交的剪切边处修剪。

“删除（R）”表示删除选定的对象。此选项提供了一种用来删除不需要的对象的简便方式，而无需退出 TRIM 命令。

选择要删除的对象或 <退出>：使用对象选择方式并按【Enter】键返回到上一个提示。

【例 2-26】利用修剪命令对如图 2-58 所示图形进行编辑修改。

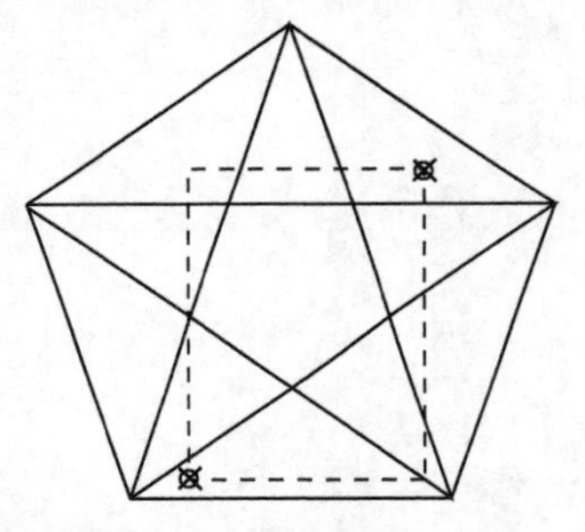
使用交叉窗口选择选定的对象

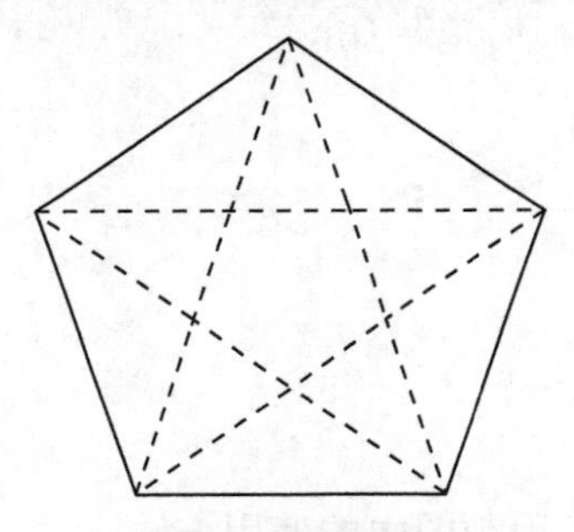
指定用于修剪的图形

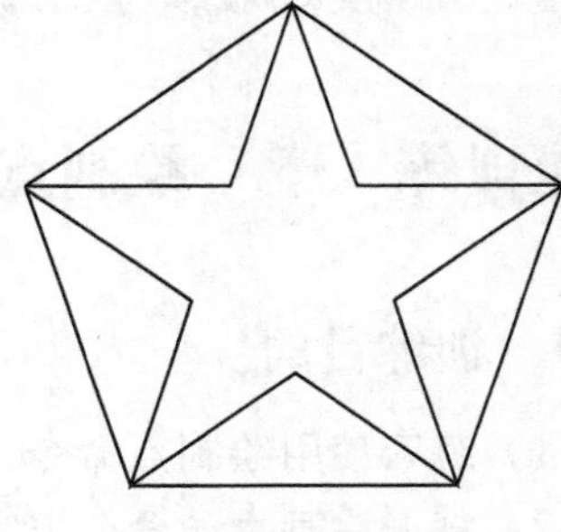
结果

图 2-58 修剪命令示例

命令：pol

POLYGON 输入边的数目 <4>: 5↙
指定正多边形的中心点或 [边(E)]: 0,0↙
输入选项 [内接于圆(I)/外切于圆(C)] <I>: ↙
指定圆的半径: 50↙

命令：1（鼠标分别单击正五边形的顶点绘制五角星）

LINE 指定第一点: ↙
指定下一点或 [放弃(U)]:
指定下一点或 [放弃(U)]:
指定下一点或 [闭合(C)/放弃(U)]:
指定下一点或 [闭合(C)/放弃(U)]:
指定下一点或 [闭合(C)/放弃(U)]:
指定下一点或 [闭合(C)/放弃(U)]:

命令：tr

```
TRIM
当前设置: 投影=UCS，边=无
选择剪切边...
选择对象或 <全部选择>:
选择要修剪的对象，或按住 Shift 键选择要延伸的对象，或
[栏选(F)/窗交(C)/投影(P)/边(E)/删除(R)/放弃(U)]:
选择要修剪的对象，或按住 Shift 键选择要延伸的对象，或
[栏选(F)/窗交(C)/投影(P)/边(E)/删除(R)/放弃(U)]:
选择要修剪的对象，或按住 Shift 键选择要延伸的对象，或
[栏选(F)/窗交(C)/投影(P)/边(E)/删除(R)/放弃(U)]:
选择要修剪的对象，或按住 Shift 键选择要延伸的对象，或
[栏选(F)/窗交(C)/投影(P)/边(E)/删除(R)/放弃(U)]:
选择要修剪的对象，或按住 Shift 键选择要延伸的对象，或
[栏选(F)/窗交(C)/投影(P)/边(E)/删除(R)/放弃(U)]:
选择要修剪的对象，或按住 Shift 键选择要延伸的对象，或
[栏选(F)/窗交(C)/投影(P)/边(E)/删除(R)/放弃(U)]:
```

技能训练二十　绘制点

1. 训练目的

（1）练习使用绘制点命令。

（2）掌握绘制点命令在电气工程制图中的使用方法。

点命令的功能命令为：Point（快捷键为 PO），绘制点命令用于创建点对象。点的绘制比较简单，默认状态下，点对象仅被显示成一个小圆点，但是用户可以通过【格式】→【点样式】命令来设置点的显示样式，如图 2-59 所示，在这里还可以改变点的大小尺寸等。注：改变设置之后，已经存在的点样式都会以新的形式显示。其中，点的尺寸可以按照相对于屏幕设置大小或者按绝对单位设置大小。

2. 调用【点】命令

可以采用如下方式：

（1）执行【绘图】→【点】命令。

（2）在“命令”：提示下输入 PO 命令。

点的绘制方式包括：“单点、多点、定数等分和定距等分”四种，如图 2-60 所示。“单点”表示在执行绘制点命令时，每次只能绘制一个点对象；“多点”表示执行绘制点命令时，执行一次命令可以绘制多个点对象，直到按【Esc】键终止命令；“定数等分”表示可以对要等分的对象进行指定数目的平均等长等分；“定距等分”表示可以对要等分的对象进行指定距离的方式进行等距等分，如果不能被完全等分，则不能等分部分将被余留出来，另外在执行定距等分和定数等分时，通过设置还可以在等分点上插入图块。

【例 2-27】利用定数等分和定距等分分别对长度为 100mm 的线段进行等分，如图 2-61

所示。

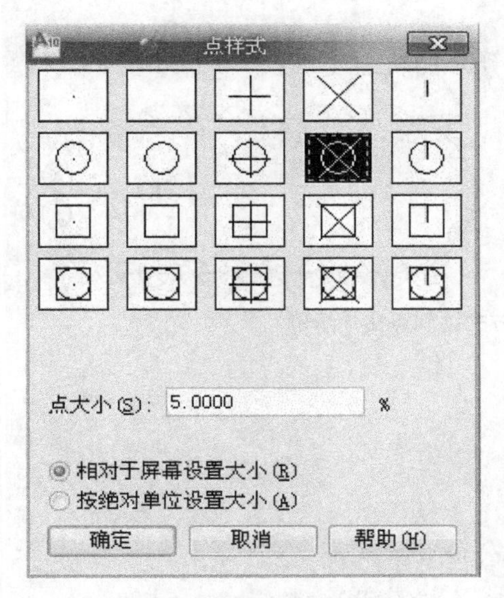

图 2-59 “点样式”对话框

图 2-60 点的绘制方式

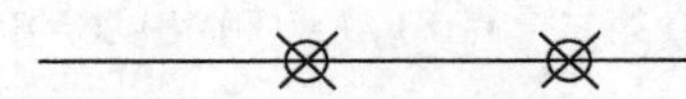

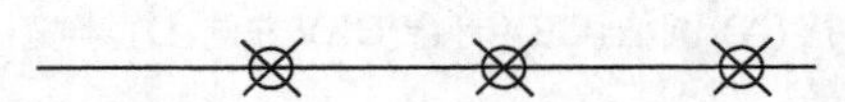

图 2-61 绘制点命令示例

命令：1

LINE 指定第一点: 0,0↙
指定下一点或 [放弃(U)]: @100<0↙
指定下一点或 [放弃(U)]: ↙

命令：co

COPY
选择对象: 找到 1 个（选择所绘制的直线）
选择对象:
当前设置: 复制模式 = 多个
指定基点或 [位移(D)/模式(O)] <位移>: ↙
指定第二个点或 <使用第一个点作为位移>:（鼠标单击直线右端点）
指定第二个点或 [退出(E)/放弃(U)] <退出>:（移动鼠标到合适的位置单击鼠标左键）

命令：div

DIVIDE
选择要定数等分的对象:（选择直线 A）↙
输入线段数目或 [块(B)]: 3↙

命令：me

MEASURE

选择要定距等分的对象:（选择直线 B）↙
指定线段长度或 [块(B)]: 30↙

【例 2-28】利用定数等分命令绘制如图 2-62 所示的轨迹线。

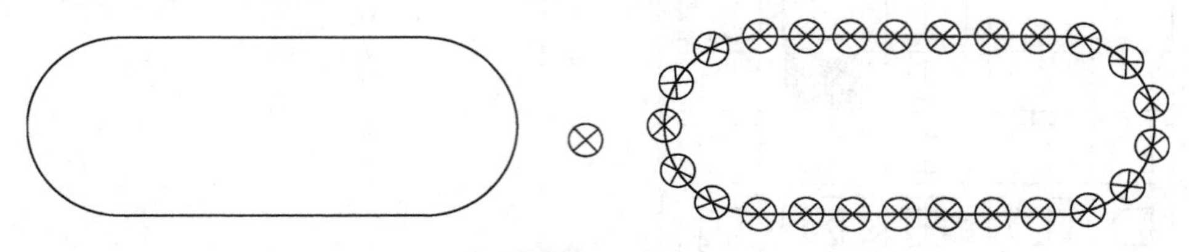

图 2-62 用定数等分的方式绘制点命令示例

命令：pl

PLINE
指定起点: 0,0
当前线宽为 0.0000
指定下一个点或 [圆弧(A)/半宽(H)/长度(L)/放弃(U)/宽度(W)]: @100<0↙
指定下一点或 [圆弧(A)/闭合(C)/半宽(H)/长度(L)/放弃(U)/宽度(W)]: a↙
指定圆弧的端点或
[角度(A)/圆心(CE)/闭合(CL)/方向(D)/半宽(H)/直线(L)/半径(R)/第二个点(S)/放弃(U)/宽度(W)]: <正交开> 60↙
指定圆弧的端点或
[角度(A)/圆心(CE)/闭合(CL)/方向(D)/半宽(H)/直线(L)/半径(R)/第二个点(S)/放弃(U)/宽度(W)]: l↙
指定下一点或 [圆弧(A)/闭合(C)/半宽(H)/长度(L)/放弃(U)/宽度(W)]: 100↙
指定下一点或 [圆弧(A)/闭合(C)/半宽(H)/长度(L)/放弃(U)/宽度(W)]: a↙
指定圆弧的端点或
[角度(A)/圆心(CE)/闭合(CL)/方向(D)/半宽(H)/直线(L)/半径(R)/第二个点(S)/放弃(U)/宽度(W)]: cl↙

绘制信号灯符号。

命令：c

CIRCLE 指定圆的圆心或 [三点(3P)/两点(2P)/切点、切点、半径(T)]: 0，0↙
指定圆的半径或 [直径(D)] <30.0000>: 5↙

命令：l

LINE 指定第一点:
指定下一点或 [放弃(U)]:（上象限）
指定下一点或 [放弃(U)]:（下象限）
命令: LINE 指定第一点:
指定下一点或 [放弃(U)]:（左象限）
指定下一点或 [放弃(U)]:（右象限）

命令：ro

ROTATE
UCS 当前的正角方向: ANGDIR=逆时针 ANGBASE=0

```
选择对象：指定对角点：找到 2 个
选择对象：（象限线）
指定基点：（圆心）
指定旋转角度，或 [复制(C)/参照(R)] <0>: 45↙
```

定义信号灯图块。

命令：b

```
BLOCK
选择对象：指定对角点：找到 3 个↙
选择对象：指定插入基点：
命令：指定对角点：
```

利用定数等分点的方式插入图块“信号灯”数目为25.↙。

命令：div

```
DIVIDE
选择要定数等分的对象：
输入线段数目或 [块(B)]: b↙
输入要插入的块名：灯
是否对齐块和对象？[是(Y)/否(N)] <Y>: ↙
输入线段数目：25↙
```

技能训练二十一 图案填充

1. 训练目的

（1）练习使用图案填充命令。

（2）掌握图案填充在电气制图中的应用。

图案填充的功能命令为BHATCH、HATCH，两者功能相同。

图案填充功能是指将某种有规律的图案填充到其他图形整个或局部区域，所使用的填充图案一般为AutoCAD自身提供，也可以自己创建新的填充图案，如图2-63所示。图案主要用来区分工程的部件或表现组成对象的材质，可以使用预定义的填充图案，用当前的线型定义简单的直线图案，或者创建更复杂的填充图案。

图案填充是在一个封闭的区域内进行的，围成填充区域的边界称为填充边界。

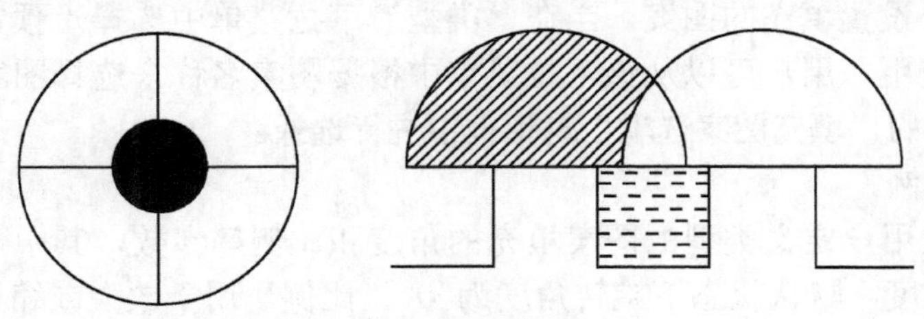

图 2-63 图案填充命令示例

2. 调用【图案填充】命令

可以采用如下方式：

（1）执行【绘图】→【图案填充】命令。

（2）在“命令”：提示下输入 BH 或 H 命令。

在“图案填充和渐变色”对话框中单击“图案填充”选项卡，如图 2-64 所示。

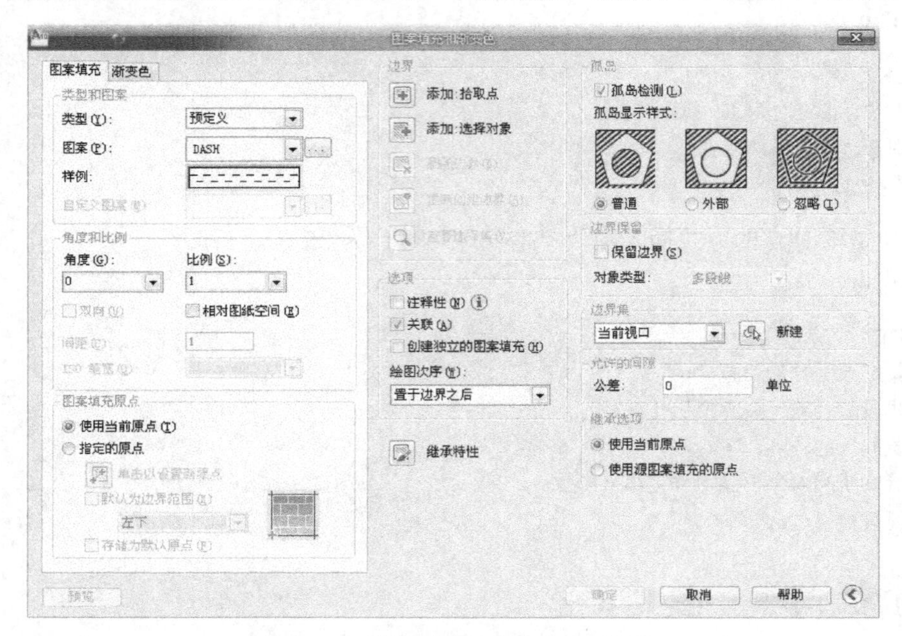

图 2-64 “图案填充和渐变色”对话框

在该对话框中可以进行定义边界、图案类型、图案比例、图案角度和图案特性以及定制填充图案等参数设置。使用该对话框就可以实现对图形进行操作。在进行图案填充操作时，填充区域的边界必须是封闭的，否则不能进行填充或者填充结果错误。

（3）类型和图案。

在此可以设置图案填充的类型和图案，其中“类型”用于设置填充的图案类型，包括“预定义”、“用户定义”和“自定义”3 个选项。如果选择“预定义”选项，可以使用 AutoCAD 系统默认的图案；如果选择“用户定义”选项，则需要用户临时定义图案，该图案由一组平行线或者相互垂直的两组平行线组成；如果选择“自定义”选项，可以使用用户事先定义好的图案。

“图案”：用于设置填充的图案。当在“类型”下拉菜单中选择“预定义”选项时，该下拉菜单才可以使用。用户可以从该下拉菜单中根据图案名称来选择图案，也可以单击其后的按钮，在打开的“填充图案选项”对话框中进行选择。

（4）角度和比例。

在此可以设置用户定义类型的图案填充的角度和比例等参数，其中“角度”用于指定填充图案的旋转角度，默认状态下旋转角度为 0；“比例”用于放大或缩小预定义或自定义图案。它表示的是填充图案之间的疏密程度，只有将“类型”置为“预定义”或“自定义”，此选项才可以使用。

（5）边界。

“边界”选项用于指定图案填充的边界。在此用户可以在填充图案时选择对象的方式。拾取方式包括：“添加：拾取点”和“添加：选择对象”。

“添加：拾取点”按钮，单击此按钮进入模型空间，用户按提示在需要填充的封闭区域内单击鼠标，则该区域的边界以高亮形式显示，可以连续选取填充区域，选取完毕后，按【Enter】键返回边界图案填充对话框。

“添加：选择对象”按钮，单击此按钮，用户可以通过单击封闭图案边界确定填充区域。

（6）选项。

在此用户可以设置填充图案与边界之间的关联属性。

“关联”表示控制图案填充与其边界是否关联，关联图案填充与其边界相关联，并且在改变边界信息时，填充图案自动更新；非关联填充则独立于它们的边界。

“创建独立的图案填充”表示当指定了几个独立的闭合边界时，创建的图案填充是一体的，还是彼此独立的。选中该对话框时，所创建的若干个图案填充将相互独立，可分别编辑修改，否则将是一个整体，不能分别编辑修改。

“继承特性”：选中图中已有的填充图案作为当前的填充图案。

“绘图次序”：指定图案填充的绘图顺序。图案填充可以放在所有对象之后、所有其他对象之前、图案边界之后或图案填充边界之前。

（7）孤岛。

在此用户可以实现控制孤岛和边界的操作。所谓孤岛：就是在进行图案填充时，通过将位于一个已定义的填充区域内的封闭区域。

“孤岛检测”：用于确定是否检测孤岛。

“孤岛显示样式”包括：“普通”、“外部”、“忽略”三个单选按钮，如图 2-65 所示。默认的填充方式为“普通”。

“保留边界”：用于指定是否将边界保留为对象，并确定应用于这些边界对象的对象类型是多段线还是面域。

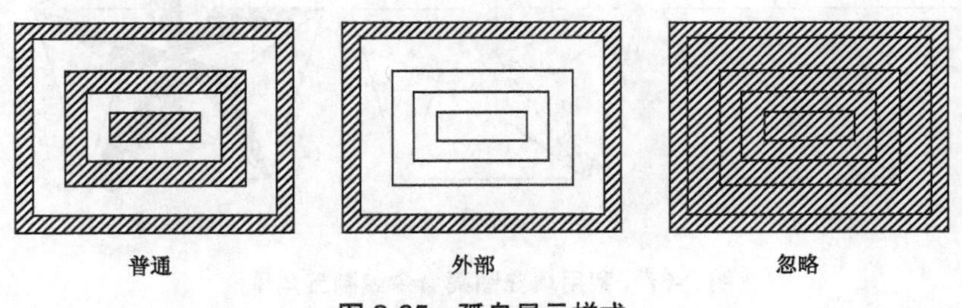

图 2-65　孤岛显示样式

“边界集”：用于定义边界集。当单击“添加：拾取点”按钮以根据一指定点的方式确定填充区域时，有两种定义边界集的方式：一种是将包围所指定点的最近的有效对象作为填充边界，即“当前视口”选项，该项是系统的默认方式；另一种方式是用户自己选定一组对象来构造边界，即“现有集合”选项，选定对象通过选项组中的“新建”按钮实现，按下该按钮后，AutoCAD 2010 临时切换到作图屏幕，并提示用户选取作为构造边界集的对象，此时若选取“现有集合”选项，AutoCAD 2010 会根据用户指定的边界集中的对象来构造一个封闭边界。

（8）渐变色。

使用渐变色填充填充封闭区域或选定对象。渐变填充是在一种颜色的不同灰度之间或两种颜色之间创建过渡，如图 2-66 所示。“单色”表示指定使用从较深着色到较浅色调平滑过渡的单色填充。

“双色”表示在指定的两种颜色之间平滑过渡的双色渐变填充。

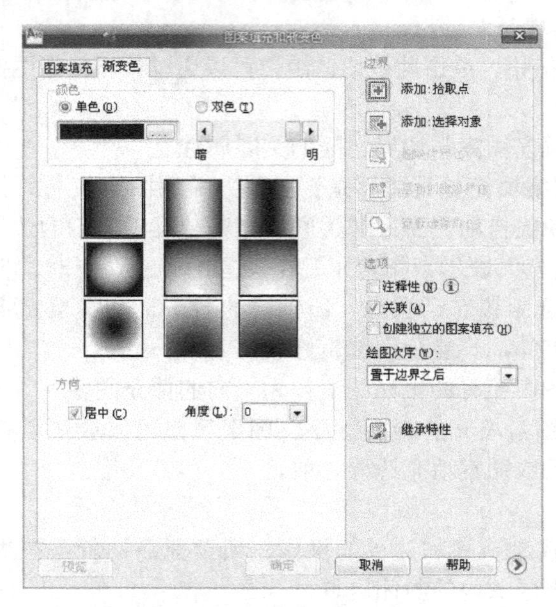

图 2-66 “渐变色”填充

【例 2-29】利用图案填充命令绘制如图 2-67 所示的五角星图形。

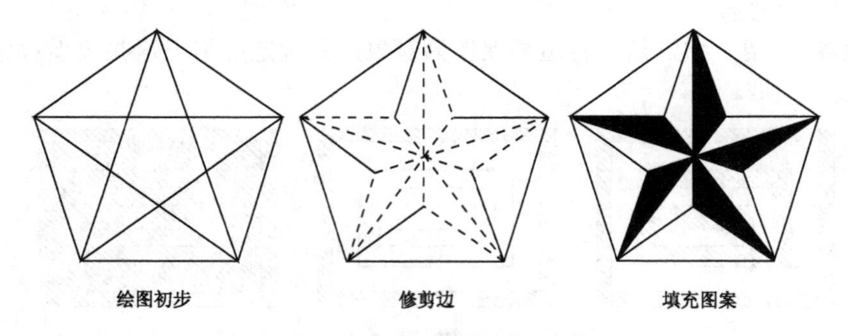

图 2-67 利用填充图案命令绘制五角星

命令：pol

POLYGON
输入边的数目 <4>: 5↙
指定正多边形的中心点或 [边(E)]: 20,20↙
输入选项 [内接于圆(I)/外切于圆(C)] <I>: ↙
指定圆的半径: 20

依次选择五角星的顶点绘制绘图初步。

命令：l

```
LINE 指定第一点:
指定下一点或 [放弃(U)]:
指定下一点或 [放弃(U)]:
指定下一点或 [闭合(C)/放弃(U)]:
指定下一点或 [闭合(C)/放弃(U)]:
指定下一点或 [闭合(C)/放弃(U)]:
指定下一点或 [闭合(C)/放弃(U)]:
```

利用修剪命令修剪绘图初步中的直线部分。

命令：tr

```
TRIM
当前设置: 投影=UCS，边=无
选择剪切边...
选择对象或 <全部选择>:
选择要修剪的对象，或按住 Shift 键选择要延伸的对象，或
[栏选(F)/窗交(C)/投影(P)/边(E)/删除(R)/放弃(U)]:
选择要修剪的对象，或按住 Shift 键选择要延伸的对象，或
[栏选(F)/窗交(C)/投影(P)/边(E)/删除(R)/放弃(U)]:
选择要修剪的对象，或按住 Shift 键选择要延伸的对象，或
[栏选(F)/窗交(C)/投影(P)/边(E)/删除(R)/放弃(U)]:
选择要修剪的对象，或按住 Shift 键选择要延伸的对象，或
[栏选(F)/窗交(C)/投影(P)/边(E)/删除(R)/放弃(U)]:
选择要修剪的对象，或按住 Shift 键选择要延伸的对象，或
[栏选(F)/窗交(C)/投影(P)/边(E)/删除(R)/放弃(U)]:
选择要修剪的对象，或按住 Shift 键选择要延伸的对象，或
[栏选(F)/窗交(C)/投影(P)/边(E)/删除(R)/放弃(U)]:
```

利用直线命令把五角星的顶点连接起来。

命令：l

```
LINE 指定第一点:
指定下一点或 [放弃(U)]:
指定下一点或 [放弃(U)]:
命令: LINE 指定第一点:
指定下一点或 [放弃(U)]:
指定下一点或 [放弃(U)]:
命令: LINE 指定第一点:
指定下一点或 [放弃(U)]:
指定下一点或 [放弃(U)]:
命令: LINE 指定第一点:
指定下一点或 [放弃(U)]:
指定下一点或 [放弃(U)]:
命令: LINE 指定第一点:
```

```
指定下一点或 [放弃(U)]:
指定下一点或 [放弃(U)]:
```

利用图案填充中的“添加：拾取点”命令方式在“修剪边”图形中虚线部分进行图案填充。最终得到“图案填充”的效果。

命令：h

```
HATCH
拾取内部点或 [选择对象(S)/删除边界(B)]: 正在选择所有对象...
拾取内部点或 [选择对象(S)/删除边界(B)]:
拾取内部点或 [选择对象(S)/删除边界(B)]:
拾取内部点或 [选择对象(S)/删除边界(B)]:
拾取内部点或 [选择对象(S)/删除边界(B)]:
拾取内部点或 [选择对象(S)/删除边界(B)]:
```

技能训练二十二　打断与打断于点

1. 训练目的

（1）练习使用打断命令和打断于点命令。

（2）掌握两个命令的使用方法和两者之间的区别。

打断命令和打断于点的功能命令均为 Break（快捷键为 BR），使用打断命令和打断于点命令可以将一个对象打断为两个对象，对象之间可以具有间隔，也可以没有间隔。还可以将多个对象合并为一个对象。使用 Break 命令在对象上创建一个间隔，这样将产生两个对象，对象之间具有间隔，Break 通常为块或文字创建间隔；要打断对象而不创建间隔，请在相同的位置指定两个打断点。完成此操作的最快方法是在提示输入第二点时输入@0，0，可以在大多数几何对象上创建打断，但不包括下列对象：“块”、“标注”、“面域”等。

2. 调用【Break】命令

可以采用如下方式：

（1）执行【修改】→【打断】命令。

（2）在“命令”：提示下输入 BR 命令。

【例 2-30】利用打断命令绘制如图 2-68 所示的图形。

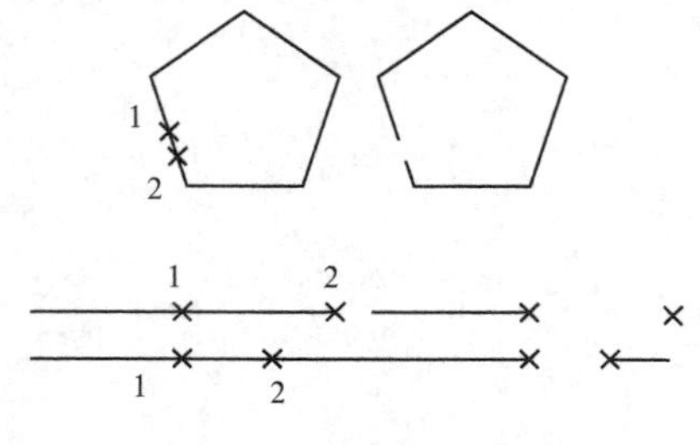

图 2-68　打断命令示例

绘制正五边形：

命令：pol

POLYGON 输入边的数目 <4>: 5↙

指定正多边形的中心点或 [边(E)]: 20,20↙

输入选项 [内接于圆(I)/外切于圆(C)] <I>: ↙

指定圆的半径: 20↙

复制正五边形。

命令：co

COPY

选择对象: 指定对角点: 找到 1 个

选择对象:

当前设置: 复制模式 = 多个

指定基点或 [位移(D)/模式(O)] <位移>: ↙

指定第二个点或 <使用第一个点作为位移>: <正交 开>（鼠标单击正五边形上顶点）

指定第二个点或 [退出(E)/放弃(U)] <退出>:（移动鼠标到合适的位置左键单击）

对复制的正五边形执行打断命令：

命令：br

BREAK 选择对象:（鼠标单击正五边形上“1”点）

指定第二个打断点 或 [第一点(F)]:（鼠标单击正五边形上“2”点）

命令：l

LINE 指定第一点: 0，0↙

指定下一点或 [放弃(U)]: @60,0↙

指定下一点或 [放弃(U)]: ↙

命令：co

COPY

选择对象: 指定对角点: 找到 1 个（选择上一步所绘制的直线）

选择对象:

当前设置: 复制模式 = 多个

指定基点或 [位移(D)/模式(O)] <位移>: ↙

指定第二个点或 <使用第一个点作为位移>:（鼠标单击直线左端点）

指定第二个点或 [退出(E)/放弃(U)] <退出>:（移动鼠标到合适的位置单击）

命令：br

BREAK 选择对象:

指定第二个打断点 或 [第一点(F)]:（对上直线执行打断命令）

BREAK 选择对象:

指定第二个打断点 或 [第一点(F)]:（对下直线执行打断命令）

技能训练二十三　合并

1. 训练目的

（1）练习使用合并命令。

（2）掌握合并命令在绘制图形中的使用技巧。

合并命令的功能命令为 Join（快捷键为 J），合并命令用于合并直线、圆弧、多段线、椭圆弧、样条曲线。合并命令在合并对象时，对象之间可以有间隙，不过此时要求要合并的对象同属于一类图形元素（例如都是直线或都是圆弧），并且要求直线对象必须共线（位于统一无限长的直线上），圆弧必须位于统一假象圆上等。如果要合并的对象不是一类，则要求首尾必须相接，并且选择的第一个对象是多段线。

2. 调用【Join】命令

可以采用如下方式：

（1）执行【修改】→【合并】命令。

（2）在“命令”：提示下输入 J 命令。

【例 2-31】利用合并命令对如图 2-69 所示图形进行编辑。

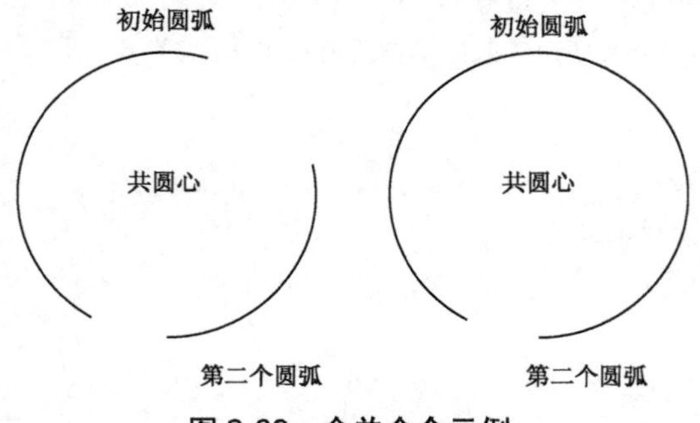

图 2-69　合并命令示例

命令：Join

选择源对象：(选择一个对象)
选择要合并到源对象的直线：(选择另一个对象) 找到 1 个
选择要合并到源的直线
已将 1 条直线合并到源

技能训练二十四　倒角与圆角

1. 训练目的

（1）掌握倒角和圆角命令的使用方法。

（2）熟练利用圆角命令进行简单电气图的编辑与修改。

圆角命令的功能命令为 Fillet（快捷键为 F），圆角是用指定半径的一段平滑的圆弧连接两个对象，系统规定可以圆滑连接一对直线段、非圆弧的多线段、双向无限长线、射线、圆、圆弧和椭圆，可以在任何时刻圆滑连接多线段的每个节点。

倒角命令的功能命令为 Chamfer（快捷键为 CHA），倒角是用指定的第一距离和第二距离来连接两个不平行的线型对象，可以连接直线段、双向无限长线、射线和多段线。

系统采用两种方法确定连接两个线型对象的连接斜线，指定斜线距离和指定倾斜角度。

下面分别介绍这两种方法：

① 指定第一距离和第二距离。斜线距离是指从被连接的对象与斜线的交点到被连接的两个对象的可能的交点之间的距离。

② 指定斜线角度和一个斜距离连接选择的对象，采用这种方法斜线连接对象时，需要输入两个参数；斜线与一个对象的斜线距离和斜线与该对象的夹角。

2. 调用倒角与圆角命令

可采用如下方式：

（1）执行【修改】→【倒角】或者执行【修改】→【圆角】命令。

（2）命令行：CHA 或者 F。

3. 操作方法

（1）命令：F

```
FILLET
当前设置：模式=修剪，半径=0.0000
选择第一个对象或 [放弃(U)/多段线(P)/半径(R)/修剪(T)/多个(M)]:（选择第一个对象或别的选项）
选择第二个对象，或按住 Shift 键选择要应用的角点的对象：（选择第二个对象）
```

【选项简介】

① 放弃（U），恢复在命令中执行的上一个操作。

② 多段线（P），在二维多段线中两条直线段相交的每个顶点处插入圆角弧。

③ 半径（R），定义圆角弧的半径。输入的值将成为后续 FILLET 命令的当前半径。修改此值并不影响现有的圆角弧。

④ 修剪（T），控制 FILLET 是否将选定的边修剪到圆角弧的端点。

输入修剪模式选项 [修剪（T）/不修剪（N）]<当前>：输入选项或按【Enter】键

修剪（T），修剪选定的边到圆角弧端点。

不修剪（N），不修剪选定边。如图 2-70 所示。

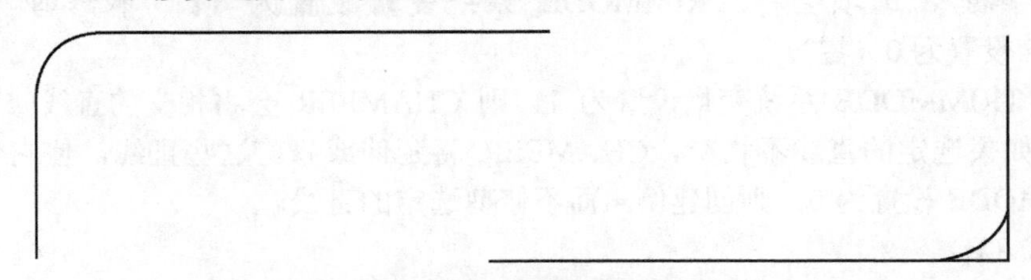

图 2-70 圆角命令修剪模式示例

（2）命令：CHA

CHAMFER

（“修剪”模式）当前倒角距离 1=0.0000，距离 2=0.0000

选择第一条直线或 [放弃(U)/多段线(P)/距离(D)/角度(A)/修剪(T)/方式(E)/多个(M)]:（选择第一个对象或别的选项）

选择第二个对象，或按住 Shift 键选择要应用的角点的对象:（选择第二个对象）

【选项简介】

① 放弃（U），恢复在命令中执行的上一个操作。

② 多段线（P），对整个二维多段线倒角。

选择二维多段线：相交多段线线段在每个多段线顶点被倒角。倒角成为多段线的新线段。如果多段线包含的线段过短以至于无法容纳倒角距离，则不对这些线段倒角。

③ 距离（D）

距离，设置倒角至选定边端点的距离。

指定第一个倒角距离 <当前>：

指定第二个倒角距离 <当前>：如图 2-71 所示。

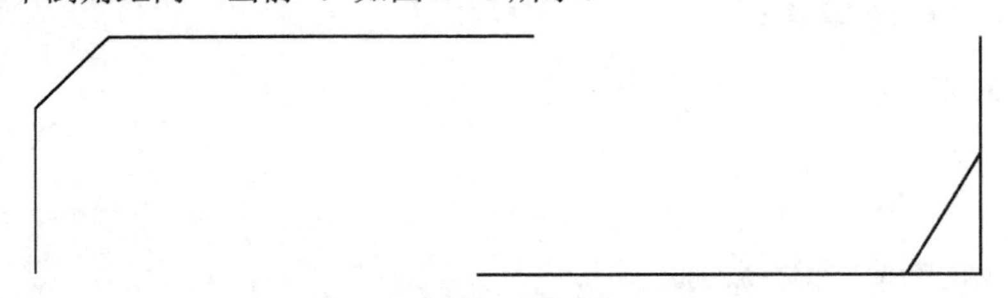

图 2-71　倒角命令修剪模式示例

如果将两个距离均设置为零，CHAMFER 将延伸或修剪两条直线，以使它们终止于同一点。

④ 角度（A）用第一条线的倒角距离和第二条线的角度设置倒角距离。

指定第一条直线的倒角长度 <当前>:

指定第一条直线的倒角角度 <当前>:

⑤ 修剪

控制 CHAMFER 是否将选定的边修剪到倒角直线的端点。

输入修剪模式选项 [修剪(T)/不修剪(N)] <当前>:

注意“修剪”选项会将 TRIMMODE 系统变量设置为 1；“不修剪”选项会将 TRIMMODE 设置为 0（零）。

如果将 TRIMMODE 系统变量设置为 1，则 CHAMFER 会将相交的直线修剪至倒角直线的端点。如果选定的直线不相交，CHAMFER 将延伸或修剪这些直线，使它们相交。如果将 TRIMMODE 设置为 0，则创建倒角而不修剪选定的直线。

⑥ 方式（E）

控制 CHAMFER 使用两个距离还是一个距离和一个角度来创建倒角。

输入修剪方法 [距离(D)/角度(A)] <当前>:

⑦ 多个（M）

为多组对象的边倒角。CHAMFER 将重复显示主提示和“选择第二个对象”的提示，直至用户按【Enter】键结束命令。

知识拓展

上机实训

（1）利用矩形、圆绘图命令和镜像、缩放编辑命令绘制如图 2-72 所示图形。

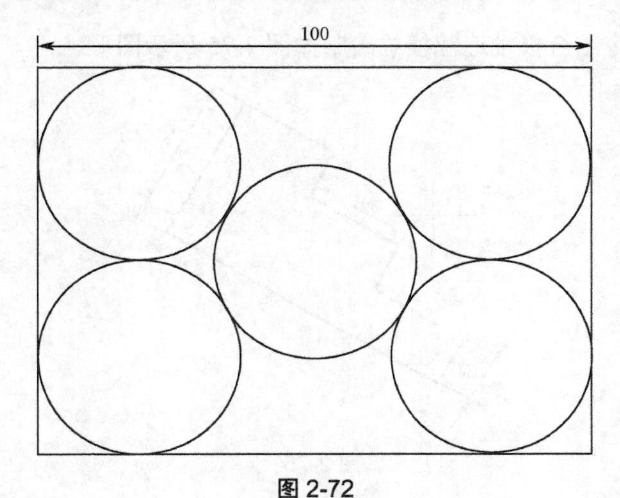

图 2-72

（2）利用直线命令绘制如图 2-73 所示图形。

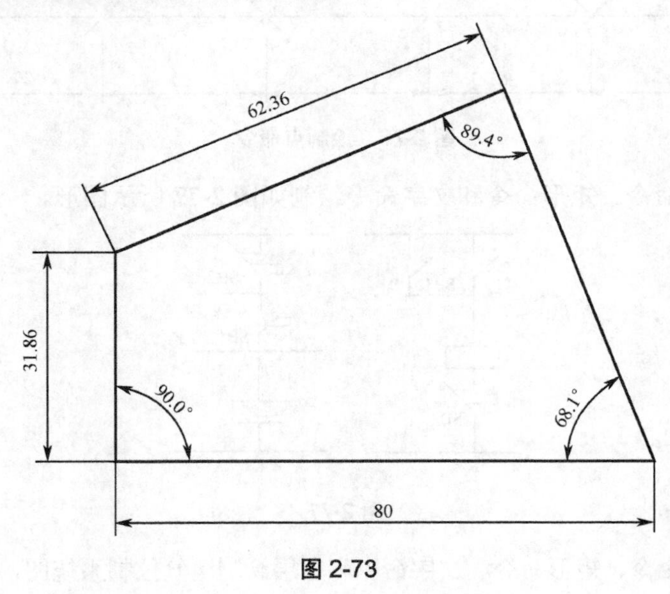

图 2-73

（3）利用直线命令、偏移和修剪命令完成如图 2-74 所示图形的绘制。

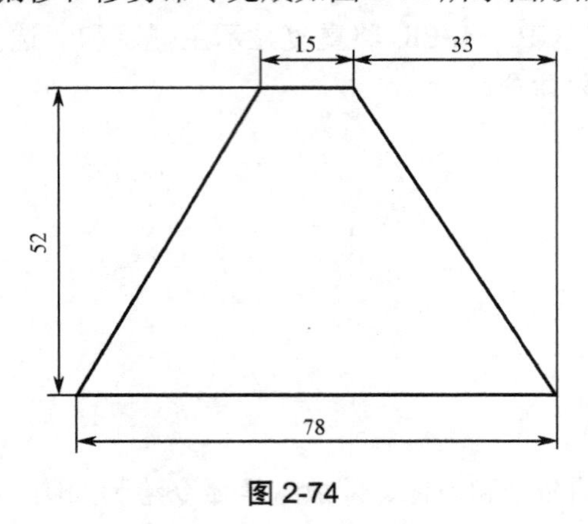

图 2-74

（4）利用直线命令结合极轴追踪模式绘制如图 2-75 所示图形。

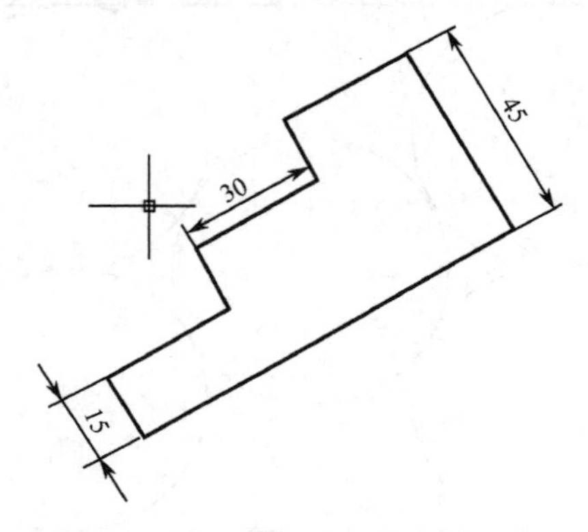

图 2-75

（5）利用绘制点命令完成如图 2-76 所示图形的绘制。

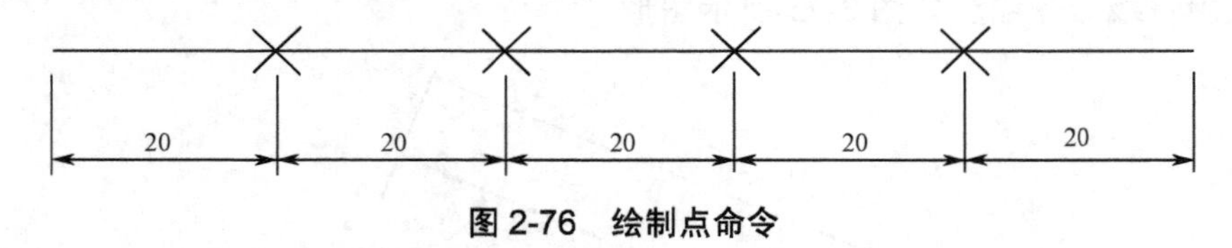

图 2-76　绘制点命令

（6）利用直线命令、矩形命令和文字命令绘制如图 2-77 所示图形。

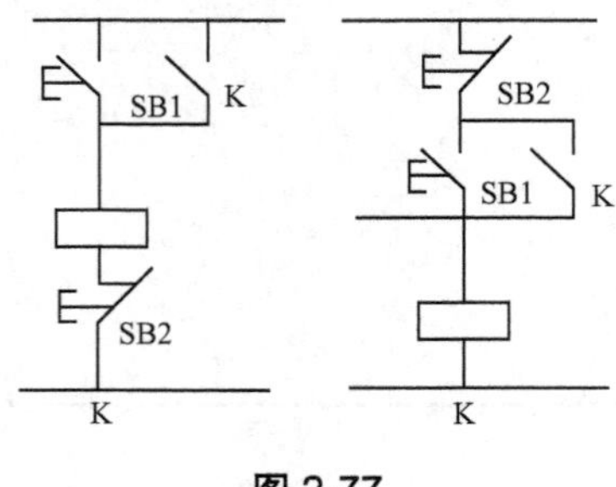

图 2-77

（7）利用直线命令、矩形命令、文字命令和图层绘制电气控制系统图，如图 2-78 所示。

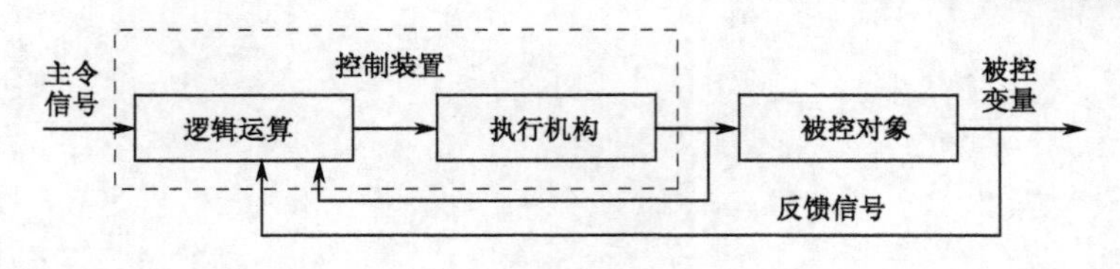

图 2-78

（8）利用直线命令、矩形命令、文字命令和图层完成图 2-79 的绘制。

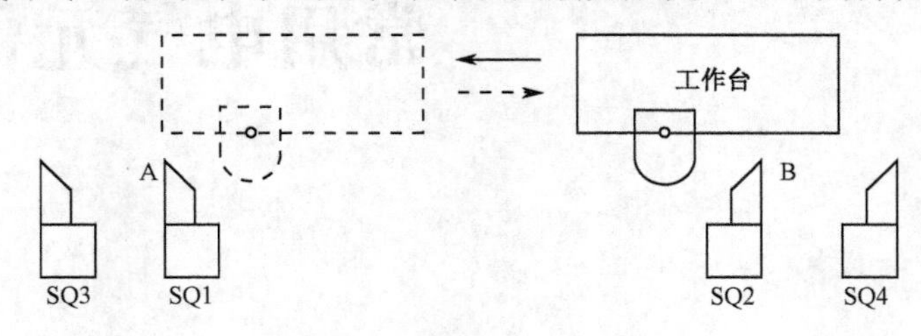

图 2-79

（9）利用直线命令、文字命令和矩形命令完成图 2-80 和图 2-81 的绘制。

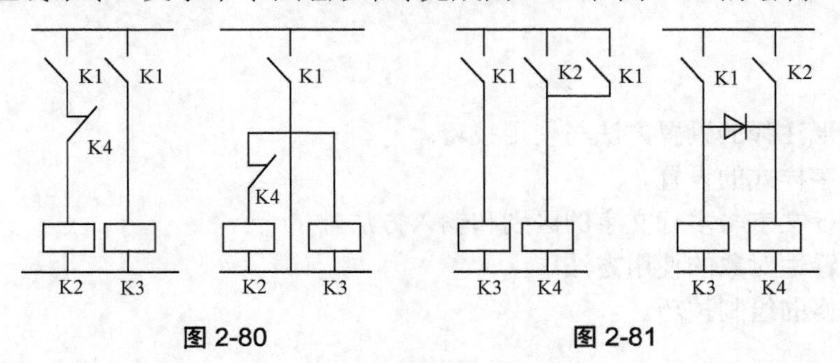

图 2-80　　图 2-81

（10）利用直线、倒角、圆角命令完成图 2-82 的绘制。

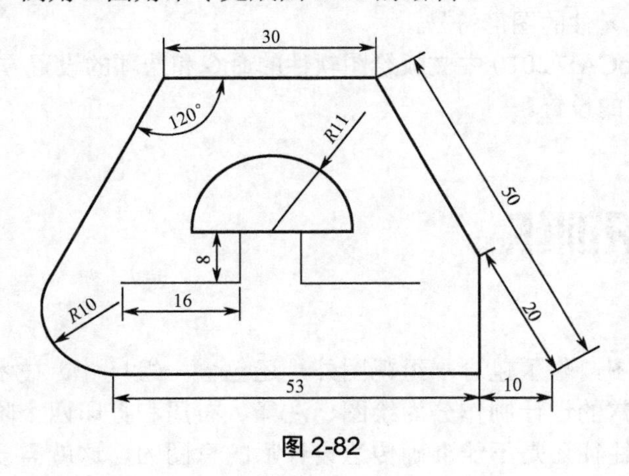

图 2-82

项目三
常用电气元件的绘制

知识要求

1. 掌握图形注释的设置方法与使用技巧。
2. 掌握文字样式的设置。
3. 掌握单行文字与多行文字的区别和输入方法。
4. 了解注释性对象的使用方法。
5. 掌握表格的绘制技巧。

技能要求

1. 熟悉常用电气元件的图形符号。
2. 熟练使用 AutoCAD 2010 中文版绘图软件的命令和选项的设置方法。
3. 熟练进行图块的设置。

3.1 知识训练

一张完整的工程图，除了包含一组视图外，还包含一组尺寸、技术要求、图表、文字说明以及标题栏。通常的设计制作分为绘图、注释、布局和打印四个阶段，单靠一张按精确比例绘制的图形，往往还是不能准确传达设计师的意图的，这就需要设计师在注释阶段添加文字、数字、表格及其他符号以表达设计对象的尺寸大小、规格型号尺寸，用以说明设计的构成等信息。AutoCAD 2010 中文版提高了强大的文字处理能力和尺寸标注能力，支持 TrueType 字体和扩展的字符格式。除了自带的表格创建与编辑之外，还支持 Excel 表格功能。

知识训练一 图形注释

1. 训练目的

（1）练习使用尺寸标注的命令。

（2）掌握尺寸标注的设置方法及尺寸标注的技巧。

文字与尺寸标注是图形绘制的主要表达内容之一，也是 AutoCAD 绘制图形的重要内容。尺寸标注是一种常用的图形注释，可以用它表明对象的尺寸、距离和角度等，因此，尺寸标注是工程图纸中非常重要的组成部分。

尺寸标注的规则：

（1）物体的真实大小应以图样上所标注的尺寸数值为依据，与图形的大小及绘图的准确度无关。

（2）图样中的尺寸以 mm 为单位，不需要标注计量单位的代号或名称。

（3）图样中所标注的尺寸为该图样所表示的物体最后完工尺寸，否则另加说明。

2. 尺寸标注

尺寸标注在工程制图中具有十分重要的位置，尺寸的大小，是进行工程建设定位的主要依据。AutoCAD 2010 中文版提供了多种尺寸标注方法，以适应不同工程制图的需要。常用的尺寸标注方式包括线性、对齐、弧长、坐标、半径、折弯、直径、角度、快速、基线、连续等。如图 3-1 所示。

图 3-1 “标注”工具条

AutoCAD 提供的尺寸标注形式，与工程设计实际相一致。一个完整的尺寸一般由尺寸界线、尺寸线、尺寸原点、标注文字、尺寸箭头（这里的“箭头”是一个广义的概念，也可以用短画线、点或其他标记代替尺寸箭头）构成等。通常以一个整体出现，如图 3-2 所示。

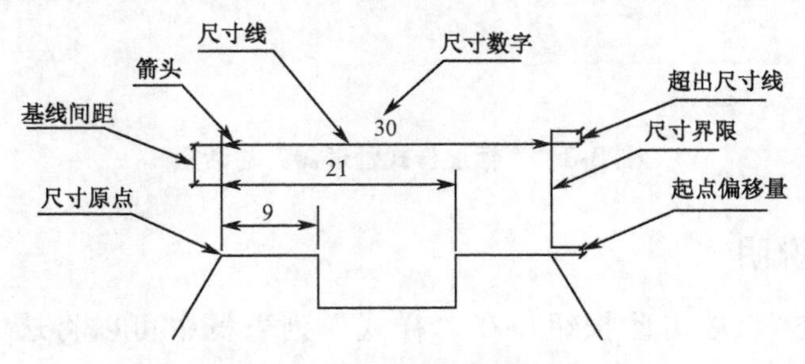

图 3-2 尺寸的构成

尺寸样式是指尺寸界线、尺寸线、箭头、标注文字等的外观形式。用于设置尺寸标注的具体格式，例如尺寸文字采用的样式；尺寸线、尺寸界线以及尺寸箭头的标注设置等，通过设置尺寸标注样式，可以有效地控制图形标注尺寸界线、尺寸线、箭头、标注文字的布局和外观形式。建立并强制使用绘图标准，以满足不同行业或不同国家的尺寸标注要求。

尺寸标准样式设置的命令为 Dim style（快捷键为 DDIM）。默认状态下的标注样式为 ISO-25（公制）或 STANDARD（英制）。无论是创建新的标注样式，还是修改标注样式，都需要调出“标注样式管理器”对话框进行设置。

一般来说，用户在对所建立的每个图形进行标注之前，均应遵守下面的基本过程。

（1）为了便于将来控制尺寸标注对象的显示与隐藏，应为尺寸标注创建一个或多个独立的图层，使之与图形的其他信息分开。

（2）为尺寸标注文字建立专门的文本类型。为了能在尺寸标注时随时修改标注文字的高度，应将文字高度（Height）设置为 0，因为我国要求字体的高度比为 2/3，所以将“宽度比例”设置为 0.67。

（3）充分利用对象捕捉方法，以便快速拾取定义点。

3．调用“标注样式管理器”对话框

可以采用以下几种方式：

（1）菜单命令：【格式】→【标注样式】。

（2）命令：DDIM。

激活命令 DDIM 后，在屏幕上弹出标注样式管理器对话框，通过该对话框，可以对尺寸线、标注文字、箭头、尺寸单位、尺寸位置和方向灯尺寸样式进行部分或全部设置和修改，如图 3-3 所示。

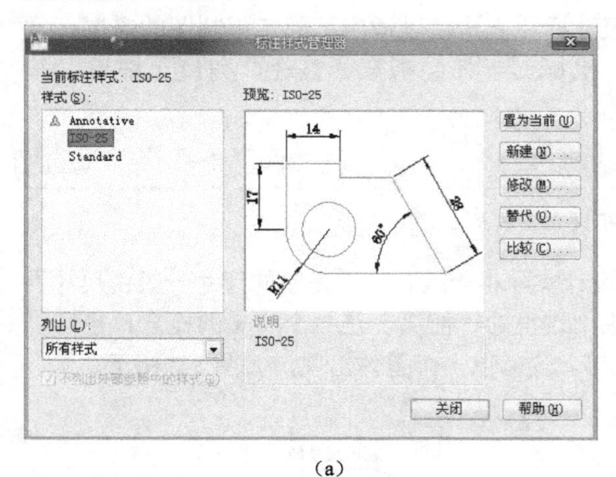

（a）

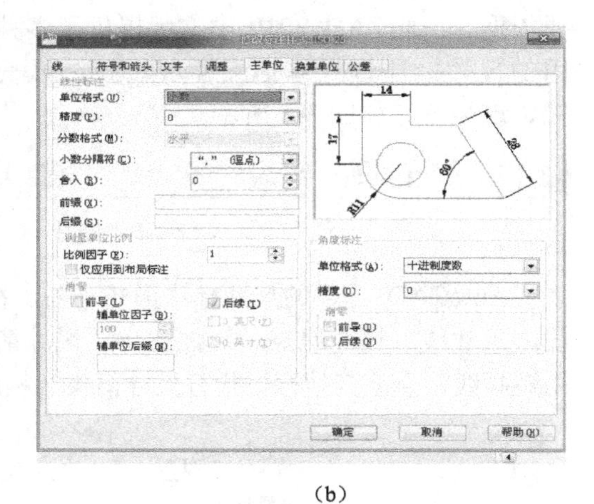

（b）

图 3-3 “标注样式管理器”对话框

4．操作选项说明

（1）“置为当前”，单击此按钮，在“样式”列表框中可以将选中的标注样式置为当前。

（2）“新建”，用于定义一个新的尺寸标注样式。单击此按钮，AutoCAD 打开如图 3-4 所示“创建新标注样式”对话框，利用这个对话框可以创建一个行的尺寸标注样式。并且可以在对话框中对标注样式中的各项特性进行设置。单击“继续”按钮，系统打开如图 3-5 所示的对话框。其中“新样式名”用于输入新标注样式的名字；“基础样式”，在此选择一

种基础标注样式，新标注样式将在该基础标注样式上进行修改。“用于”，指定新建标注样式的适用范围。

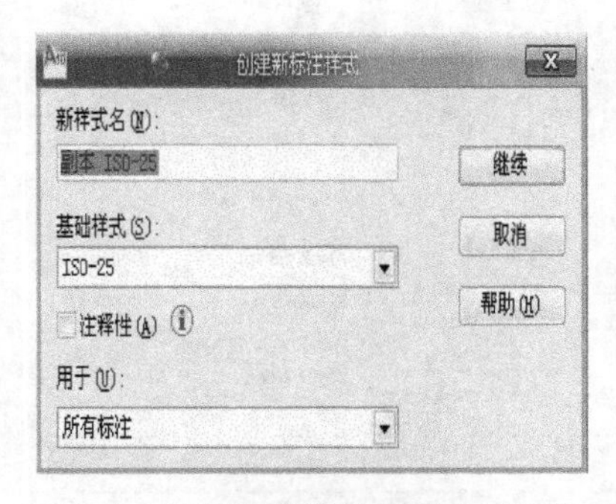

图 3-4 “创建新标注样式”对话框

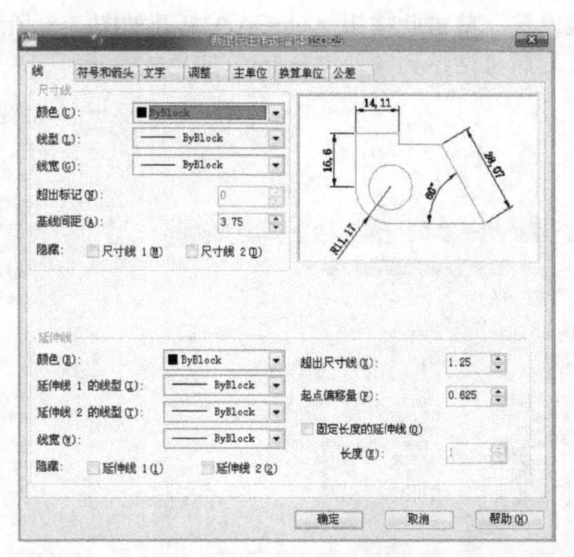

图 3-5 “创建标注样式：副本 ISO-25”对话框

（3）“修改”：用于修改一个已经存在的尺寸标注样式。单击此按钮，AutoCAD 打开如图 3-6 所示对话框，该对话框中的各选项与“新建标注样式：副本 ISO-25”对话框中各项信息完全相同，可以对已有标注样式进行修改。

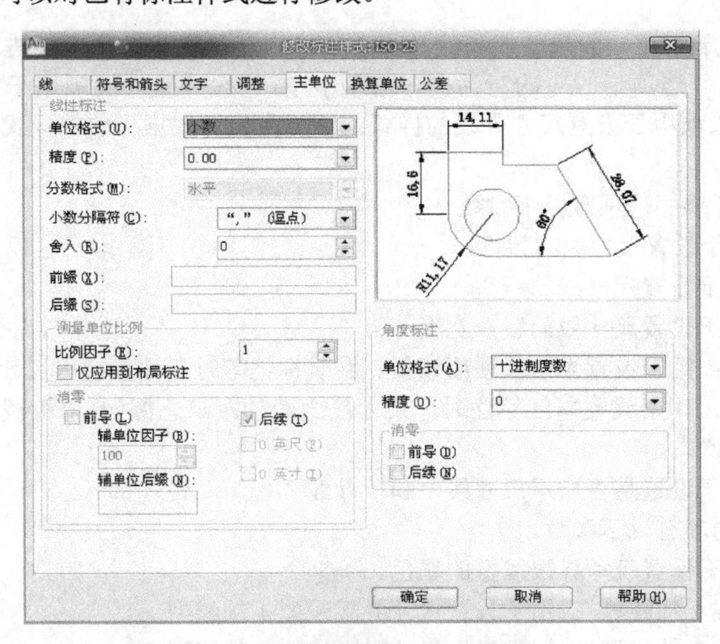

图 3-6 “修改标注样式：ISO-25”对话框

（4）“替代”：用于设置临时覆盖尺寸标准样式。单击此按钮，AutoCAD 打开如图 3-7 所示对话框，该对话框中的各选项与“新建标注样式：副本 ISO-25”对话框中各项信息完全相同，用户可以对已有标注样式进行修改，来覆盖原来的设置。但这种修改只对指定的尺寸标注其作用，而不影响当前尺寸变量的设置。

（5）“比较”：用于比较两个尺寸标注样式在参数上的区别或浏览一个尺寸标注样式的参数设置。单击此按钮 AutoCAD 打开如图 3-8 所示对话框，可以把比较结果复制到剪贴板上，然后再粘贴到其他 Windows 应用软件上。

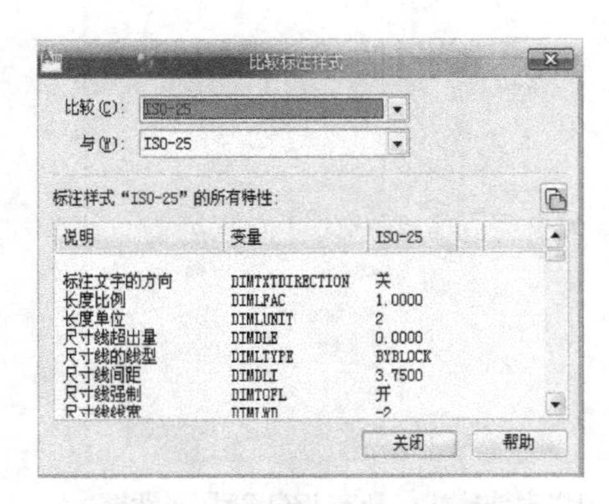

图 3-7 “比较标注样式”对话框

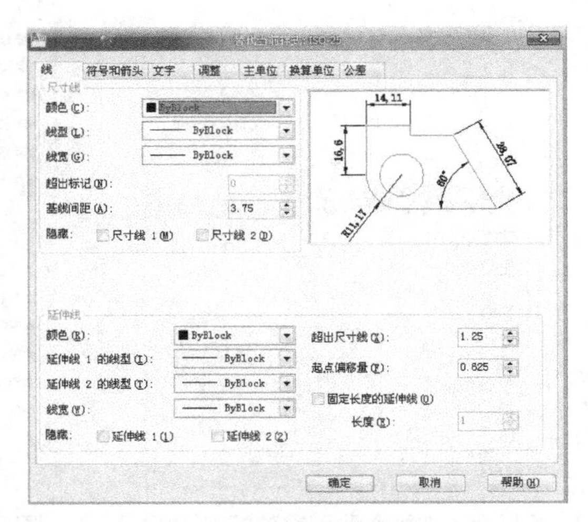

图 3-8 “替代当前样式：ISO-25”对话框

在“新建标注样式：副本 ISO-25”对话框中，如图 3-5 所示，有 7 个选项卡，分别说明如下：

（1）线。

该选项卡用于对尺寸的尺寸线和尺寸界线的格式与属性等各个参数进行设置。前面给出的图为与“线”选项卡对应的对话框。选项卡中，“尺寸线”选项用于设置尺寸线的样式。“延伸线”选项用于设置尺寸界线的样式。预览窗口可根据当前的样式设置显示出对应的标注效果示例。

其中，“尺寸线”选项有以下参数。

“颜色”：用于设置尺寸线的颜色。

“线型”：用于设置尺寸线的线型。

“线宽”：用于设置尺寸线的线条宽度。

“超出标记”：用于设置当箭头使用倾斜、建筑标记等时尺寸线超出尺寸界限的距离。

“基线间距”：用于设置基线标注时，尺寸线之间的距离。例如：“机械制图规定，基线间距不小于 7mm”。

“隐藏”：用于设置是否显示尺寸线 1 和尺寸线 2。

“延伸线”选项有以下参数。

“颜色”：用于设置尺寸界限线型的颜色。

“尺寸界限线 1 的线型”：用于设置尺寸界限线型 1 的线型。

“尺寸界限线 2 的线型”：用于设置尺寸界限线型 2 的线型。

“线宽”：用于设置尺寸界限线的线条宽度。

“隐藏”：用于设置是否显示尺寸界限线 1 和尺寸界限线 2。

“超出尺寸线”：用于设置尺寸界限线的超出尺寸线的距离。

“起点偏移量”：用于设置尺寸界限从尺寸线开始到尺寸原点与被标注对象的距离。

“固定长度的延伸线”：用于设置尺寸界限线开始到标注原点的总长度。

（2）符号和箭头。

“符号和箭头”选项卡用于设置尺寸箭头、圆心标记、弧长符号以及半径标注折弯方面的格式。如图 3-9 所示为“符号和箭头”选项卡。

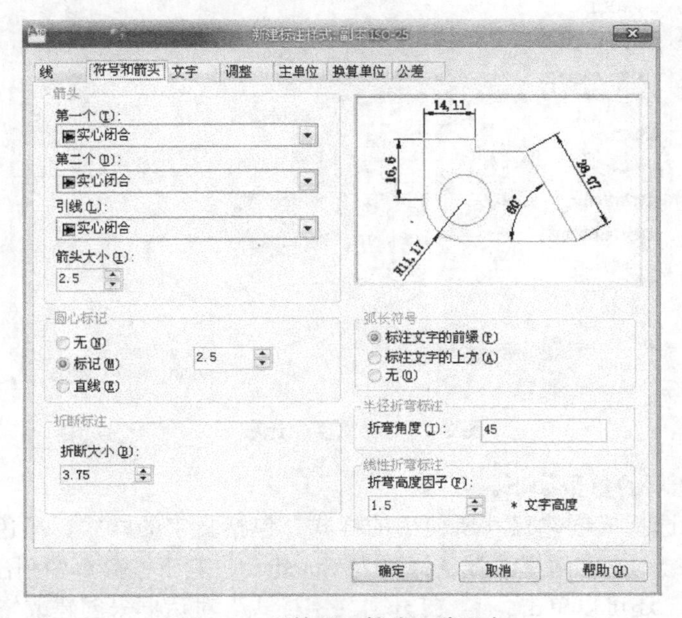

图 3-9 “符号和箭头”选项卡

“符号和箭头”选项的参数如下。

“箭头”：用于确定尺寸线两端的箭头样式。

“第一个”：用于设置第一条尺寸线的箭头类型。当改变第一个箭头的类型时，第二个箭头自动跟着改变以匹配第一个箭头。

“第二个”：设置第二条尺寸线的箭头和类型。

“引线”：设置引线的箭头样式。

“箭头大小”：设置箭头大小的数值，一般设置为 2.5。

“圆心标记”：用于确定当对圆或圆弧执行标注圆心标记操作时，是否显示圆心标记及圆心标记的类型与大小。

“折断标注”：确定在尺寸线或延伸线与其他线重叠处打断尺寸线或延伸线时的尺寸。

“弧长符号”：用于为圆弧标注长度尺寸时的设置。

“半径折弯标注”：控制弧长标注中圆弧符号的显示与否和显示位置。通常用于标注尺寸的圆弧的中心点位于较远位置时。

“线性折弯标注”：控制半径折弯标注时的折弯角度，用于线性折弯标注设置。

（3）“文字”选项的参数如下。

用于标注文字的格式、位置和对齐方式。“文字”选项卡中，“文字外观”选项用于设置尺寸文字的样式等。“文字位置”选项用于设置尺寸文字的位置。“文字对齐”选项则用于确定尺寸文字的对齐方式，如图 3-10 所示。

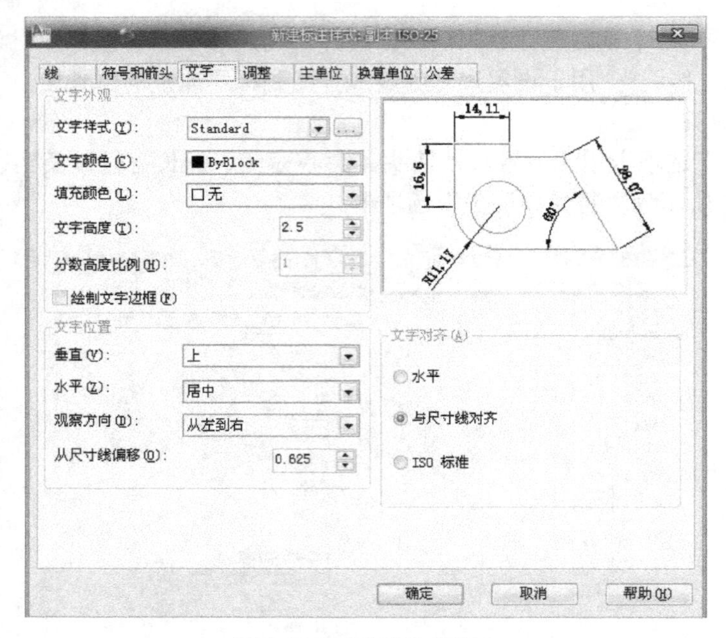

图 3-10 “文字”选项卡

“文字外观”选项的参数如下。

“文字样式”：选择或创建尺寸所使用的样式，包括文字的样式、颜色、高度和分数高度比例，以及是否绘制文字边框。默认样式为 Standard，其下拉菜单中列出了当前创建的所有文字样式的名称。还可以单击[...]，打开“文字样式”对话框来创建或修改文字样式。

“文字颜色”：设置标注文字的颜色。

“填充颜色”：设置标注文字的背景色。

“文字高度”：设置标注文字的样式的高度。

“分数高度比例”：设置相对于标注文字的分数比例。只有在“主单位”选项卡中选择“分数”作为单位格式时，此选项才可用。

“绘制文字边框”：设置是否为标注文本添加边框，默认状态下为无边框。

“文字位置”选项的参数如下。

“文字位置”：设置标注文字的垂直、水平位置以及尺寸线的偏移。

“垂直”：设置标注文字相对于尺寸线所在的垂直位置。包括“居中”、“上方”、“外部”和“JIS”四个选项。“居中”文字放置在尺寸线的中断处；“上方”文字放置在尺寸线的上方；“外部”文字放置在尺寸线的外面；“JIS”使文字的放置和日本工业标注一致。

“水平”：控制标注文字相对于尺寸线和尺寸界限线在水平方向的水平位置。包括“第一条尺寸界限线”、“第二条尺寸界限线”、“第一条尺寸界限线上方”、“第二条尺寸界限线上方”。

“从尺寸线偏移”：设置标注文字的底端和尺寸线之间的距离。一般设置为 1。若标注文字位于尺寸线的中间，则表示断开处尺寸线端点与尺寸文字的间距。如标注文字带有边框，则可以控制文字边框与其中文字的距离。

“文字对齐”选项用于设置标注文字的放置方向。包括：“水平、与尺寸线对齐和 ISO 标准”。其中“水平”表示标注文字水平放置；“与尺寸线对齐”表示标注文字沿尺寸线方向放置；“ISO 标准”表示当标注文字在尺寸界限线内时，标注文字与尺寸线对齐；当标注文字在尺寸界限线外时，标注文字水平排列。

（4）“调整”选项，利用该选项区控制标注文字、箭头、引线和尺寸线的位置，如图 3-11 所示。

“调整选项”：根据尺寸界限线之间的空间控制标注文字和箭头的放置位置。当两条尺寸界限线之间的距离足够大时，总是把文字和箭头放在尺寸界限线之间。否则 AutoCAD 按此处的选择移动文字或箭头，“文字或箭头（最佳效果）”单选按钮：自动选择最佳放置位置，该项为默认选项；“箭头”首先将箭头移出；“文字”首先将文字移出；“文字和箭头”将文字和箭头都移出；“若箭头不能放在延伸线内，则将其消除”，如果不能将箭头和文字放在尺寸界限内，则隐藏箭头。

“文字位置”选项：设置标注文字的位置，标注文字的默认位置在尺寸界限线之间。当文字无法放置在默认位置时，可以在该选项区中设置标注文字的放置位置。“尺寸线旁边”，将文字放在尺寸线旁边；“尺寸线上方，带引线”，文字放在尺寸线的上方，带上引线；“尺寸线上方，不带引线”，文本放在尺寸线的上方但不带引线。

“标注特征比例”选项：设置标注尺寸的特征比例，以便通过设置全局比例因子来增加或减少各标注的大小。“将标注缩放到布局”，选择该选项时可以根据当前模型空间视口与图纸空间之间的缩放关系设置比例。“使用全局比例”，用于设置尺寸元素的比例因子，使之与当前比例相符。

“优化”选项区可以对标注文字、尺寸线进行细微调整。“手动放置文字”，可以根据需要手动放置标注文字；“在延伸线之间绘制尺寸线”，当尺寸箭头放置在尺寸界限线之外时，也可以在尺寸界限线之内绘制出尺寸线。

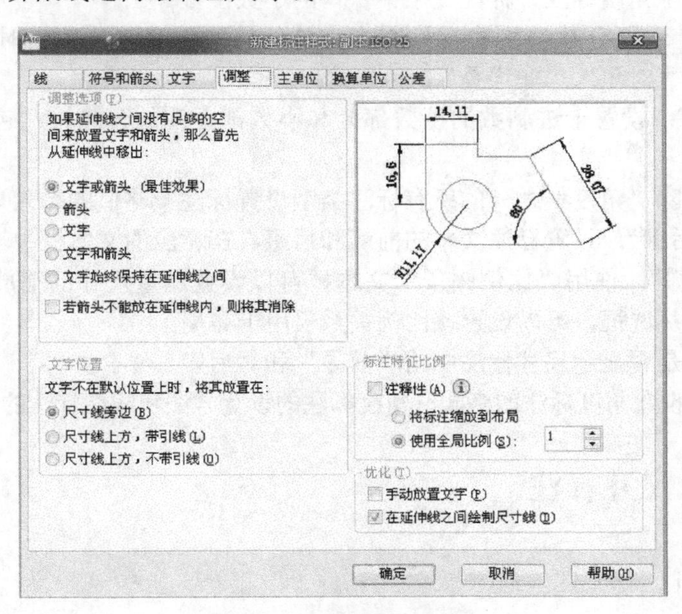

图 3-11 “调整”选项卡

（5）“主单位”选项卡，如图 3-12 所示，用户可以利用该选项卡设置主单位的格式、精度、文字的前缀和后缀等。

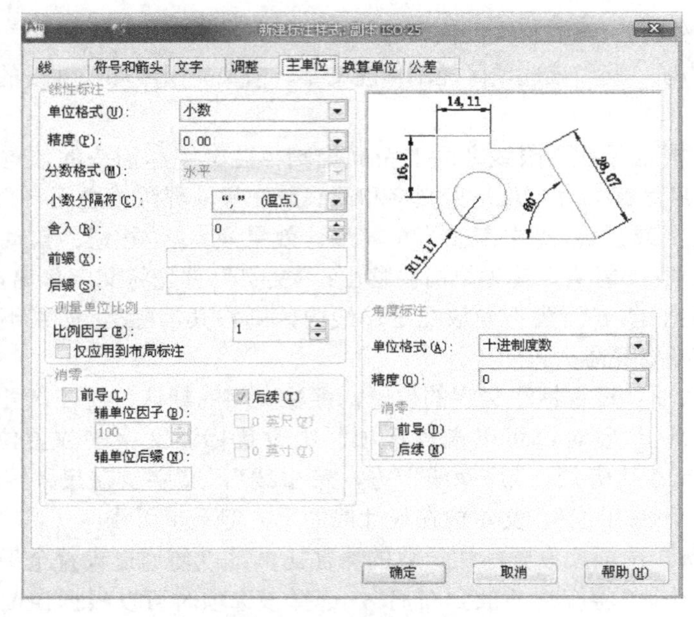

图 3-12 “主单位”选项卡

“线性标注”选项区用于设置线性标准的格式和精度。

“单位格式”：设置除角度标注之外的其余各标注类型的单位格式，可以选择的格式包括“科学”、“小数”、“工程”、“建筑”、“分数”等；

“精度”：设置除角度标注外标注文字中保留的小数位数；

“分数格式”：设置分数的格式，只有当“单位格式”为“分数”时该设置才可以使用，包括“水平”、“对角”、“非堆叠”3 种方式；

“小数分隔符”：设置十进制数的整数部分和小数部分间的分隔符，包括“句点”、“逗号”、“空格”。

“舍入”：表示除“角度”之外的所有标注类型设置标注策略值的舍入规则。

“前缀”和“后缀”：设置标注文本的前缀和后缀，在相应的文本框中输入字符即可。

“测量单位比例”：使用“比例因子”文本框可以设置测量尺寸的缩放比例，选中“仅应用到布局标注”复选框，可以设置该比例关系仅用于布局。

“消零”：设置是否显示尺寸标注中的“前导”和“后缀”零。

“角度标注”：设置角度标注的格式，角度标注的设置方法和线性标注的设置方法类似。

知识训练二 尺寸标注

1. 训练目的

（1）掌握尺寸标注的分类及使用方法。

（2）掌握编辑尺寸标注的方法。

尺寸标注在工程制图中具有十分重要的位置，尺寸的大小，是进行工程建设定位的主要依据。AutoCAD 2010 中文版提供了多种尺寸标注方法，以适应不同工程制图的需要。常用的尺寸标注方式包括线性、对齐、弧长、坐标、半径、折弯、直径、角度、快速、基线、连续等。一般把“线性”、“对齐”、“弧长”、“连续”、“基线”这类标注通常称为长度型尺寸标注；对于“半径”、“直径”和“圆心”，这类标注归属一类。

2．长度型尺寸标注

长度型尺寸标注是指在两点之间的一组标注，这些点可以是端点、交点、圆弧端点等，常用的长度型标注主要有“线性”、“对齐”、“弧长”、“连续”、“基线”标注。

（1）线性标注：可用于创建标注用户坐标系 X，Y 平面中的两个点之间的水平或竖直方向的距离测量值。并通过指定点来选择对象实现。

（2）对齐标注：当标注带有角度对象的直线段时，可能需要将尺寸线与对象直线平行，这时就要用到对齐尺寸标注。

（3）弧长标注：用于标注测量圆弧或多段线弧线段上的距离。

（4）连续标注：可以用来对连续的标注对象进行尺寸标注，但是在进行连续标注之前，必须先建立或选择一个线性标注、角度标注或坐标标注作为基准标注（如果当前任务中未创建任何标注，将提示用户选择线性标注、坐标标注或角度标注）用于确定前一尺寸界限线的尺寸界限线，然后执行连续标注命令。在确定了一个尺寸的第二条尺寸界限线原点后，AutoCAD 按连续标注方式标注出尺寸，即把上一个或所选择的第二条尺寸界限线作为新尺寸标注的第一条尺寸界限线标注尺寸。当标注完成后，按【Enter】键结束命令。

（5）基线标注：用于多个尺寸标注使用同一条尺寸界限线作为尺寸界限线的情况，是共用第一条尺寸界限线（可以是线性的、角度的或坐标尺寸标注）原点的一系列相关标注。

与连续标注一样，在进行基线标注之前也必须先建立（或选择）一个线性、坐标或角度标注作为基准标注，然后执行基线标注。确定下一个尺寸的第二条尺寸界限线的起始点。AutoCAD 将按基线标注方式标注出尺寸，直到按【Enter】键结束命令，如图 3-13 所示。

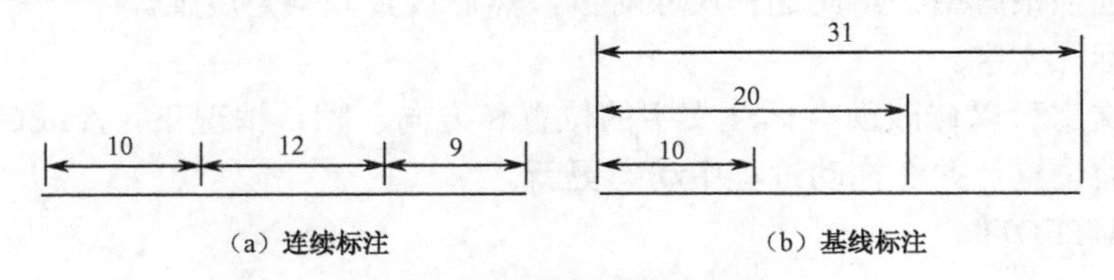

（a）连续标注　　（b）基线标注

图 3-13　连续标注和基线标注

3．半径、直径和圆心标注

半径标注命令用于标注圆或圆弧的半径，直径标注命令用于标注圆或圆弧的直径，圆心标注可以标注圆弧和圆的圆心。折弯标注主要用于大尺寸的圆或者圆弧圆心不在标注显示范围内的图形进行标注尺寸，该标注方法与半径标注方法基本相同，但需要指定一个位置代替圆或者圆弧的圆心。

4．角度标注与其他类型的标注

角度标注主要用来标注圆、圆弧、两条直线或三个点之间的夹角。还可以使用其他类型的标注，对图形中的坐标等元素进行标注；坐标标注是使用世界坐标系或者当前用户坐标系中相互垂直的 X 轴和 Y 轴作为 X 坐标或者 Y 坐标基准线的参考线，以坐标尺寸（有时是指定一个已知尺寸）的形式显示选定点的 X 坐标或 Y 坐标。它只有一条尺寸界线和标注文字引线，且标注文字总是与引线平行；引线标注：用来指示图形中包含的特征，然后给出关于特征的信息。引线尺寸标注命令不同，它不测量距离。引线可由直线段或平滑的样条曲线构成，用户可在引线末段输入任何注释，也可以为引线附着块参照和特征控制框。

5. 快速标注

AutoCAD 提供了一种标注方法——快速标注。它特别适合创建系列基线或连续标注；

6. 编辑尺寸标注

如果已标注的尺寸需要修改，这时不用将所标注的尺寸对象删除并重新进行标注，可利用 AutoCAD 2010 提供的尺寸编辑命令进行修改。

（1）编辑标注。

编辑标注：即编辑标注对象上的标注文字和尺寸界线。

命令：_dimtedit

选择标注：

为标注文字指定新位置或 [左对齐(L)/右对齐(R)/居中(C)/默认(H)/角度(A)]:

“默认”：选定的标注文字移回到由标注样式指定的默认位置和旋转角。

“新建”：使用“文字格式”对话框修改标注文字。在“文字输入窗口”输入尺寸文本，然后再选择需要修改的尺寸对象。

“旋转”：可以将尺寸文字旋转一定的角度，先设置角度值，然后选择尺寸对象。

“倾斜”：该选项可以调整线性标注尺寸界线的倾斜角度，当尺寸界线与图形的其他部件冲突时，该选项很有用处。先选择尺寸对象，然后设置倾斜角度值。

（2）编辑标注文字。

编辑标注文字可以修改现有标注文字的位置和方向。默认情况下，AutoCAD 允许光标确定标注文字的位置，并在拖动过程中动态更新。

命令：DIMTEDIT

选择标注：

为标注文字指定新位置或 [左对齐(L)/右对齐(R)/居中(C)/默认(H)/角度(A)]:

“左对齐（L）”：沿尺寸线左对齐标注文字。此选项只适用于线性、半径和直径标注。

“右对齐（R）”：沿尺寸线右对齐标注文字。此选项只适用于线性、半径和直径标注。

“居中（C）”：将标注文字放在尺寸线的中间。

“默认（H）”：将标注文字移回默认位置。

“角度（A）”：修改标注文字的旋转角度。

（3）更新标注。更新标注可以通过更改设置控制标注的外观。

（4）尺寸关联。指所标注尺寸与标注对象有关联关系。如果标注的尺寸值是自动测量值，且尺寸标注是按尺寸关联模式标注的，则标注对象的大小被改变后相应的标注尺寸也发生变化。

（5）分解尺寸对象。当用户利用分解命令分解尺寸对象时，可将其分解为文本、箭头和尺寸线等多个对象。尺寸对象分解以后，用户可以单独选择尺寸对象的文本、箭头和尺寸线等对象。

知识训练三　文字样式

1．训练目的

（1）练习使用文字样式的设置方法。

（2）掌握文字样式的定义方法。

（3）了解工程制图中需要注写文字的场合。

（4）熟练掌握创建文字样式的方法。

图形中的所有文字都具有与之相关联的文字样式。输入文字时，程序将使用当前文字样式。

当前文字样式用于设置字体、字号、倾斜角度、方向和其他文字特征。如果要使用其他文字样式来创建文字，可以将其他文字样式置于当前。此表显示用于 STANDARD 文字样式的设置。可以在一幅图中定义多种文字样式，提供不同情况下选用。AutoCAD 支持其专用的形字体（SHX）文件，同时也支持 Windows 系统自带的 TrueType 字体。

在一个完整的图样中，通常都包含一些文字注释来标注图样中的信息。例如图形中的技术要求、装配说明、材料详表、施工要求等。根据所绘图形用途的不同，对一些说明文字的要求也不同，例如我国通常情况下使用汉字。所以设置文字样式是进行文本注释的首要任务。

2．调用创建或修改文字样式

可采用如下方式：

（1）执行【格式】→【文字样式】命令。

（2）命令行：STYPE。

打开“文字样式”对话框，利用该对话框可修改或创建文字样式，如图 3-14 所示。对话框中主要选项的含义如下：

“样式列表”：当前可使用的文字样式。

“置为当前”：将选定的文字样式设置为当前文字样式。

“新建”：单击该按钮 AutoCAD 将打开“新建文字样式”对话框，如图 3-15 所示，在“样式名”文本框中输入新建文字样式名后，单击“确定”按钮可创建新的文字样式。

“删除”：单击该按钮，可以删除所选择的文字样式，但无法删除已经被使用了的文字样式和默认的 Standard 样式。

“字体名”：用于选择字体。“字体样式”下拉列表框用于选择字体格式，如常规、斜体、粗体等，但不是所有的字体都能设置。

“高度”：用于设置输入文字的高度。如果将其设置为 0，则用户在输入文本时提示指定文本高度。如果希望将该文本样式用做尺寸文本样式，则高度值必须设置为 0，否则用户在设置尺寸文本样式时所设置的文本高度将不起作用。

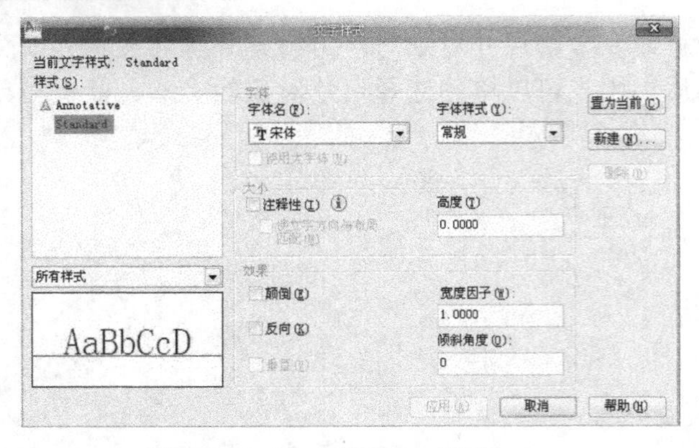

图 3-14 “文字样式”对话框

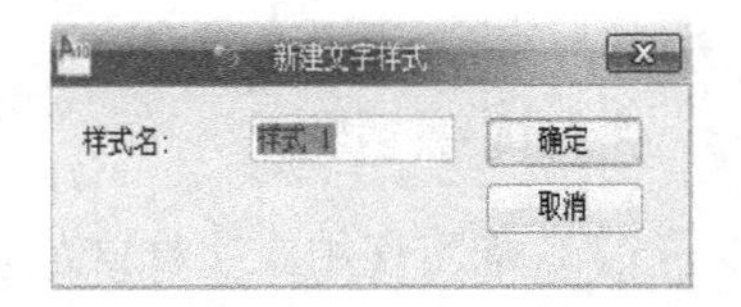

图 3-15 “新建文字样式”对话框

“颠倒”和“反向”：用于倒置和反向显示字符。

“垂直”：用于垂直排列文本选项。

“宽度因子”用于设置文字字符的高度和宽度之比。

“倾斜角度”：用于指定文本字符倾斜角，其范围在（−85° ～+85° ）。角度为正，向右倾斜，反之，向左倾斜。

3. 说明

（1）建议文字高度保持默认值为 0，在注释文字时可根据需要重新设置文字高度。

（2）如果选择带“@”前缀的字体，则标注出来的文字为横向。

（3）AutoCAD 中文版提供了符合国标的手写仿宋体的字体文件 gbenor.shx（字体）、gbcbig.shx（大字体）、gbeitc（斜体）。使用这些字体文件的优点如下：

① 能正确显示一些特殊的字母符号，而不像使用“仿宋 GB2312”字体，在输入某些特殊的字母（如希腊字母）时，需临时改变字体。

② 能有效地节省图形文件的容量。

③ 相同高度的中文和英文显示的高度也相同，从而图面显得更整齐。

④ 文字样式中的宽度比例设置为 1，即可得到瘦长的手写仿宋体文字。

【例】基于 STANDARD 文字样式创建“工程字”文字样式，如图 3-16 所示。

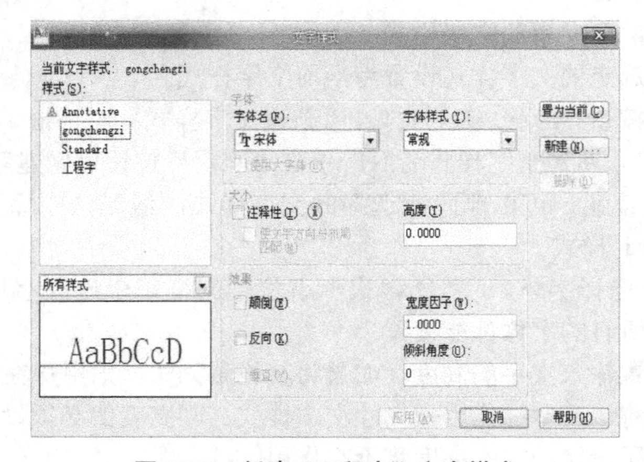

图 3-16 创建“工程字”文字样式

命令：st

STYLE 命令不仅可以创建文字样式，还可以用于修改已有文字样式的参数设置，当编辑完文字样式以后，所有按这种样式书写的文字都将按照新的参数重新生成。

知识训练四 单行文字和多行文字

1. 训练目的

（1）熟练掌握创建和编辑文字的技巧。

（2）掌握单行文字和多行文字的注写与编辑。

在 AutoCAD 2010 中文版中，使用如图 3-17 所示的“文字”工具栏可以创建和编辑文字。对于不需要使用多种文字的简短内容，可创建单行文字。使用单行文字可以创建单行文本或多行文本，每一行的文字都是一个单独的文字对象，可以进行单独编辑，可以一次创建多个对齐的单行文字（按【Enter】键换行），然后利用移动命令调整各行文字的位置。使用单行文字可以向图形中添加多种信息，例如装配说明、设备资料说明等。

图 3-17 “文字”工具栏

2. 调用单行文字命令

（1）执行【绘图】→【文字】→【单行文字】命令。

（2）命令行：TEXT

命令：_dtext

```
当前文字样式: “Standard”  文字高度: 2.5000  注释性: 否
指定文字的起点或 [对正(J)/样式(S)]:
```

单行文字的 AutoCAD 功能命令为 TEXT，可以使用单行文字创建一行或多行文字，其中，每行文字都是独立的对象，可对其进行重定位、调整格式或进行其他修改。

指定文字的起点：默认情况下，通过指定单行文字行的基线的起点位置创建文字。

设置对正方式：在“指定文字的起点或对正（J）/样式（S）]:”提示下输入 J，可以设置文字的排列方式。此时命令行显示如下提示：

```
指定文字的起点或 [对正(J)/样式(S)]: j
```

输入选项

```
[对齐(A)/布满(F)/居中(C)/中间(M)/右对齐(R)/左上(TL)/中上(TC)/右上(TR)/左中(ML)/正中(MC)/右中(MR)/左下(BL)/中下(BC)/右下(BR)]:
```

在 AutoCAD 2010 中文版中，系统为文字提供了多种对齐方式，如图 3-18 所示。

对齐（A）：通过指定基线端点来指定文字的高度和方向。可以确定文本的起点和终点，AutoCAD 自动调整宽度系数，以便使文字在两点之间。

布满（F）：指定文字按照由两点定义的方向和一个高度值布满一个区域。只适用于水平方向的文字。

居中（C）：从基线的水平中心对齐文字，此基线是由用户给出的点指定的。

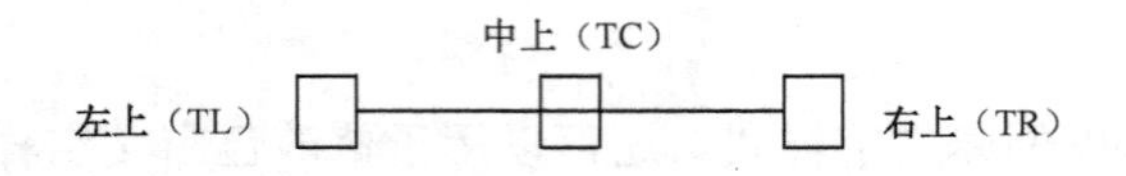

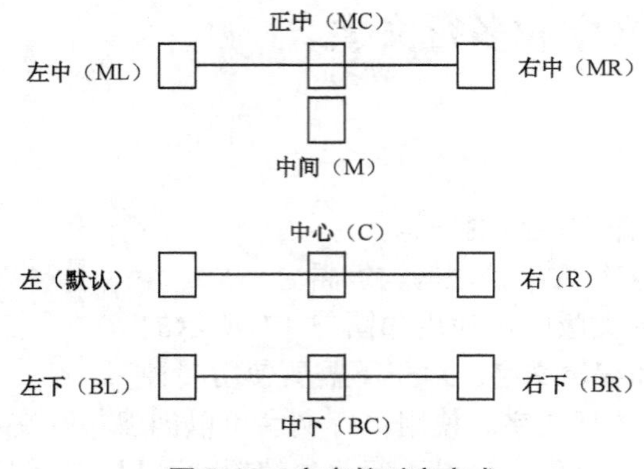

图 3-18　文字的对齐方式

中间（M）：文字在基线的水平中点和指定高度的垂直中点上对齐。中间对齐的文字不保持在基线上。

右对齐（R）：在由用户给出的点指定的基线上右对齐文字。

左上（TL）：在指定为文字顶点的点上左对齐文字。只适用于水平方向的文字。

中上（TC）：以指定为文字顶点的点居中对齐文字。只适用于水平方向的文字。

右上（TR）：以指定为文字顶点的点右对齐文字。只适用于水平方向的文字。

左中（ML）：在指定为文字中间点的点上靠左对齐文字。只适用于水平方向的文字。

正中（MC）：在文字的中央水平和垂直居中对齐文字。只适用于水平方向的文字。

右中（MR）：以指定为文字的中间点的点右对齐文字。只适用于水平方向的文字。

左下（BL）：以指定为基线的点左对齐文字。只适用于水平方向的文字。

中下（BC）：以指定为基线的点居中对齐文字。只适用于水平方向的文字。

右下（BR）：以指定为基线的点靠右对齐文字。只适用于水平方向的文字。

3. 插入特殊符号

在输入单行文字时，可以输入一些控制代码以插入特殊符号：

输入“%%d”注写角度符号（°）;

输入“%%p”注写正负公差符号（±）;

输入“%%c”注写直径符号（ø）;

输入“%%%”注写百分比符号（%）。

有时用某种文字样式输入一些特殊字符时，会出现 AutoCAD 不能识别的现象，用户可以选择这些文字后，在【样式】工具栏的【文字样式】控制框中选择其他文字样式以正确显示文字。

4. 修改单行文字

（1）修改单行文字的内容。

在要修改的单行文字上双击（或者在命令行输入：ED 命令选择要修改的文字对象），则 AutoCAD 会将被编辑的文字直接转化为一个文本编辑器，修改后直接按【Enter】键可选择下一处文字进行修改。

（2）调用修改文字命令的方式如下。

① 菜单：执行【修改】→【对象】→【文字】→【编辑】命令。

② 命令行：ED。

（3）修改文字的高度可采用如下方式：

① 菜单：执行【修改】→【对象】→【文字】→【比例】命令。

② 命令行：SCALETEXT。

需要说明的是，利用“特性”对话框也可以对文字的内容、高度、宽度比例、文字样式等项目进行修改。

5. 创建与编辑多行文字

多行文字是指一段文字，它们宽度一定，行数不限。一般用于书写施工说明、注意事项以及填写多行表格等。无论文字有多少行，每段文字构成一个图元。

利用“文字格式”编辑器可以设置多行文字格式以及对齐方式；临时改变文字样式、字体、字高；输入符号；设置文字的宽度比例以及倾斜角度；设置项目代号，查找和替换文字、插入字段等。

6. 调用多行文字

其具体方式如下：

（1）菜单：执行【绘图】→【文字】→【多行文字】命令。

（2）命令行：MTEXT。

在绘图窗口指定一个用来放置多行文字的矩形文字框，这时将打开“文字格式”工具栏和文字输入窗口。命令行提示如下：

```
命令: _mtext 当前文字样式: "Standard"  文字高度: 2.5  注释性: 否
指定第一角点: (用鼠标在屏幕上合适的位置单击)
指定对角点或 [高度(H)/对正(J)/行距(L)/旋转(R)/样式(S)/宽度(W)/栏(C)]: (移动鼠标到合适的位置单击左键用于界定输入多行文字的对话框)。
```

高度（H）：按图形单位设置新文字的字符高度或修改选定文字的高度。如果当前文字样式没有固定高度。

对正（J）：用于显示“多行文字对齐”菜单，并且有 9 个对齐选项可用。“左上”为默认。

行距（L）：确定多行文字的行间距，显示建议的行距选项或“段落”对话框。在当前段落或选定段落中设置行距。这里所说的行间距是指相邻两文本行的基线之间的垂直距离。

注意：行距是多行段落中文字的上一行底部和下一行顶部之间的距离。

旋转（R）：指定文字边界的旋转角度。

样式（S）：指定用于多行文字的文字样式。

宽度（W）：指定文字边界的宽度。

栏（C）：指定多行文字对象的栏选项。

执行多行文字命令时，响应后 AutoCAD 打开如图 3-19 所示对话框。

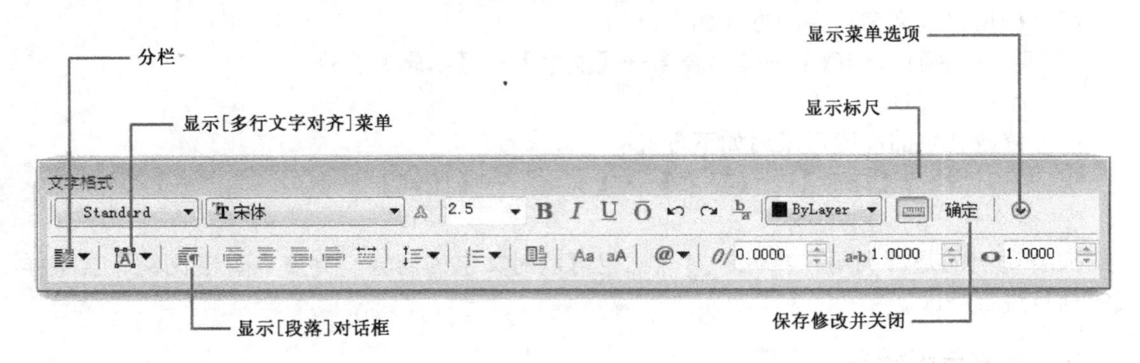

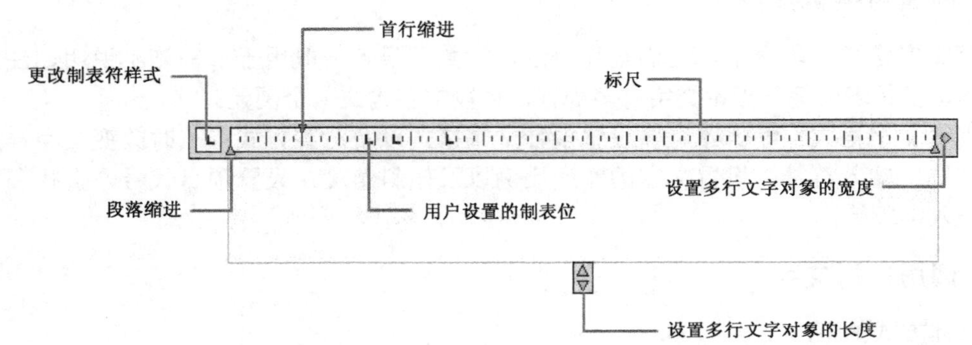

图 3-19 “文字格式”工具栏

对话框可以输入和编辑多行文字，包括设置字高、文字样式，以及倾斜角度等。“文字格式”工具栏用来控制文字的显示特性。可以在输入文字之前设置文字的特性，也可以在输入之后对文字格式进行编辑修改。

下面把“文字格式”工具栏中部分选项的功能介绍如下。

（1）“堆叠”：该按钮为层叠/非层叠文本按钮，用于层叠所选的文字，也就是创建分数形式。当需要输入分数格式的文本时，需要在分数数字中间输入“/”、“^”、“#”这样的符号，才可以层叠文本。方法是选中需要层叠的文字，然后单击此按钮，则符号左边文字作为分子，右边文字作为分母。

（2）“@”：用于输入各种符号。单击该按钮，系统打开符号列表，可以从中选择符号输入到文字中。

（3）“插入字段”：插入一些常用或预设字段。

（4）“追踪 a-b”：增大或减小选定字符之间的距离。

（5）“宽度比例”：扩展或收缩选定字符。

（6）“多行文字对齐”：显示多行文字对齐方式，并且有 9 种对齐选项可用。默认状态下的对齐方式为“左上”。

7. 编辑多行文字

（1）在要修改的多行文字上双击鼠标左键，则会打开“文字格式”对话框，从而对文字进行重新输入和编辑操作。

（2）在命令行输入 DDEDIT 命令，选择要编辑的多行文字，同样可以对多行文字进行重新输入和编辑操作。

知识训练五 使用注释性对象

1. 训练目的

（1）练习使用注释性对象命令。

（2）掌握注释性对象在工程制图中的应用。

通常用于注释图形的对象有一个特性称为注释性。如果这些对象的注释性特性处于启用状态（设定为“是”），则其称为注释性对象。将注释添加到图形中时，用户可以打开这些对象的注释性特性。这些注释性对象将根据当前注释比例进行缩放，并自动以正确的大小显示。用户可以自动完成缩放注释的过程，从而使注释能够以正确的大小在图纸上打印或显示。

以下对象可以为注释性对象（具有注释性特性）：

① 图案填充；

② 文字（单行和多行）；

③ 标注；

④ 引线和多重引线（使用 MLEADER 创建）；

⑤ 公差；

⑥ 块；

⑦ 属性。

用于创建这些对象的许多对话框都包含“注释性”复选框，用户可以使用此复选框使对象为注释性对象。通过在特性选项板中更改注释性特性，用户还可以将现有对象更改为注释性对象。

2. 创建注释性对象

（1）如果要创建注释性图案填充，只需要在“图案填充”对话框中勾选“注释性”即可，如图 3-20 所示。

（2）如果要创建注释性的文字，只需在“文字样式”对话框勾选“注释性”，并在“图纸文字高度”里输入在布局图纸里显示的文字高度即可，如图 3-21 所示。

（3）如果要创建注释性的标注，只需要在注释样式的“调整”选项卡的“标注特征比例”中选中“注释性”即可，如图 3-22 所示。

（4）如果创建注释性的多重引线，只需要在多重引线样式的“引线结构”选项卡中勾选“注释性”即可，如图 3-23 所示。

其他的三项创建注释性对象的方法与此相似，此处不再详述。

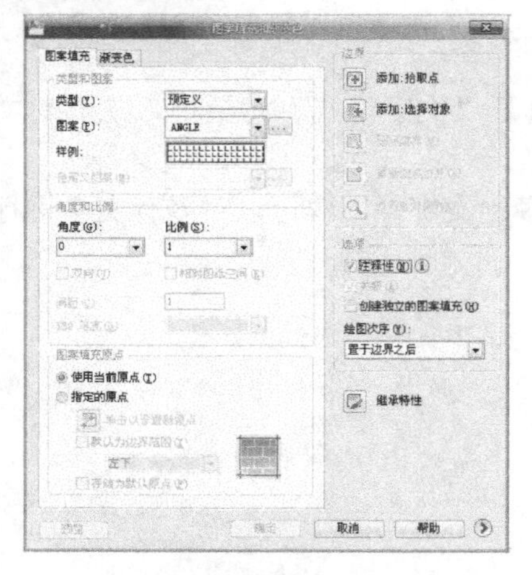

图 3-20 “图案填充”对话框

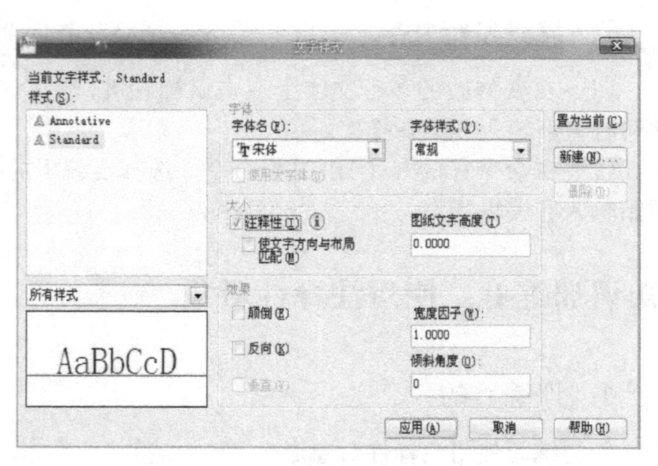

图 3-21 “文字样式”对话框

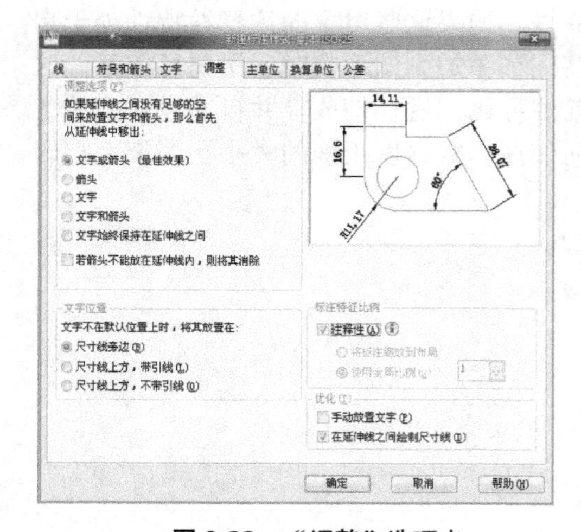

图 3-22 “调整”选项卡

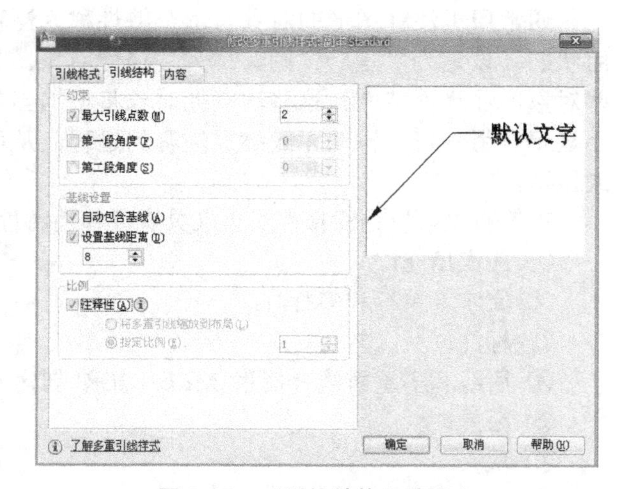

图 3-23 “引线结构”选项卡

知识训练六 创建表格

1．训练目的

（1）练习使用创建表格命令。

（2）熟练掌握表格编辑与表格在工程制图中的使用。

（3）掌握设置表格样式的方法。

表格使用行和列以一种简明的格式提供信息，常用于 AutoCAD 2010 中的标题栏、材料元件明细表等。

在 AutoCAD 2010 中文版中，可以使用创建表格命令创建表格，还可以从 Microsoft Excel 中直接复制表格，并将其作为 AutoCAD 表格对象粘贴到图形中，也可以从外部直接导入表格对象。此外，还可以输出来自 AutoCAD 的表格数据，以供在 Microsoft Excel 或其他应用程序中使用。

2. 创建表格样式

表格的外观由表格样式控制。可以使用默认表格样式 STANDRAD，也可以自己创建表格样式。一个表格的外观包括字体、颜色、高度和行距、对齐方式、边框等。

调用表格样式的命令方式如下：

（1）菜单：执行【格式】→【表格样式】命令。

（2）命令行：TS。

在“表格样式”对话框中，如图 3-24 所示。单击“新建”按钮，在打开的“创建新的表格样式”对话框中，输入新表格样式的名称。在“基础样式”下拉列表中，选择一种表格样式为新表格样式的默认设置，新样式将在该样式的基础上进行修改，如图 3-25 所示。单击“继续”按钮，打开“新建表格样式”对话框，在其中设置“表格方向”、“单元样式”等内容。如图 3-26 所示。

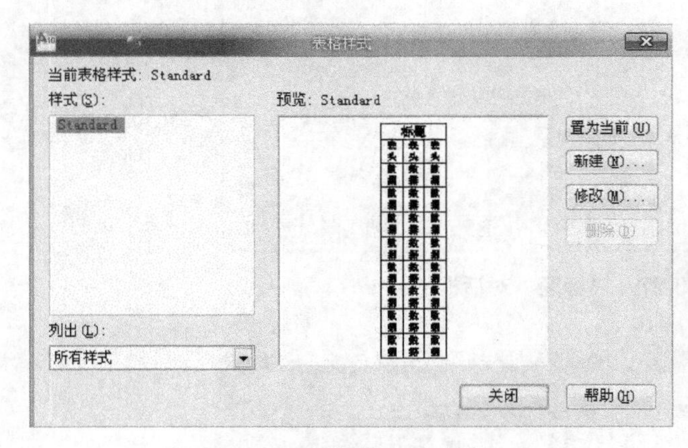

图 3-24 “表格样式”对话框

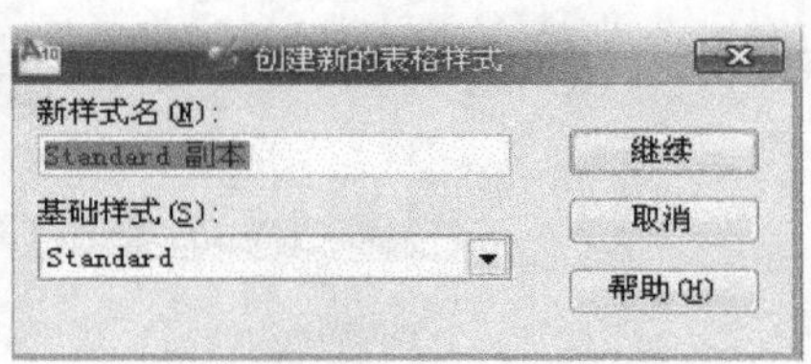

图 3-25 “创建新的表格样式”对话框

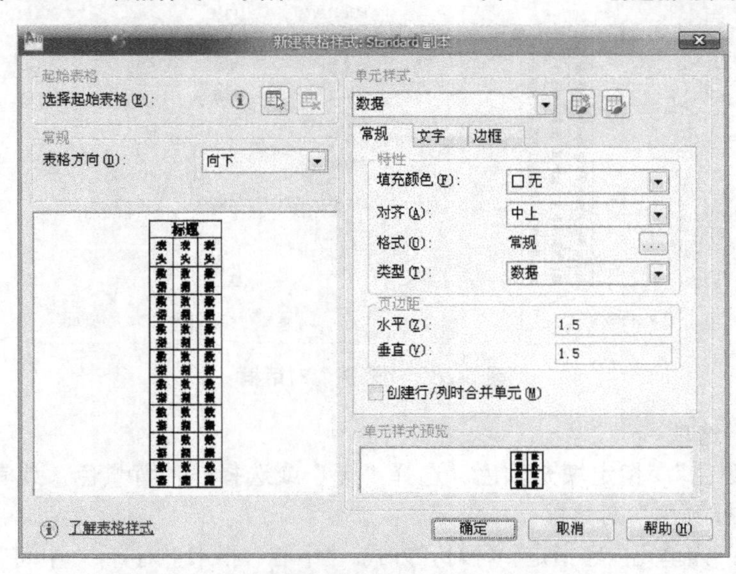

图 3-26 “新建表格样式：Standard 副本”对话框

3. 设置表格样式

对话框主要功能如下：

（1）“起始表格”：该选项允许用户指定一个已有表格作为新建表格样式的起始表格。

（2）“单元样式”：在“单元样式”的下拉列表框中可以用“数据”、“标题”、“表头”选项来分别设置表格的数据、标题和表头对应的样式。其中数据对话框如图 3-26 所示，“标题”对话框如图 3-27 所示。“表头”对话框如图 3-28 所示。

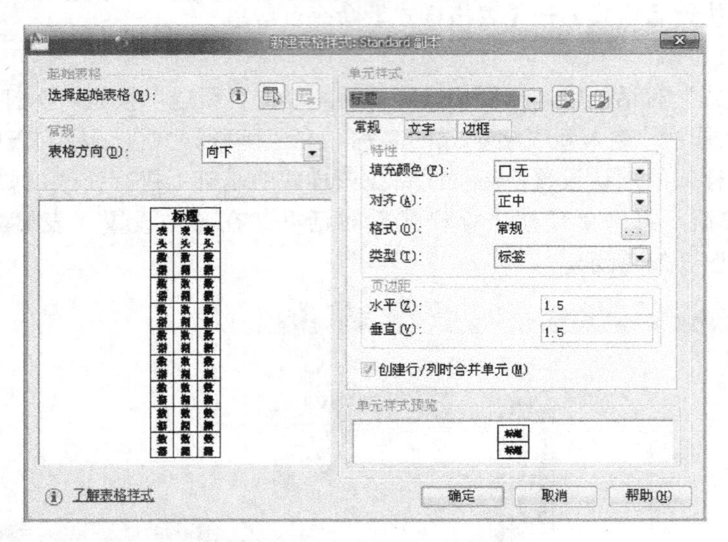

图 3-27 “标题”对话框

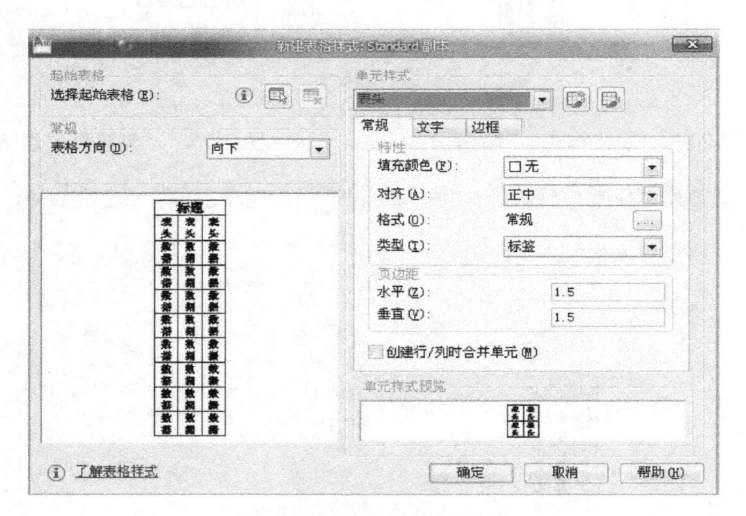

图 3-28 “表头”对话框

（3）“基本”选项

① “填充颜色”：指定填充颜色。选择“无”或选择一种背景色，或者单击“选择颜色”以显示“选择颜色”对话框。

② “对齐”：为单元内容指定一种对齐方式。“中心”指水平对齐；“中间”指垂直对齐。

③ “格式”设置表格中各行的数据类型和格式。单击“...”按钮以显示“表格单元格

式”对话框，从中可以进一步定义格式选项。

④“类型”将单元样式指定为标签或数据，在包含起始表格的表格样式中插入默认文字时使用。也用于在工具选项板上创建表格工具的情况。

⑤“页边距 - 水平”：设置单元中的文字或块与左右单元边界之间的距离。

⑥“页边距 - 垂直”：设置单元中的文字或块与上下单元边界之间的距离。

⑦“创建行/列时合并单元”：将使用当前单元样式创建的所有新行或列合并到一个单元中。可以使用此选项在表格的顶部创建标题行。

（4）“文字”选项

①“文字样式”：指定文字样式。选择文字样式，或单击“...”按钮打开“文字样式”对话框并创建新的文字样式。

②“文字高度”：指定文字高度。输入文字的高度。此选项仅在选定文字样式的文字高度为 0 时可用（默认文字样式 STANDARD 的文字高度为 0）。如果选定的文字样式指定了固定的文字高度，则此选项不可用。

③“文字颜色”：指定文字颜色。选择一种颜色，或者单击“选择颜色”显示“选择颜色”对话框。

④“文字角度”设置文字角度。默认的文字角度为 0。可以输入－359°～＋359°之间的任何角度。

（5）“边框”选项卡

可以控制当前单元样式的表格网格线的外观：指定以下选项：

①“线宽”：设置要用于显示边界的线宽。如果使用加粗的线宽，可能必须修改单元边距才能看到文字。

②“线型”：通过单击边框按钮，设置线型以应用于指定边框。将显示标准线型“BYBLOCK”、“BYLAYER”和“连续”，或者可以选择“其他”加载自定义线型。

③“颜色”：指定颜色以应用于显示的边界。单击“选择颜色”，将显示“选择颜色”对话框。

④“双线”：指定选定的边框为双线型。可以通过在“间距”文本框中输入数值来更改行距。

⑤“边框显示按钮”：应用选定的边框选项。单击该按钮可以将选定的边框选项应用到所有的单元边框，外部边框、内部边框、底部边框、左边框、顶部边框、右边框或无边框。对话框中的预览将更新以显示设置后的效果。

4. 创建表格

调用插入表格的命令方式如下：

（1）执行菜单【绘图】→【表格】命令。

（2）命令行：TA。

“表格样式”：从列表中选择一个表格样式，或单击下拉菜单右侧的按钮创建一个新的表格样式。

“插入选项”：选项区各选项的含义如下。

① 从空表格开始：创建可以手动填充数据的空表格。

② 自数据链接：从外部电子表格中的数据创建表格。

“插入方式”：选项区各选项的含义如下。

① 指定插入点：指定表格左上角的位置。可以使用定点设备，也可以在命令提示下输入坐标值。如果将表格的方向设置为由下而上读取，则插入点位于表格的左下角。

② 指定窗口：指定表格的大小和位置。可以使用定点设备，也可以在命令提示下输入坐标值。选定此选项时，行数、列数、列宽和行高取决于窗口的大小以及列和行设置。

“插入表格”对话框如图 3-29 所示。

“列和行设置”选项区各选项的含义如下。

① 列数：指定列数。选定“指定窗口”选项并指定列宽时，“自动”选项将被选定，且列数由表格的宽度控制。如果已指定包含起始表格的表格样式，则可以选择要添加到此起始表格的其他列的数量。

② 列宽：指定列的宽度。选定“指定窗口”选项并指定列数时，则选定了“自动”选项，且列宽由表格的宽度控制。最小列宽为一个字符。

③ 数据行数：指定行数。选定“指定窗口”选项并指定行高时，则选定了“自动”选项，且行数由表格的高度控制。带有标题行和表格头行的表格样式最少应有三行。最小行高为一个文字行。如果已指定包含起始表格的表格样式，则可以选择要添加到此起始表格的其他数据行的数量。

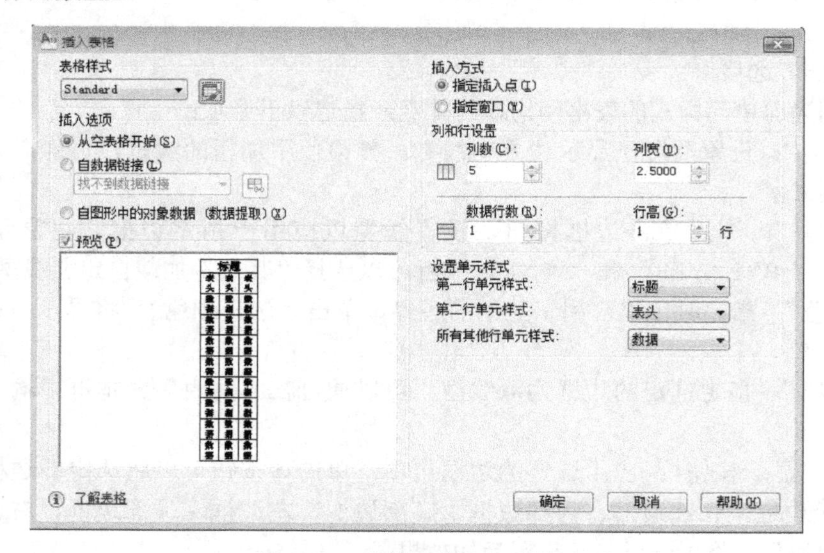

图 3-29 “插入表格”对话框

④ 行高：按照行数指定行高。文字行高基于文字高度和单元边距，这两项均在表格样式中设置。选定“指定窗口”选项并指定行数时，则选定了“自动”选项，且行高由表格的高度控制。

“设置单元格”选项区各选项的含义如下。

对于不包含起始表格的表格样式，请指定新表格中行的单元格式。

① 第一行单元样式：指定表格中第一行的单元样式。默认情况下，使用标题单元样式。

② 第二行单元样式：指定表格中第二行的单元样式。默认情况下，使用表头单元样式。

③ 所有其他行单元样式：指定表格中所有其他行的单元样式。默认情况下，使用数据单元样式。

5．编辑表格和表格的单元格

AutoCAD 2010 中文版中，可以使用表格的快捷菜单来编辑表格中的单元格。当选中整个表格时，如图 3-30 所示，可以设置插入行和列以及删除行和列；插入行和列时，需要选中一个单元格，然后确定是在上边还是在下边插入行或者是在左边还是在右边插入列。

可以进行单元格的合并和拆分；合并单元格时需要先选中多个连续的表格单元格后，使用合并命令可以执行全部合并、按列合并和按行合并单元格，删除单元格时，也是需要先选中，然后单击表格工具栏上的删除按钮。

也可以填充背景颜色，设置表格边框；锁定以及数据格式。

如果要对单元格的大小进行设置，需要在“特性”对话框中进行设置，如图 3-31 所示。

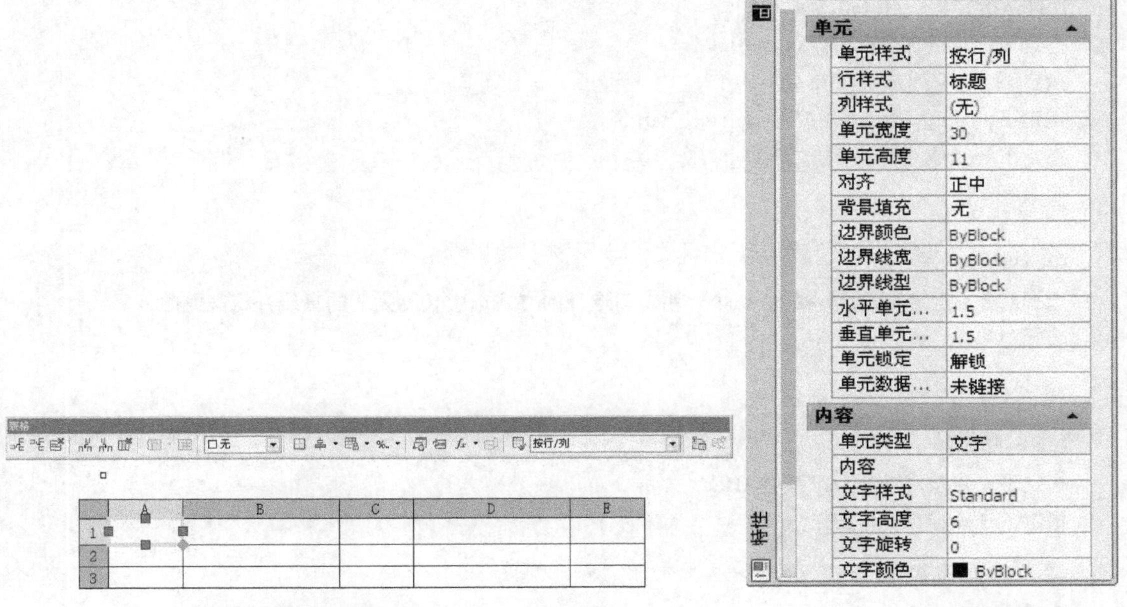

图 3-30 编辑表格

图 3-31 “特性”对话框

3.2 技能训练

技能训练一 单极开关和三极开关图形符号

1．训练目的

（1）练习利用相对极坐标法绘制简单的电气图形符号。

（2）熟练掌握直线命令的使用技巧。

2. 绘制单极开关图形符号

绘制单极开关图形符号，如图 3-32 所示。

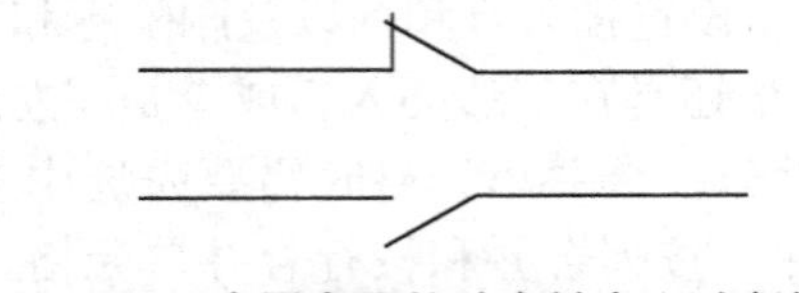

图 3-32　水平布置的动合触点和动断触点

操作步骤如下：

（1）绘制动合触点。

命令：L

```
LINE 指定第一点: 0,0↙
指定下一点或 [放弃(U)]: @10<0↙
指定下一点或 [放弃(U)]: @3<0↙
指定下一点或 [闭合(C)/放弃(U)]: @10<0↙
指定下一点或 [闭合(C)/放弃(U)]: ↙
```

命令：e

```
ERASE
选择对象: 指定对角点: 找到 1 个（用窗口选择的方式选中长度为 3 的直线并将其删除）
选择对象:
```

命令：l

```
LINE 指定第一点: ↙
指定下一点或 [放弃(U)]: @4<210↙
指定下一点或 [放弃(U)]: ↙
```

（2）绘制动断触点。

命令：co

```
COPY
选择对象: 指定对角点: 找到 1 个
选择对象: 指定对角点: 找到 1 个，总计 2 个↙
选择对象:
当前设置: 复制模式 = 多个
指定基点或 [位移(D)/模式(O)] <位移>: ↙
指定第二个点或 <使用第一个点作为位移>: 5↙
指定第二个点或 [退出(E)/放弃(U)] <退出>: ↙
```

命令：l

```
LINE 指定第一点: ↙
指定下一点或 [放弃(U)]: @4<150↙
指定下一点或 [放弃(U)]: ↙
```

```
命令: LINE 指定第一点: ↙
指定下一点或 [放弃(U)]: @2.5<90↙
指定下一点或 [放弃(U)]: ↙
```

3. 绘制三极开关图形符号

绘制三极开关图形符号，如图 3-33 所示。

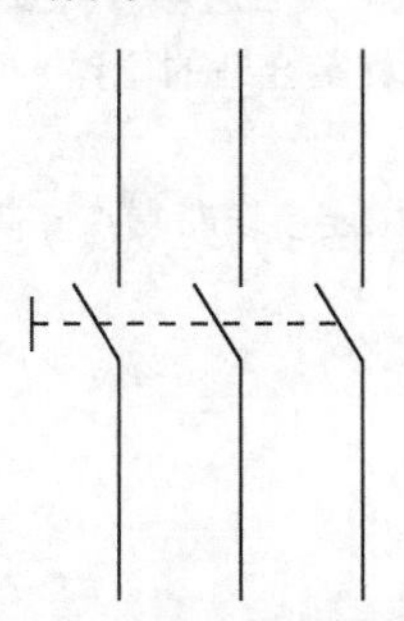

图 3-33　三极开关触点图形符号

具体操作步骤如下：

（1）利用图 3-32 的动合触头绘制三极开关图形符号。

命令：co

```
COPY
选择对象: 指定对角点: 找到 3 个
选择对象:
当前设置: 复制模式=多个
指定基点或 [位移(D)/模式(O)] <位移>: ↙
指定第二个点或 <使用第一个点作为位移>: ↙
指定第二个点或 [退出(E)/放弃(U)] <退出>: ↙
```

（2）将动合触点旋转－90°进行复制。

命令：ro

```
ROTATE
UCS 当前的正角方向: ANGDIR=逆时针    ANGBASE=0
选择对象: 指定对角点: 找到 3 个
选择对象:
指定基点: (鼠标单击动合触点的右端点)
指定旋转角度，或 [复制(C)/参照(R)] <0>: -90↙
```

（3）复制旋转后的动合触点 2 个。

命令：co

```
COPY
选择对象: 指定对角点: 找到 3 个
选择对象:
当前设置: 复制模式 = 多个
```

```
指定基点或 [位移(D)/模式(O)] <位移>: 指定第二个点或 <使用第一个点作为位移>: 5↙
指定第二个点或 [退出(E)/放弃(U)] <退出>: 5↙
指定第二个点或 [退出(E)/放弃(U)] <退出>:
```

（4）绘制机械连接线。

命令：l

```
LINE 指定第一点:（鼠标单击三极触点的最右边触点斜线中点）
指定下一点或 [放弃(U)]:（向左移动鼠标至合适的位置）
指定下一点或 [放弃(U)]:
命令: LINE 指定第一点:（鼠标单击机械连接线左端点并向上移动鼠标）
指定下一点或 [放弃(U)]: 2↙
指定下一点或 [放弃(U)]: ↙
```

命令：m

```
MOVE
选择对象: 找到 1 个（选中所绘制的竖直线段）
选择对象:
指定基点或 [位移(D)] <位移>:（鼠标单击竖直线中点向下移动至机械连接线左端点单击）
指定第二个点或 <使用第一个点作为位移>:
```

技能训练二　绘制继电器、接触器图形符号

1. 训练目的

（1）练习使用相对极坐标绘制基本电器图形符号。

（2）熟练掌握直线命令和矩形命令的使用方法。

（3）熟练掌握移动命令的使用方法。

2. 绘制热继电器图形符号

热继电器图形符号如图 3-34 所示

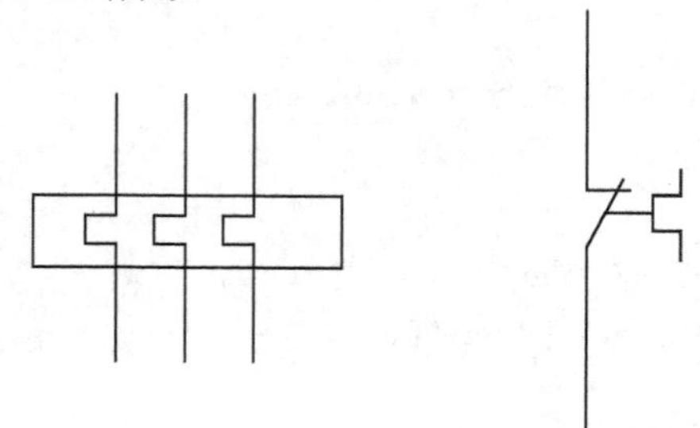

图 3-34　热继电器的主电路与辅助电路图形符号

操作步骤如下：

（1）绘制一个 16×4 的矩形，然后再画一个宽为 3×1.5 的矩形。

命令：rec

```
RECTANG
指定第一个角点或 [倒角(C)/标高(E)/圆角(F)/厚度(T)/宽度(W)]: 0,0↙
指定另一个角点或 [面积(A)/尺寸(D)/旋转(R)]: @16,4↙
```

命令：RECTANG

```
指定第一个角点或 [倒角(C)/标高(E)/圆角(F)/厚度(T)/宽度(W)]:（在屏幕上合适的位置单击）
指定另一个角点或 [面积(A)/尺寸(D)/旋转(R)]: @3,1.5↙
```

（2）使用对齐命令以 3×1.5 的矩形中心点为基点与 16×4 的矩形中心点进行对齐。

命令：al

```
ALIGN
选择对象: 找到 1 个
选择对象:
指定第一个源点: _m2p 中点的第一点:（鼠标单击小矩形上边中点）↙  中点的第二点:（鼠标单击小矩形下边中点）
指定第一个目标点: _m2p 中点的第二点:
指定第二个源点:
```

（3）经过小矩形的下边中点绘制长为 7 的竖直线，然后删除多余部分，再镜像竖直线到下边。

（4）分别向左向右移 3.5 复制热继电器中间部分。

（5）复制图 3-32 中的动断触点并顺时针旋转 90°。

（6）在正交模式下以动断触点斜线的中点为起始点绘制热继电器的触头部分。

命令：l

```
LINE 指定第一点:
指定下一点或 [放弃(U)]: 2.5↙
指定下一点或 [放弃(U)]: 1↙
指定下一点或 [闭合(C)/放弃(U)]: 1.5↙
指定下一点或 [闭合(C)/放弃(U)]: 1.5↙
指定下一点或 [闭合(C)/放弃(U)]: ↙
```

命令：mi

```
MIRROR
选择对象: 指定对角点: 找到 3 个（窗口方式选择长为 1、1.5、1.5 的线段进行镜像）
选择对象: 指定镜像线的第一点: ↙
指定镜像线的第二点: ↙
要删除源对象吗？[是(Y)/否(N)] <N>: ↙
```

3. 绘制接触器图形符号

接触器图形符号如图 3-35 所示。

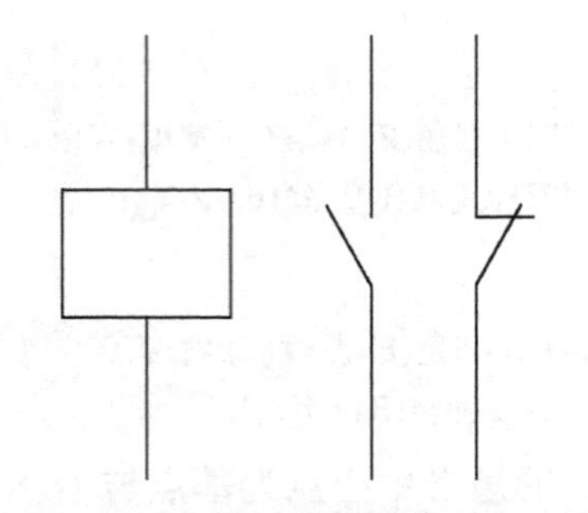

图 3-35　接触器的线圈与触点图形符号

操作步骤如下：

（1）复制图 3-32 并顺时针旋转 90°。

命令：co

```
COPY
选择对象: 指定对角点: 找到 7 个
选择对象:
当前设置: 复制模式 = 多个
指定基点或 [位移(D)/模式(O)] <位移>: 指定第二个点或 <使用第一个点作为位移>:
指定第二个点或 [退出(E)/放弃(U)] <退出>:
```

命令：ro

```
ROTATE
UCS 当前的正角方向: ANGDIR=逆时针    ANGBASE=0
选择对象: 指定对角点: 找到 7 个
选择对象:
指定基点:（鼠标单击动合触点的左端点）
指定旋转角度，或 [复制(C)/参照(R)] <270>: －90↙
```

（2）绘制线圈。

命令：rec

```
RECTANG
指定第一个角点或 [倒角(C)/标高(E)/圆角(F)/厚度(T)/宽度(W)]:（在屏幕上合适的位置单击）
指定另一个角点或 [面积(A)/尺寸(D)/旋转(R)]: @6,8
```

复制动合触头上端线分别至矩形的上边中点和下边中点。

技能训练三　绘制电阻、电容、电感图形符号

1．训练目的

（1）练习使用直线、矩形、圆命令绘制基本电器图形符号。

（2）熟练掌握镜像、修剪命令的使用方法。

绘制如图 3-36 所示图形符号。

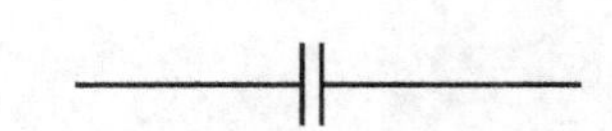

图 3-36 电阻、电容、电感图形符号

操作步骤如下：

（1）绘制电阻图形符号。

开启正交模式

命令：l

LINE 指定第一点: 0,0
指定下一点或 [放弃(U)]: <正交 开> 10
指定下一点或 [放弃(U)]:

命令：rec

RECTANG
指定第一个角点或 [倒角(C)/标高(E)/圆角(F)/厚度(T)/宽度(W)]:（在屏幕上合适的位置单击鼠标左键）
指定另一个角点或 [面积(A)/尺寸(D)/旋转(R)]: @2.5,1

命令：m

MOVE
选择对象: 指定对角点: 找到 1 个
选择对象:
指定基点或 [位移(D)] <位移>: _m2p 中点的第一点: 中点的第二点: 指定第二个点或 <使用第一个点作为位移>:（利用临时捕捉中的两点之间的中点捕捉矩形的中心点，然后移动矩形至直线的中点）

执行修剪命令把矩形中间部分直线修剪掉。

命令：tr

TRIM
当前设置: 投影=UCS，边=无
选择对象或 <全部选择>: 指定对角点: 找到 2 个
选择对象:
选择要修剪的对象，或按住【Shift】键选择要延伸的对象，或
[栏选(F)/窗交(C)/投影(P)/边(E)/删除(R)/放弃(U)]:

（2）绘制电容图形符号。

开启正交模式

命令：l

LINE 指定第一点: 0,0（鼠标向右移动）
指定下一点或 [放弃(U)]: 5
指定下一点或 [放弃(U)]: 3（鼠标向上移动）
指定下一点或 [闭合(C)/放弃(U)]:

命令：m

MOVE

选择对象: 指定对角点: 找到 1 个（选中长为 3 的直线）
选择对象:
指定基点或 [位移(D)] <位移>:（以竖直线的中点为基点）
指定第二个点或 <使用第一个点作为位移>:（移动至水平线的右端点）

命令：mi

MIRROR
选择对象: 指定对角点: 找到 2 个
选择对象: 指定镜像线的第一点: 指定镜像线的第二点:
要删除源对象吗？[是(Y)/否(N)] <N>:

（3）绘制电感图形符号。

命令：l

LINE 指定第一点: 0,0（绘制水平线段）
指定下一点或 [放弃(U)]: 4
指定下一点或 [放弃(U)]:

命令：c

CIRCLE 指定圆的圆心或 [三点(3P)/两点(2P)/切点、切点、半径(T)]: 2p↙
指定圆直径的第一个端点:（鼠标单击直线右端点向右移动鼠标）
指定圆直径的第二个端点: 1.5↙

命令：co

COPY
选择对象: 找到 1 个
选择对象:
当前设置: 复制模式 = 多个
指定基点或 [位移(D)/模式(O)] <位移>:（鼠标单击直线右端点）
指定第二个点或 <使用第一个点作为位移>:（鼠标单击圆的右象限点）
指定第二个点或 [退出(E)/放弃(U)] <退出>:
指定第二个点或 [退出(E)/放弃(U)] <退出>:
指定第二个点或 [退出(E)/放弃(U)] <退出>:
指定第二个点或 [退出(E)/放弃(U)] <退出>:

命令：mi

MIRROR
选择对象: 指定对角点: 找到 1 个
选择对象: 指定镜像线的第一点: 指定镜像线的第二点:
要删除源对象吗？[是(Y)/否(N)] <N>:

命令：tr

TRIM

当前设置：投影=UCS，边=无
选择剪切边...
选择对象或 <全部选择>:
选择要修剪的对象，或按住 Shift 键选择要延伸的对象，或
[栏选(F)/窗交(C)/投影(P)/边(E)/删除(R)/放弃(U)]：指定对角点：
选择要修剪的对象，或按住 Shift 键选择要延伸的对象，或
[栏选(F)/窗交(C)/投影(P)/边(E)/删除(R)/放弃(U)]：

技能训练四　绘制交流电动机和双绕组变压器图形符号

1. 训练目的

（1）练习使用圆和直线命令绘制基本图形。
（2）熟练使用文字命令。
绘制如图 3-37 所示图形符号。

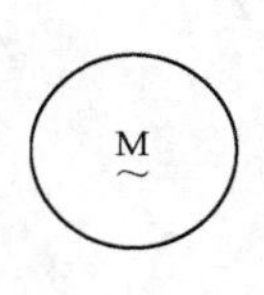

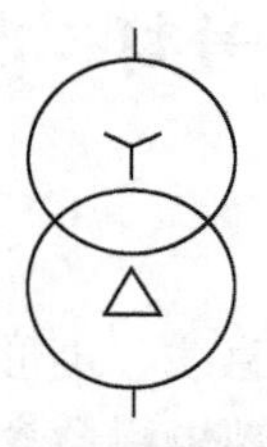

图 3-37　交流电动机与双绕组变压器图形符号

操作步骤如下：
（1）绘制交流电动机图形符号。
命令：c

CIRCLE 指定圆的圆心或 [三点(3P)/两点(2P)/切点、切点、半径(T)]: 0,0
指定圆的半径或 [直径(D)] <3.0000>: 5

命令：t

MTEXT 当前文字样式："Standard"　文字高度: 2.5 注释性：否
指定第一角点:
指定对角点或 [高度(H)/对正(J)/行距(L)/旋转(R)/样式(S)/宽度(W)/栏(C)]: j
输入对正方式 [左上(TL)/中上(TC)/右上(TR)/左中(ML)/正中(MC)/右中(MR)/左下(BL)/中下(BC)/右下(BR)]
<左上(TL)>: mc
指定对角点或 [高度(H)/对正(J)/行距(L)/旋转(R)/样式(S)/宽度(W)/栏(C)]:

（2）绘制双绕组变压器图形符号。
绘制半径为 3 的圆。
命令：c

```
CIRCLE 指定圆的圆心或 [三点(3P)/两点(2P)/切点、切点、半径(T)]:
指定圆的半径或 [直径(D)] <10.0000>: 3
```

向下复制该圆，复制位移为 4，形成变压器简易符号。

命令：co

```
COPY
选择对象: 指定对角点: 找到 1 个
选择对象:
当前设置: 复制模式=多个
指定基点或 [位移(D)/模式(O)] <位移>: 指定第二个点或 <使用第一个点作为位移>: 4
指定第二个点或 [退出(E)/放弃(U)] <退出>:
```

以上圆心为起点，向下绘制长为 1 的直线，并对其进行环形阵列，然后向上移动 0.4。
以下圆心为中心，绘制半径为 1 的（内接方式）正三角形，并对其向下移动 0.4。
绘制绕组上下接线端子，长度为 1。

技能训练五　绘制信号灯、电铃图形符号

1．训练目的

（1）练习使用绘制圆、直线、矩形、圆弧命令。
（2）熟练掌握旋转、修剪编辑命令的使用方法。

2. 绘制电气图形符号

信号灯、电铃图形符号如图 3-38 所示。

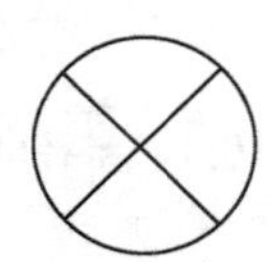
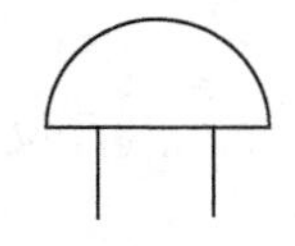

图 3-38　信号灯、电铃图形符号

操作步骤如下：
（1）绘制信号灯图形符号。
画半径为 2 的圆。
命令：c

```
CIRCLE 指定圆的圆心或 [三点(3P)/两点(2P)/切点、切点、半径(T)]: 0,0
指定圆的半径或 [直径(D)] <3.0000>: 2
```

命令：1

```
LINE 指定第一点:
指定下一点或 [放弃(U)]:（拾取圆的左象限点）
指定下一点或 [放弃(U)]:（拾取圆的右象限点）
```

命令: LINE 指定第一点:
指定下一点或 [放弃(U)]:（拾取圆的上象限点）
指定下一点或 [放弃(U)]:（拾取圆的下象限点）

命令：ro

ROTATE
UCS 当前的正角方向: ANGDIR=逆时针 ANGBASE=0
选择对象: 指定对角点: 找到 2 个（拾取所绘制两条直线）
选择对象:
指定基点: (拾取圆心)
指定旋转角度，或 [复制(C)/参照(R)] <270>: 45

（2）绘制电铃图形符号。

开启正交模式。

命令：l

LINE 指定第一点:
指定下一点或 [放弃(U)]: 4
指定下一点或 [放弃(U)]:

命令：a

ARC 指定圆弧的起点或 [圆心(C)]: c
指定圆弧的圆心:（拾取直线的中点）
指定圆弧的起点:（拾取直线的右端点）
指定圆弧的端点或 [角度(A)/弦长(L)]:（拾取直线的左端点）

使用临时捕捉命令绘制电铃的引脚，线段起始点距离圆弧圆心长度为 1，引脚长度为 1.5，然后以圆弧圆心和上象限点为对称轴镜像引脚，完成绘图。

技能训练六 绘制三相导线

1. 训练目的

（1）练习使用直线命令、矩形命令、圆和圆弧命令绘制三相导线。

（2）利用旋转、移动，修剪命令，完成对图形的编辑工作。

2. 绘制三相电路主回路

三相电路主回路如图 3-39 所示。

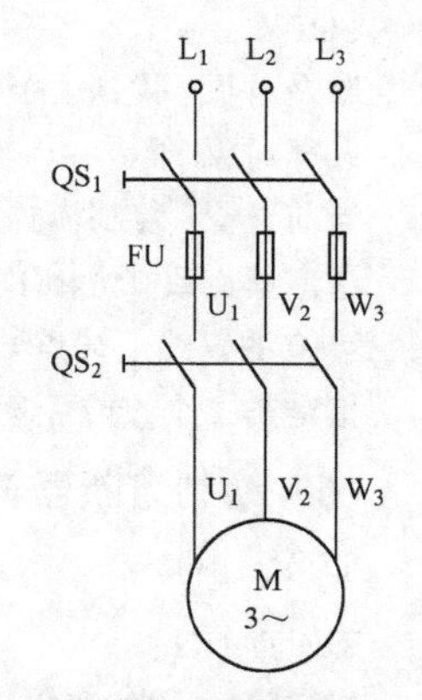

图 3-39 三相电路主回路

（1）设置图形界限

操作步骤如下：

命令：limits

```
重新设置模型空间界限:
指定左下角点或 [开(ON)/关(OFF)] <0.0000,0.0000>:
指定右上角点 <420.0000,297.0000>:
```

（2）缩放全图。

命令：z

```
ZOOM
指定窗口的角点，输入比例因子（nX 或 nXP），或者
[全部(A)/中心(C)/动态(D)/范围(E)/上一个(P)/比例(S)/窗口(W)/对象(O)] <实时>: a
```

（3）按 F8 键打开正交模式。

（4）绘制三相导线中的一相。

命令：l

```
LINE 指定第一点:
指定下一点或 [放弃(U)]: 5
指定下一点或 [放弃(U)]: 3
指定下一点或 [闭合(C)/放弃(U)]: 10
指定下一点或 [闭合(C)/放弃(U)]: 3
指定下一点或 [闭合(C)/放弃(U)]: 10
指定下一点或 [闭合(C)/放弃(U)]:
命令: _.erase 找到 1 个（删除长度为第一个 3 的直线，用于绘制开关符号）
命令: _.erase 找到 1 个（删除长度为第二个 3 的直线，用于绘制开关符号）
```

（5）绘制开关符号的斜线。

命令：l

```
LINE 指定第一点:（鼠标单击第一段长度为 10 的直线上端点）
指定下一点或 [放弃(U)]: @4<120
指定下一点或 [放弃(U)]:
```

命令：co

```
COPY
选择对象: 找到 1 个
选择对象:
当前设置: 复制模式 = 多个
指定基点或 [位移(D)/模式(O)] <位移>: 指定第二个点或 <使用第一个点作为位移>:（鼠标单击第一段长度为 10 的直线上端点）
指定第二个点或 [退出(E)/放弃(U)] <退出>:（鼠标单击第二段长度为 10 的直线上端点）
```

（6）绘制熔断器符号。

命令：rec

```
RECTANG
指定第一个角点或 [倒角(C)/标高(E)/圆角(F)/厚度(T)/宽度(W)]:（鼠标在合适的位置单击）
指定另一个角点或 [面积(A)/尺寸(D)/旋转(R)]: @1.5,3
```

命令：m

MOVE
选择对象：找到 1 个（选择所绘制的矩形）
选择对象:
指定基点或 [位移(D)] <位移>: 指定第二个点或 <使用第一个点作为位移>:（移动矩形到第一个开关符号的下方合适的位置）

（7）复制 2 个刚才所绘制的单相线路，构成三相线路。

命令：co

COPY
选择对象：指定对角点：找到 6 个
选择对象:
当前设置：复制模式=多个
指定基点或 [位移(D)/模式(O)] <位移>:（以第一条竖直线顶点为基点向右复制）
指定第二个点或 <使用第一个点作为位移>: 4
指定第二个点或 [退出(E)/放弃(U)] <退出>: 4
指定第二个点或 [退出(E)/放弃(U)] <退出>:

（8）绘制接线端子符号。

命令：c

CIRCLE 指定圆的圆心或 [三点(3P)/两点(2P)/切点、切点、半径(T)]: 2p
指定圆直径的第一个端点:（鼠标单击其中一相线的上端点同时向上移动鼠标）
指定圆直径的第二个端点: 1

命令：co（利用复制命令绘制其他两相的端子符号）

COPY
选择对象：指定对角点：找到 1 个
选择对象:
当前设置：复制模式=多个
指定基点或 [位移(D)/模式(O)] <位移>: 指定第二个点或 <使用第一个点作为位移>:
指定第二个点或 [退出(E)/放弃(U)] <退出>:
指定第二个点或 [退出(E)/放弃(U)] <退出>:

（9）绘制三相电动机符号。

命令：c

CIRCLE 指定圆的圆心或 [三点(3P)/两点(2P)/切点、切点、半径(T)]: 2p
指定圆直径的第一个端点:（鼠标单击中间一相的下端点并向下移动鼠标）
指定圆直径的第二个端点: 9

（10）绘制开关符号的机械连接线。

执行【格式】→【图层】命令，打开图层对话框，新建虚线图层之后，绘制机械连接线。

命令：l

LINE 指定第一点:（鼠标单击上开关 L3 相斜线中点并向左移动鼠标）

指定下一点或 [放弃(U)]: 11
指定下一点或 [放弃(U)]:

命令：l

LINE 指定第一点:（鼠标单击所绘制的机械连接线左端点向上移动鼠标）
指定下一点或 [放弃(U)]: 1
指定下一点或 [放弃(U)]:

命令：m

MOVE
选择对象: 指定对角点: 找到 1 个
选择对象:
指定基点或 [位移(D)] <位移>:（鼠标单击长度为 1 的直线中点）
指定第二个点或 <使用第一个点作为位移>:（鼠标单击机械连接线左端点）

第二个开关的机械连接线采用复制的方式绘制。

（11）利用延伸命令把 L1、L2 相端线延伸至电动机符号圆的边上。

（12）添加文字。可先在图中输入一个元件的文字符号，然后通过复制、修改完成图形文字的注写。

项目四
电力电气工程图的绘制

知识要求

1．熟练掌握图块在电气工程制图中的应用技巧。
2．熟练掌握创建图块与插入图块的方法。
3．熟练掌握块的重定义与修改的方法。
4．熟练掌握块属性的编辑与外部参照的应用。

技能要求

1．熟练掌握电气总平面图的绘制顺序。
2．熟练掌握高压开关柜盘面布置图的绘制技巧。
3．熟练掌握电气制图规范。

4.1 知识训练

知识训练一　图块与外部参照

1．训练目的

（1）了解块的含义。
（2）掌握块的主要作用。
图块的 AutoCAD 功能命令为 Block（快捷键为 B)。块是由多个图形对象组成并经过定义命名的整体对象，可以把块作为单一对象按指定的插入点、缩放比例、旋转角度插入到当前图形。

2. 图块的主要作用

（1）在 AutoCAD 中使用块能够提高绘图效率和质量。

在工程制图中，经常会用到许多相同类型的图形，例如，电气符号、数字电路和模拟电路中特定的图形符号，机械制图中的标准件图形符号，建筑制图中的门窗、厨卫等图形符号。这些都可以把它们定义为块，并按类别建立专用和通用的图块库。需要时直接调用。不但可以减少大量重复性的工作，而且可以提高绘图的质量和效率。

（2）节省存储空间。

图块作为一个整体对象，每次插入时，AutoCAD 不再重复记录保存该块中每一对象的特征参数，仅保存该图块的特征参数，如图块名、插入点坐标、缩放比例、旋转角度等。图块越复杂，插入次数越多，节省的存储空间越明显。

（3）便于修改图形。

在工程项目中，尤其是在初步设计阶段，经常要反复修改图形，如果要修改的是块，则只要重新定义一个同名块，AutoCAD 将会自动更新所有与该块同名的块。

（4）可以加入和提取属性。

所谓属性，就是从属于图块的文字信息，经常将形状相同的块的技术参数定义为属性。在使用图块时，可以按提示信息给定相应的技术参数值（属性值），从而满足设计和生产的要求。给块加入属性，还有利于提取属性值，供数据库进行处理计算等。

3. 图块与图层的关系。

图块可以由绘制在若干图层上的实体组成，AutoCAD 将图层的信息保存在图块中，插入图块时，AutoCAD 有以下一些规定：

① 位于“0”层上的对象将被绘制在当前图层上。

② 当前图形中如有与图块中实体所用图层同名的层，则这些实体按当前的图层特性绘制。否则，AutoCAD 将给当前图形添加相应的图层。

知识训练二　创建块

1. 训练目的

（1）掌握创建块命令的使用方法。

（2）熟练掌握块的参数设置。

块是由多个图形对象组成并经过定义命名的整体对象，一组图形对象一旦被定义为图块，它们将成为一个整体，拾取图块中的任意一个图形对象即可选中构成图块的所有对象。AutoCAD 把一个图块作为一个对象进行编辑修改等操作，可根据绘图的需要把图块插入到图形中的任意指定位置，而且在插入时还可以定义不同的缩放比例和旋转角度。当需要对图块中的单一对象进行编辑时，可以利用分解命令把图块分解之后进行编辑。而且它还可以被重新定义。

2. 调用图块的命令方式

（1）执行【绘图】→【图块】命令。

（2）在"命令"：提示下输入 B 命令。

【例 4-1】利用图块命令绘制熔断器符号并定义块，如图 4-1 所示。

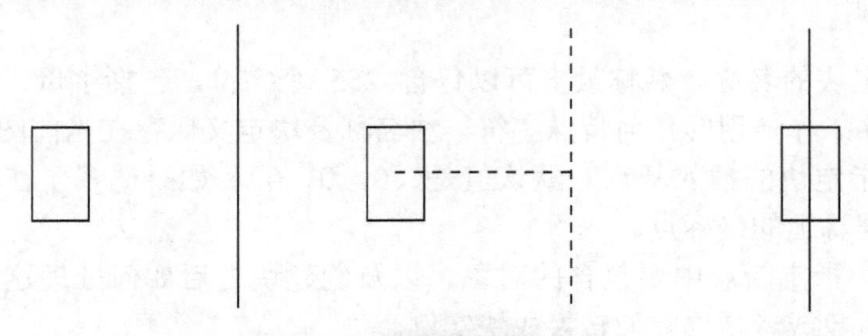

图 4-1 绘制熔断器图形符号

命令：rec

RECTANG
指定第一个角点或 [倒角(C)/标高(E)/圆角(F)/厚度(T)/宽度(W)]: .0，0↙
指定另一个角点或 [面积(A)/尺寸(D)/旋转(R)]: @5,20↙

命令：l

LINE 指定第一点:（鼠标单击在屏幕上拾取一点）
指定下一点或 [放弃(U)]: @0,35↙
指定下一点或 [放弃(U)]: ↙

命令：m

MOVE
选择对象：找到 1 个（选中所绘制直线）
选择对象：
指定基点或 [位移(D)] <位移>: 指定第二个点或 <使用第一个点作为位移>:（鼠标单击直线中点）
指定第二个点或 <使用第一个点作为位移>: _m2p 中点的第一点: 中点的第二点:

命令：b（执行图块命令，弹出"块定义"对话框，如图 4-2 所示。

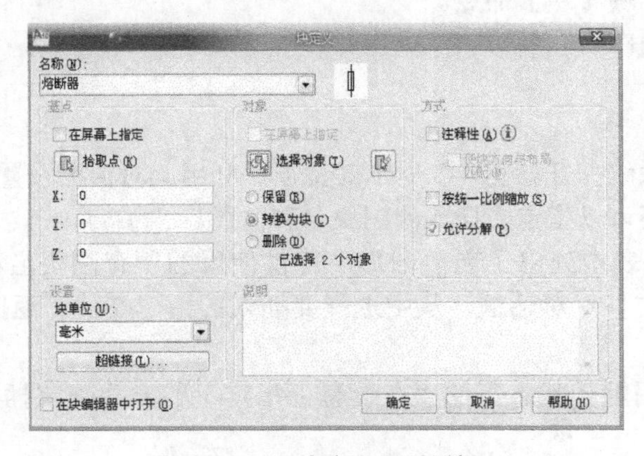

图 4-2 "块定义"对话框

```
BLOCK
选择对象：指定对角点：找到 2 个（选择所绘制的熔断器符号）
选择对象：
```

3．选项说明

“名称”：指定块的名称。名称最多可以包含 255 个字符，包括字母、数字、空格，以及操作系统或程序未作他用的任何特殊字符。块名称及块定义保存在当前图形中。

“拾取点”：指定块的插入基点。默认值是（0，0，0）。如果选择了在屏幕上指定，则插入点可以拾取屏幕上的坐标点。

“选择对象”：指定新块中要包含的对象，以及创建块之后如何处理这些对象，是保留还是删除选定的对象或者是将它们转换成块实例。

“设置”：指定从 AutoCAD 设计中心拖动图块时用于测量图块的单位，以及缩放、分解和超链接等设置。

“方式”：指定块的行为。指定块为注释性，指定在图纸空间视口中的图块参照的方向与布局的方向匹配、指定是否阻止块参照不按统一比例缩放、指定块参照是否可以被分解。

注：利用 BLOCK 命令创建的图块只能在当前图形中使用。

知识训练三　插入块

1．训练目的

（1）掌握图块插入的方法。

（2）熟练掌握插入块时参数的设置。

插入块命令在 AutoCAD 中的功能命令为 Insert（快捷键为 I），插入块时，请创建块参照并指定它的位置、缩放比例和旋转度。

2．调用插入块命令的方式

（1）执行【插入】→【块】命令。

（2）命令行：Insert

3．操作说明

调用上述命令，系统打开如图 4-3 所示对话框，利用此对话框设置插入点的位置、插入比例以及旋转角度，还可以指定要插入的图块名和位置。

名称：“名称”列表中列出了当前图形中可供使用的所有图块名称；单击“浏览”按钮，打开“选择图形文件”对话框，从中选择要插入的图形文件，返回到如图 4-3 所示的“插入”对话框。

插入点：通常使用默认状态下的“在屏幕上指定”的方式确定插入点，也可以直接输入插入点的坐标。

比例：通常默认状态下的缩放比例为（1∶1∶1），可以选择“在屏幕上指定”，也可以选择“统一比例”。如果选择统一比例，则只需要在“X”后的对话框中输入比例值即可。

旋转：默认状态下插入图块的角度方向为 0° 。可以选择“在屏幕上指定”，也可以直接在“角度（A）”后面的对话框中输入角度值。

所以设置完成后，单击“确定”按钮，系统回到绘图窗口，命令行将出现有关插入点、缩放比例、旋转角度的提示，按提示操作即完成图块的插入。

注意：如果在插入图块时，没有选中“分解”复选框，则插入在图形中的图块是一个整体，可以使用分解命令将其分解；如果在插入时选中了该复选框，则图块在插入的同时被分解。

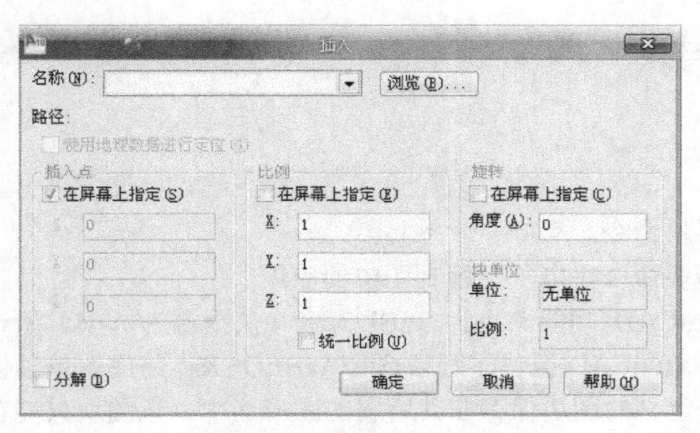

图 4-3 “插入”对话框

按如图 4-4 所示进行设置。把新建的熔断器图块插入到图形中，要求使用统一比例，旋转角度 0° 。

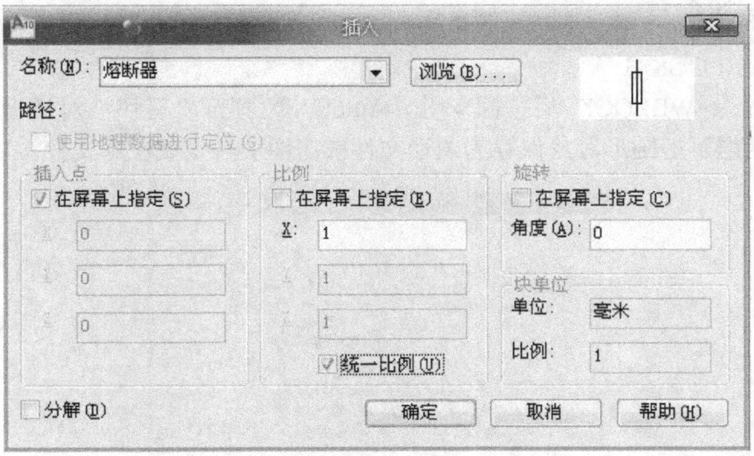

图 4-4 “插入”对话框

操作步骤如下：

（1）命令：i

```
INSERT
指定插入点或 [基点(B)/比例(S)/X/Y/Z/旋转(R)]:
```

（2）在“插入块”对话框中按如图 4-4 所示进行设置。

（3）单击“确定”按钮，按命令行提示指定插入点并输入比例因子：

```
指定插入点或[基点(B)/比例(S)/X/Y/Z/旋转(R)]:（在合适的位置指定插入点）
指定插入点或[基点(B)/比例(S)/X/Y/Z/旋转(R)]: s
指定 XYZ 轴的比例因子 <1>: 1
```

说明：要一次插入多个按矩形形式有规则排列的相同图块，可使用 Minsert 命令，该命令相当于阵列命令和插入块命令的组合。在 AutoCAD 设计中心和工具选项板可以更直观、高效地插入图块。

知识训练四　写块

1．训练目的

（1）熟练使用写块命令。

（2）熟练掌握写块命令在电气工程制图中的应用。

写块命令的 AutoCAD 功能命令为 WBLOCK（快捷键为 WB）所谓写块就是将对象或块写入新图形文件。AutoCAD 提供了写块命令 WBLOCK，将图块单独以图形文件的形式存盘。用 BLOCK 命令定义的图块保存在其所属的图形当中，该图块只能在当前图形中插入，而不能在其他图形中使用，但是有些图块在许多图中经常要用到，这时可以用 WBLOCK 命令把图块以图形文件的形式（后缀名为.DWG）写入磁盘，图形文件可以在任意图形中用 INSERT 命令插入。

2．调用写块命令

命令行：WBLOCK

在命令行输入 WBLOCK 后按回车键，AutoCAD 打开“写块”对话框，如图 4-5 所示，利用此对话框可把图形对象保存为图形文件或把图块转换成图形文件。

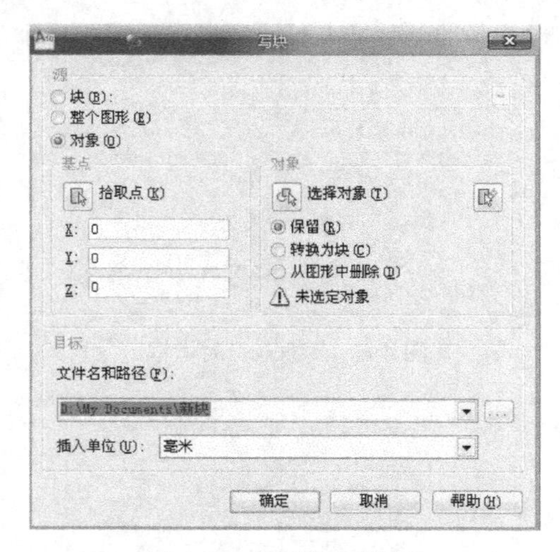

图 4-5　“写块”对话框

"源"：确定要保存的图形文件的图块或图形对象。其中选中"块"单选按钮，单击右侧的向下箭头，在列表框中选择一个图块，将其保存为图形文件。选中"整个图形"单选按钮，则把当前的整个图形保存为图形文件。选中"对象"单选按钮，则把不属于图块的图形对象保存为图形文件。对象的选取通过"对象"选项组完成。

"目标"：在此区域中可设置图块存盘后的块名、路径及插入单位等。单击位置下拉列表框后面的省略号按钮，可以指定图块存盘的路径，把同类图块都保存于此路径下，就构成了图块库。

说明：经常选择"对象"作为写块操作的源对象。其他块也可作为"源"的一部分被新块嵌套。

用写块命令创建的块也是一个图形文件，其扩展名为.dwg。

知识训练五 块的重定义与修改

1．训练目的

（1）练习块的重定义的使用方法。

（2）掌握块的重定义与修改的方法。

2．重定义块

在工程图的设计初期阶段，部分元件的型号、规格、价格、尺寸等通常需要根据现场施工情况进行调整，而工程图的设计者通常会把同类图形定义为块，插入到图形中以节约存储空间，提供绘图效率，那么更改后的标准件各项参数，就可以通过重定义块来完成。重定义的块仅更新当前图形中同名块，而对源块没有影响。需要注意的是在将图块重定义时，应使重定义的图块与源图块插入点一致。

3．分解块

在绘制工程图中尽管大部分标准件图形符号可以使用块定义，但是仍然有少部分图形和标准的图形不一样，此时，对于少部分不一致的非标准件图形符号，可以使用分解命令把标准件图块分解之后进行编辑。再插入图块时仍是标准件图形符号图块。

4．在位编辑块

如果仅对块进行小的改动，就会得到新的组成块的图形，此时可以对块进行在位编辑。而不必再重新绘制构成块的图形。

调用在位编辑块命令的方式如下：

（1）选择块，在右键菜单中选择"在位编辑块"命令，如图4-6所示。

（2）命令行：REFEDIT。

（3）执行【工具】→【外部参照和块在位编辑】→【在位编辑参照】命令。

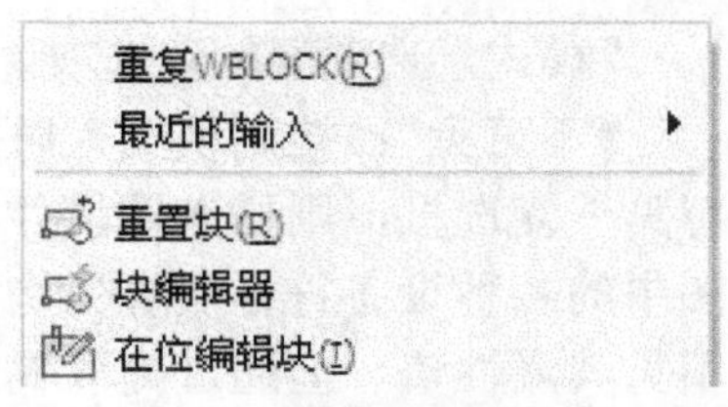

图4-6 "在位编辑块"命令

知识训练六　块的属性

1. 训练目的

（1）掌握块的属性定义方法。

（2）掌握块的属性定义在工程制图中的应用。

块的属性是附属于块的非图形形象，是块的组成部分，是附加在块上的文字说明，它依赖于块的存在而存在，当利用删除命令删除块时，属性同时被删除，但属性不同于图形中的一般文本，它具有插入时的可变性与插入后的可修改性。使用图块的属性有以下三个步骤：

（1）定义属性。

（2）创建属性块。

（3）插入块时按提示输入属性值。

2. 操作方法

（1）命令行：Attdef。

（2）菜单：执行【绘图】→【块】→【定义属性】命令。

执行上述命令，系统打开“属性定义”对话框，如图 4-7 所示。

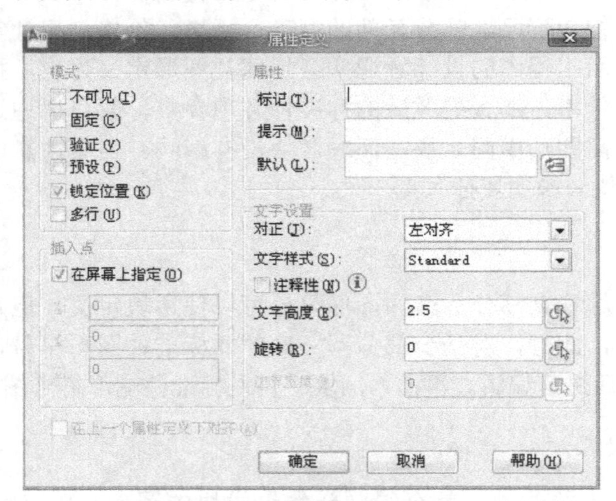

图 4-7　“属性定义”对话框

“模式”选项区的各选项说明如下。

“不可见”：控制块插入时属性的可见性。默认状态下块属性是可见的，如果选中“不可见”复选框，则插入图块并输入属性值后，属性值在图形中不显示。例如，某电气施工图中的各种设备符号块事先均定义了价格属性，属性模式设置为不可见，虽然设计图中看不见其属性值，但通过提取属性的操作，就可以供数据库进行计算，从而方便地计算设备投资，或进行方案比较。

“固定”：如选择该复选框则属性值为常量，即属性值在属性定义时给定，在插入图块时 AutoCAD 不再提示输入属性。

"验证"：控制块插入时是否需要验证其属性。

"预设"：控制块插入时是否按预置值自动填写。

"锁定位置"：当插入图块时 AutoCAD 锁定块参照中属性的位置。解锁后，属性可以相对于使用夹点编辑的块的其他部分移动。

"多行"：指定属性值是否可以包含多行文字。

"属性"选项组各选项的说明如下。

"标记"：输入属性标签。属性标签可由除空格和感叹号之外的所有字母组成。

"提示"：输入属性提示，属性提示是插入图块时 AutoCAD 要求输入属性值的提示，如果不在此文本框内输入文本，则以属性标签作为提示。如果在"模式"选项组选中"固定"复选框，即设置属性为常量，则不需要设置属性提示。

"默认"：设置默认的属性值，可把使用次数较多的属性值作为默认值，也可以不设默认值。

3. 编辑块属性

块属性与块中的其他对象不同，属性可以独立于块而被编辑，此外，还可以集中编辑一组属性，利用这个特性，可以用通用的属性插入块，也就是先使用属性的默认值，然后再根据需要修改。

选择【修改】→【对象】→【属性】命令，AutoCAD 提示：选择块。如果所选择的对象不是块或者块中没有附带属性，AutoCAD 将会提示一个出错信息。在绘图窗口选择需要编辑的块后，系统将打开"增强属性编辑器"对话框，如图 4-8 所示。

其中，3 个选项卡的功能如下。

"属性"：显示了块中每个属性的标记、提示和值。在列表框中选择某一属性后，在"值"文本框中将显示出该属性对应的属性值，可以通过它来修改属性值。

"文字选项"：用于修改属性文字的格式，该选项卡如图 4-9 所示。在其中设置文字样式、对齐方式、高度、旋转角度、宽度因子、倾斜角度等内容。

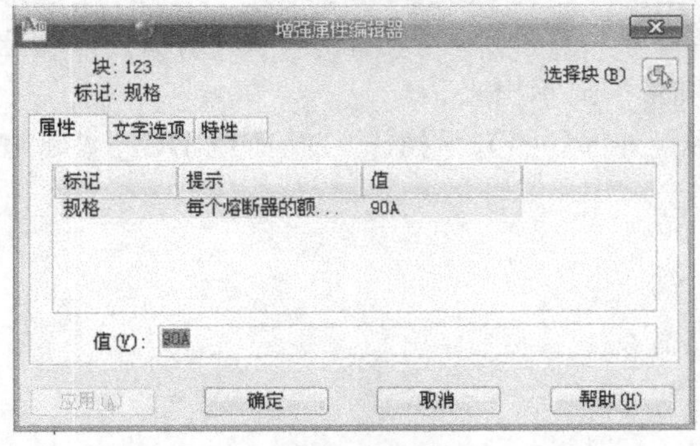

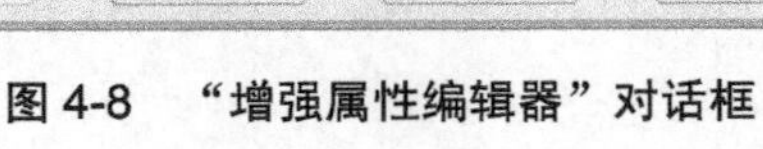
图 4-8 "增强属性编辑器"对话框

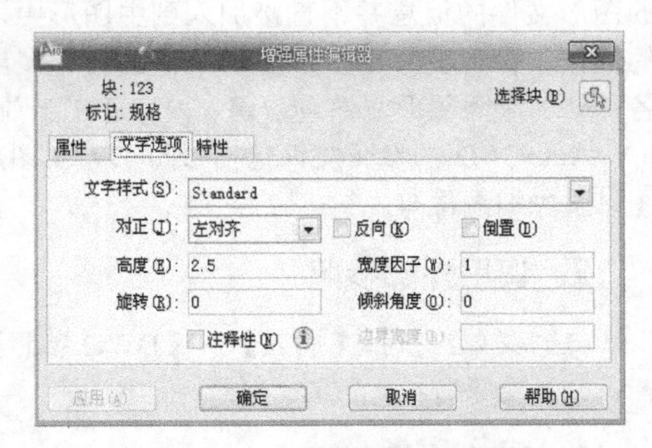

图 4-9 "文字选项"选项卡

"特性"：用于修改属性文字的图层以及其线宽、线型、颜色及打印样式等，如图 4-10 所示。

另外，调用 ATTEDIT（属性）命令，并选择需要编辑的块后，系统将打开"编辑属性”对话框，也可以在其中编辑或修改块的属性，如图 4-11 所示。

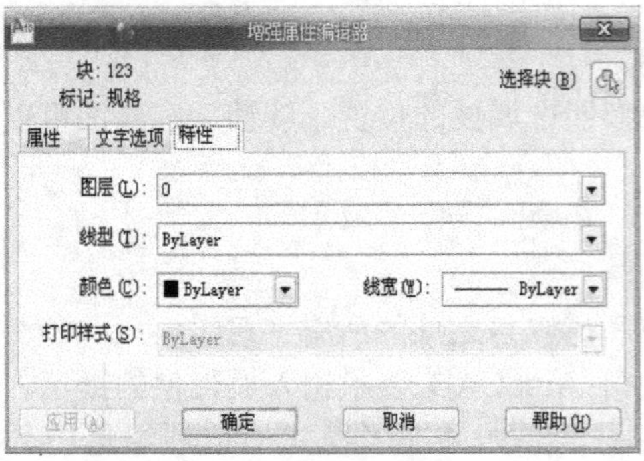

图 4-10 “特性”选项卡

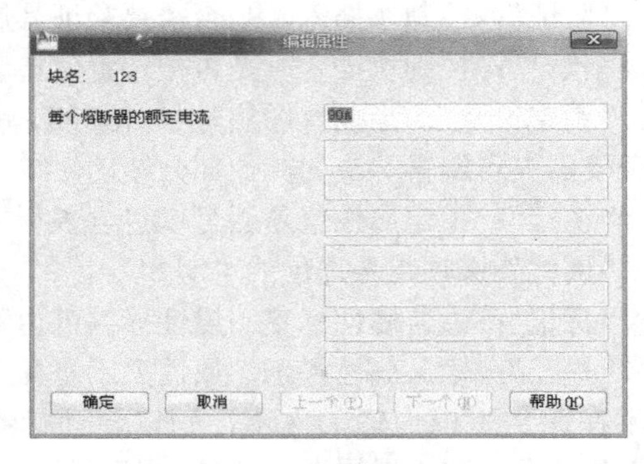

图 4-11 “编辑属性”选项卡

知识训练七 外部参照

1. 训练目的

（1）练习使用外部参照命令。

（2）熟练掌握外部参照在工程制图中的应用。

外部参照是指在一幅图形中对另一幅外部图形的引用。外部参照与插入图形中的块属于图形的一部分，插入外部参照后，当前图形仅是记录外部参照文件的路径。如果外部参照文件发生了变化，AutoCAD 会在右下角的状态托盘发出“气泡”通知，提示用户更新所参照的图形。它提供了在多个图形中应用相同图形数据的一个手段，特别适合于正在进行的分工协作设计项目。

外部参照与块有相似的地方，主要区别是：一旦插入了块，该块就永久性地插入到当前图形中，称为当前图形的一部分。而以外部参照方式将图形插入到某一图形后，被插入的图形文件的信息并不直接加入到主图形中，主图形只是记录参照的关系，另外对主图形的操作不会改变外部参照图形文件的内容。当打开具有外部参照的图形时，系统会自动把各种外部参照图形文件重新调入内存并在当前图形中显示出来。

AutoCAD 的参照文件包括参照 DWG 图形（外部参照）、附着的 DWF 或 DGN 参考底图以及光栅图像等。

2. 调用外部参照

（1）菜单：执行【插入】→【DWG 参照】命令。

（2）命令行：XATTACH

3. 附着外部参照

选择【工具】→【选项板】→【外部参照】命令，将打开如图 4-12 所示的“外部参照”选项卡。

在选项卡上方单击 可以打开“选择外部参照文件”对话框。选定文件后，单击

“打开”按钮，将打开如图 4-13 所示的“附着外部参照”对话框。用户可以在该对话框中选择参照类型（附着性或覆盖型），设置插入图形时的插入点、比例和旋转角度，以及是否包含路径。

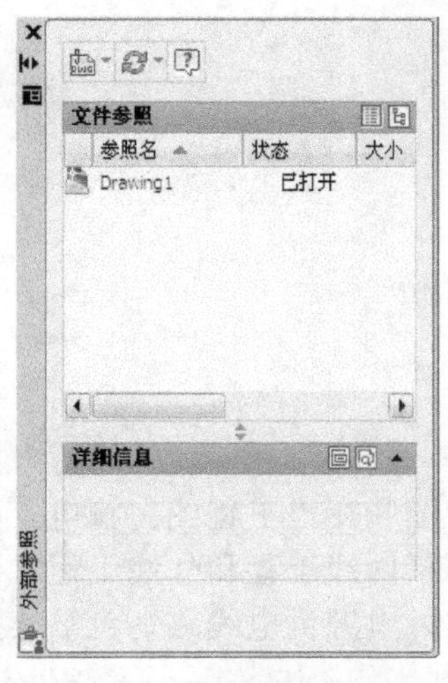

图 4-12 “外部参照”选项卡

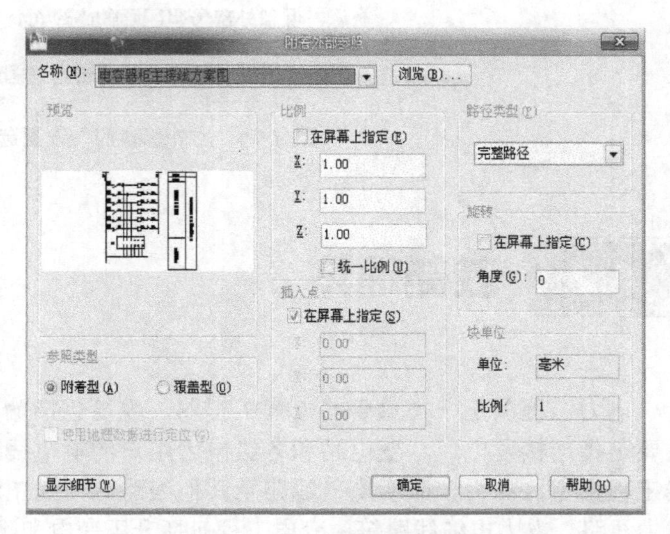

图 4-13 “附着外部参照”对话框

在任意一参照名上单击鼠标右键将打开快捷菜单，如图 4-14 所示，各命令功能如下：

打开：打开外部参照图形，可进行编辑修改。

附着：附着新的外部参照，打开“外部参照”对话框，执行附着操作。

卸载：卸载现有的外部参照，卸载不是拆离只是暂不参照。

重载：重载现有的外部参照。

拆离：拆离现有的外部参照，即删除外部参照。

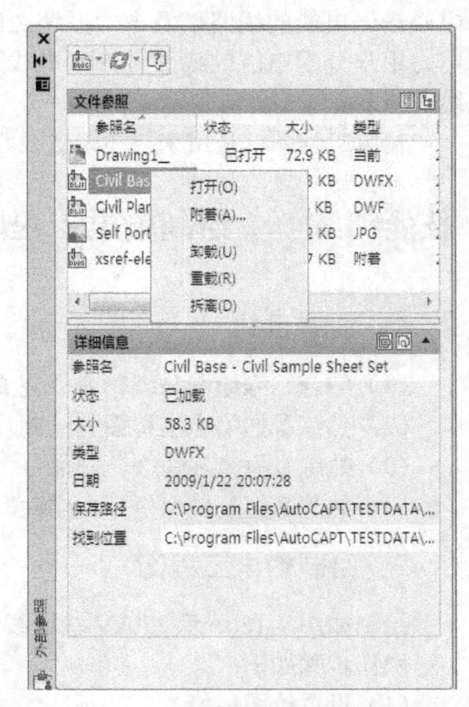

图 4-14 “外部参照”右键快捷菜单

4．外部参照的在位编辑

在位编辑外部参照的命令与在位编辑块命令相同。双击要编辑的外部参照也可以打开“参照编辑”对话框以编辑外部参照，保存修改后，参照的源文件也会更新。

5．设置外部参照的编辑权限

如果用户允许他人参照自己设计的图形，但是又不允许他人修改所参照的文件，可以在文件被参照以前进行操作，在命令行输入快捷命令 OP，打开【选项】对话框，然后取消对【允许其他用户参照编辑当前图形】复选框的选择。然后单击【确定】按钮，完成设置，如图 4-15 所示。

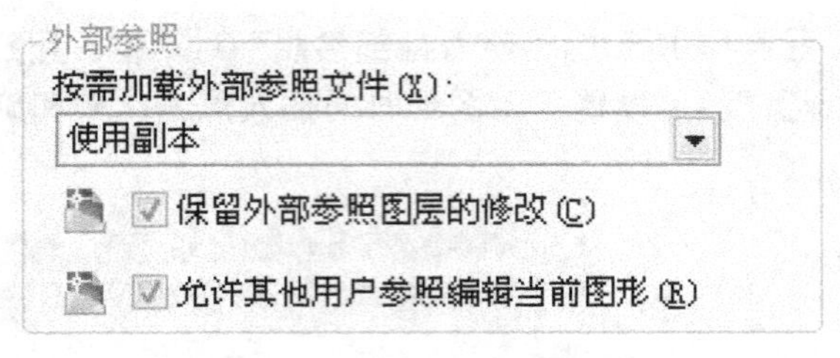

图 4-15 “外部参照”设置选项区

4.2 技能训练

电力工程图是一类重要的电气工程图，主要包括输电工程图和变电工程图。输电工程主要是指连接发电厂、变电站和各级电力用户的输电线路，包括内线工程和外线工程。内线工程指室内动力、照明电气线路及其他线路。外线工程指室外电源供电线路，包括架空电力线路、电力电缆线路等。变电工程包括升压变电和降压变电。

为了把发电厂发出的电能（电力、电功率）送到用户，必须有电力输送线路。输送电能的线路通称为电力线路。电力线路主要包括输电线路和配电线路。由发电厂向电力负荷中心输送电能的线路以及电力系统之间的联络线路称为输电线路。由电力负荷中心向各个电力用户分配电能的线路称为配电线路。输电线路按其结构特点又分为架空线路和电力电缆线路。

输电工程图就是用来描述输送线路的电气工程图。

技能训练一 绘制输电工程图

1. 训练目的

（1）结合二维绘图与编辑命令完成输电工程图的绘制工作。

（2）熟练掌握输电工程图的绘制技巧。

（3）熟练掌握直线命令、圆命令、偏移命令和复制命令的使用方法。

（4）熟练掌握旋转命令、文字注写修剪命令和图案填充命令的使用方法。

2. 绘制输电工程图

绘制如图 4-16 所示 220kV 输电线路纵联电流差动保护图。

操作步骤如下：

（1）设置绘图环境。

打开 AutoCAD 2010 简体中文版，以“A4.dwt”样板文件为模板，建立新文件，将新文件命名为“220kV 输电线路纵联电流差动保护图.dwt”。

（2）设置图形界限。在命令行输入：“limits”，分别设置图形界限的两个角点坐标为左下角点（0，0），右上角点（297，210），命令行提示如下：

```
命令: limits
重新设置模型空间界限:
指定左下角点或 [开(ON)/关(OFF)] <0.0000,0.0000>: ↙
指定右上角点 <12.0000,9.0000>: 297,210↙
```

（3）执行缩放全图。命令：z

```
ZOOM
指定窗口的角点，输入比例因子（nX 或 nXP），或者
[全部(A)/中心(C)/动态(D)/范围(E)/上一个(P)/比例(S)/窗口(W)/对象(O)] <实时>: a 正在重生成模型。
```

（4）设置图层。执行【格式】→【图层】命令，打开“图层特性管理器”，设置“轮廓线”、“连接导线”、“中心线”、“实体符号”四个图层，各图层如图 4-17 所示。把“轮廓线”置为当前。

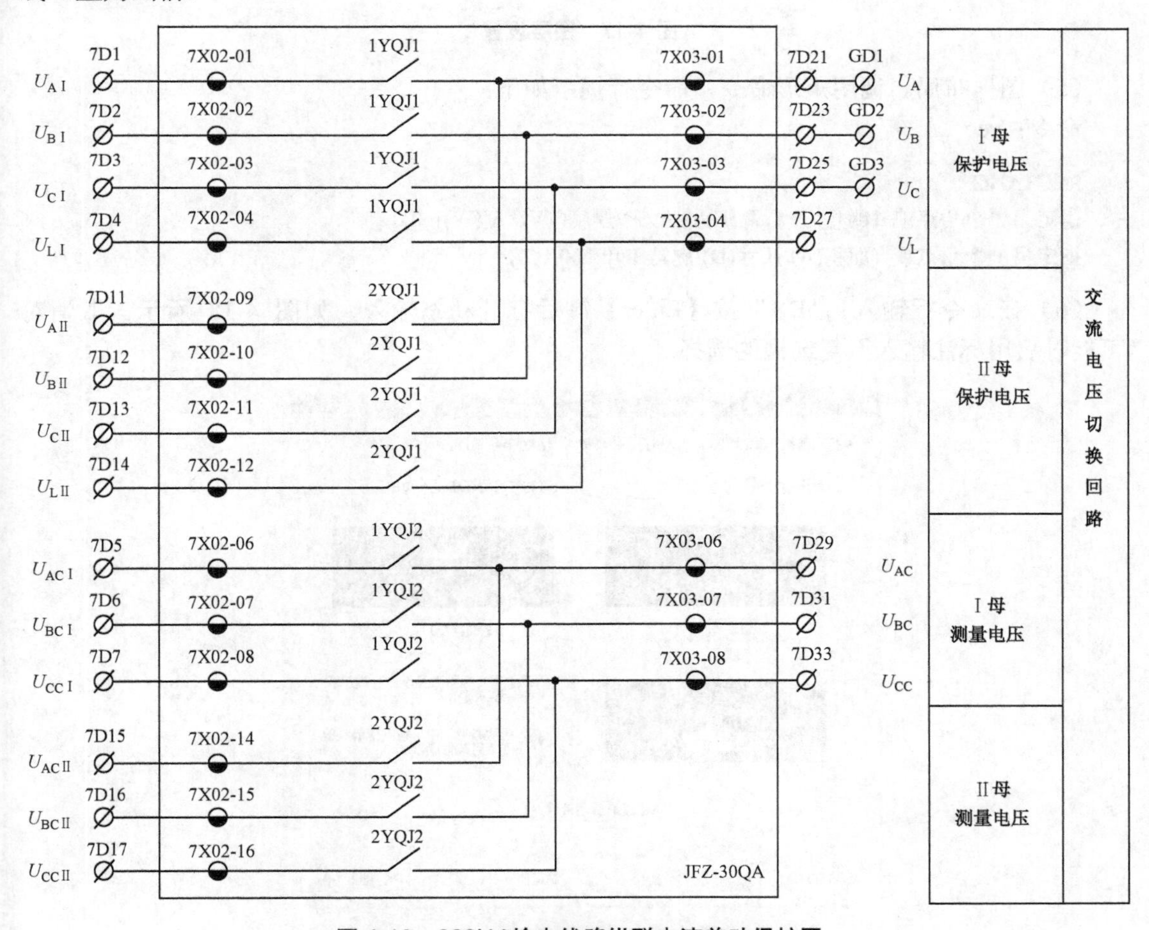

图 4-16 220kV 输电线路纵联电流差动保护图

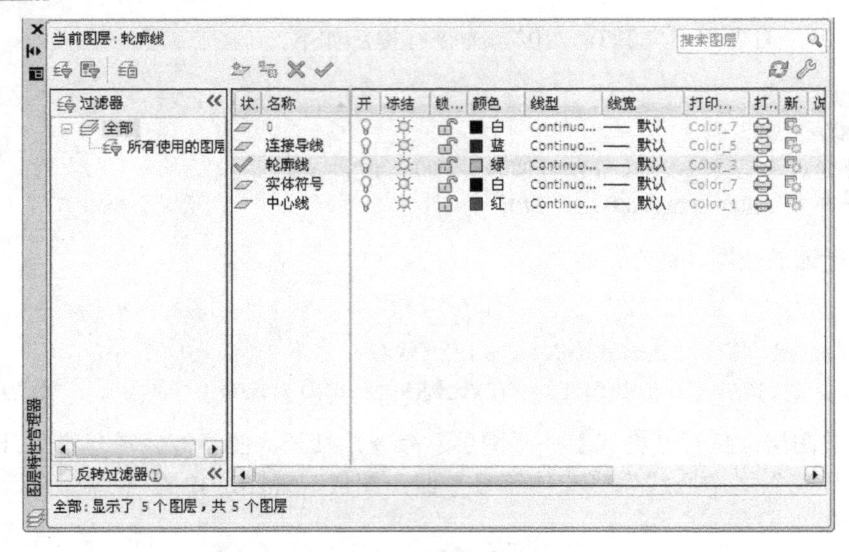

图 4-17 图层设置

（5）图样布局。调用矩形命令，命令行提示如下：

命令：rec

RECTANG
指定第一个角点或 [倒角(C)/标高(E)/圆角(F)/厚度(T)/宽度(W)]: 0,0↙
指定另一个角点或 [面积(A)/尺寸(D)/旋转(R)]: 200,170↙

（6）在命令行输入：“DS”按【Enter】键后打开动态输入，如图 4-18 所示。取消对“可能时启用标注输入”复选框的选择。

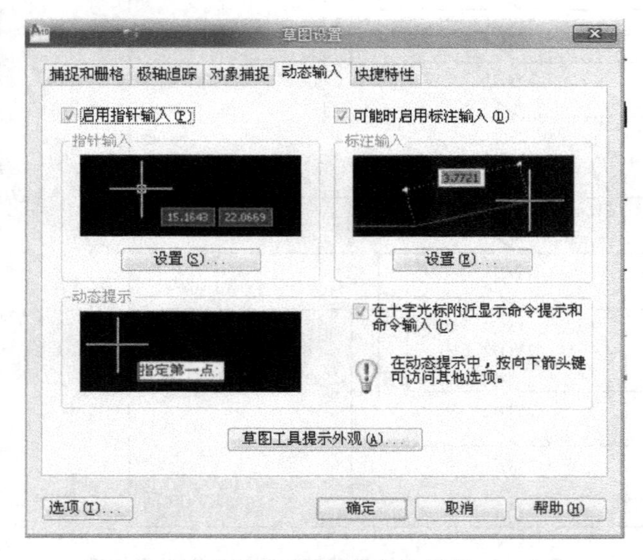

图 4-18 “动态输入”设置

（7）绘制矩形轮廓二。调用矩形命令，命令行提示如下：

命令：rec

RECTANG
指定第一个角点或 [倒角(C)/标高(E)/圆角(F)/厚度(T)/宽度(W)]: 25,5↙
指定另一个角点或 [面积(A)/尺寸(D)/旋转(R)]: @110,160↙

效果如图 4-19 所示。

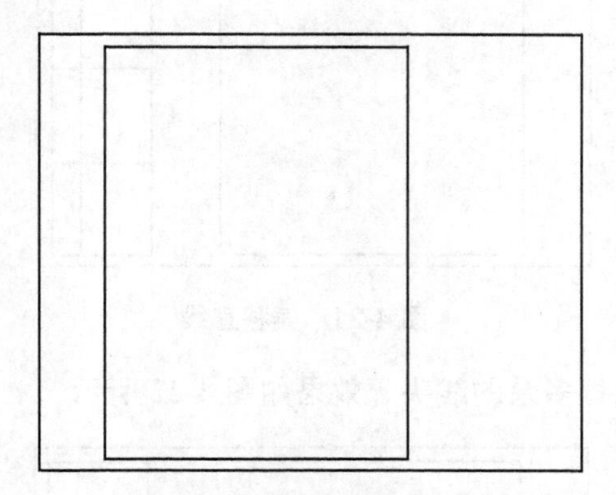

图 4-19 绘制矩形轮廓二

（8）绘制矩形轮廓线三。调用矩形命令，命令行提示如下：
命令：rec

RECTANG
指定第一个角点或 [倒角(C)/标高(E)/圆角(F)/厚度(T)/宽度(W)]: 160,5↙
指定另一个角点或 [面积(A)/尺寸(D)/旋转(R)]: @35,160↙

效果如图 4-20 所示。

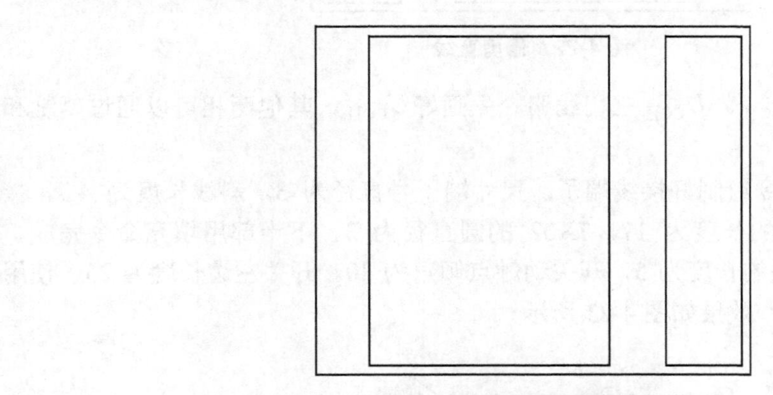

图 4-20 绘制矩形轮廓三

（9）分解矩形轮廓线三。调用分解命令，命令行提示如下：
命令：x

EXPLODE
选择对象: 找到 1 个
选择对象:

（10）执行偏移命令，把矩形的左边向右偏移 25。然后把矩形的上边向下分别偏移 45、45、35，效果如图 4-21 所示。

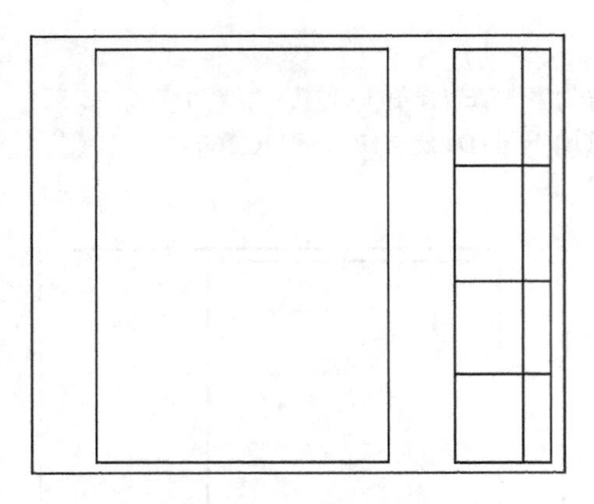

图 4-21 偏移直线

（11）利用修剪命令剪掉多余的线头。效果如图 4-22 所示

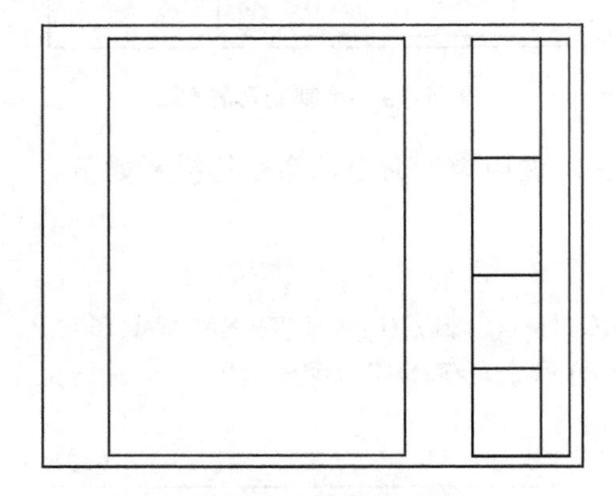

图 4-22 修剪直线

（12）绘制 $U_{AC\text{II}}$、$U_{BC\text{II}}$、$U_{CC\text{II}}$ 三相线路，先画好 $U_{CC\text{II}}$，其他两相可以通过复制和修改文字标号的做法画出。

首先利用直线和圆命令绘制好接线端子，尺寸端子号直径为 3，斜线长度为 4.7，接线端子右端点到电压切换箱的长度为 17，7X02 的圆直径为 3，下半部用填充命令完成。到 2YQJ2 的距离为 29，开关的长度为 5，开关动触点倾角为 30。开关左边长度为 25，使用单行文字命令注写文字符号，效果如图 4-23 所示。

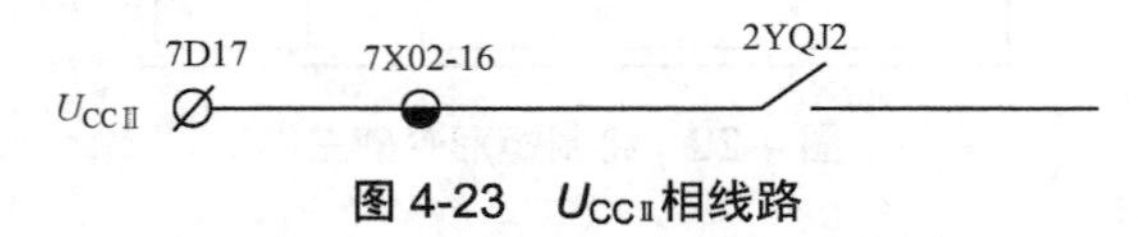

图 4-23 $U_{CC\text{II}}$ 相线路

（13）绘制 I 测量电压回路，利用复制命令绘制其他两相，相与相之间的间距为 10，利用文字编辑命令完成文字编辑，效果如图 4-24 所示。

（14）绘制 II 母测量电压回路，利用 I 把图 4-24 向上复制一份，复制间距为 15。利用文字编辑命令完成文字编辑，效果如图 4-25 所示。

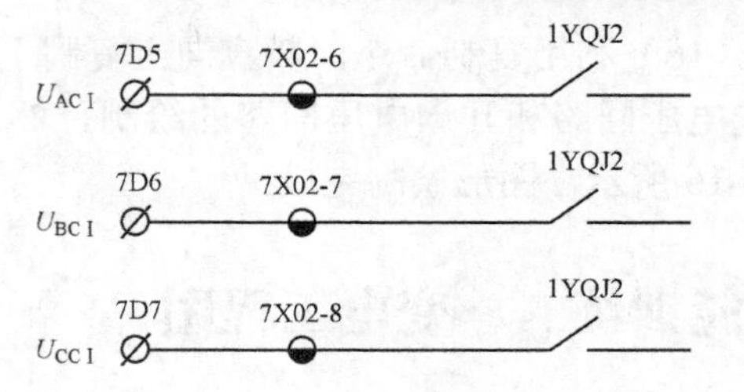

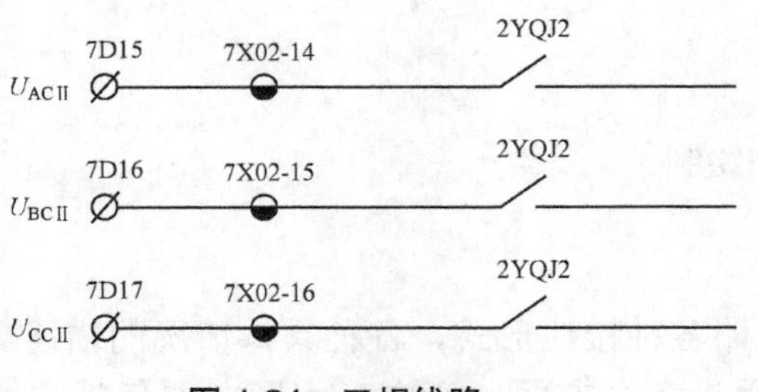

图 4-24　三相线路

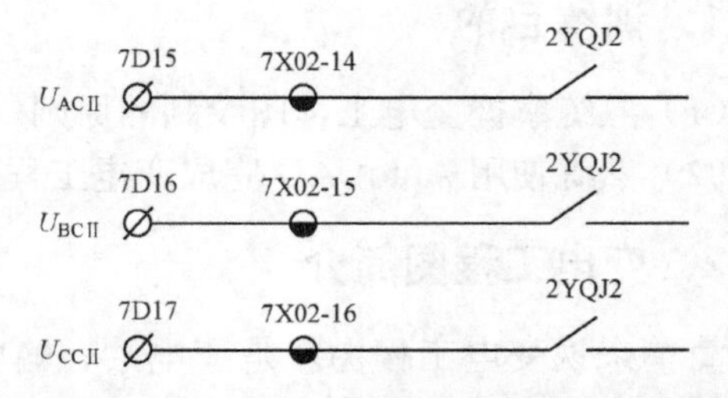

图 4-25　Ⅰ测量电压回路和Ⅱ母测量电压回路图

（15）利用 Lenghten 拉长命令把开关符号右端分别向右拉长 44，然后复制 7X02-06、7X02-07、7X02-08，利用文字编辑命令完成 7X03-06、7X03-07、7X03-08 的绘制，再沿圆的右象限点分别向右画长为 17 的直线段，复制接线端子 7D5、7D6、7D7 利用文字编辑命令完成 7D29、7D31、7D33 的绘制，利用直线命令在合适的位置绘制长为 17 的竖直线，把Ⅱ母测量电压回路接到Ⅰ测量电压回路上去，“T”型连接点用圆环绘制，设置圆环的内径为 0，外径为 1，效果如图 4-26 所示。

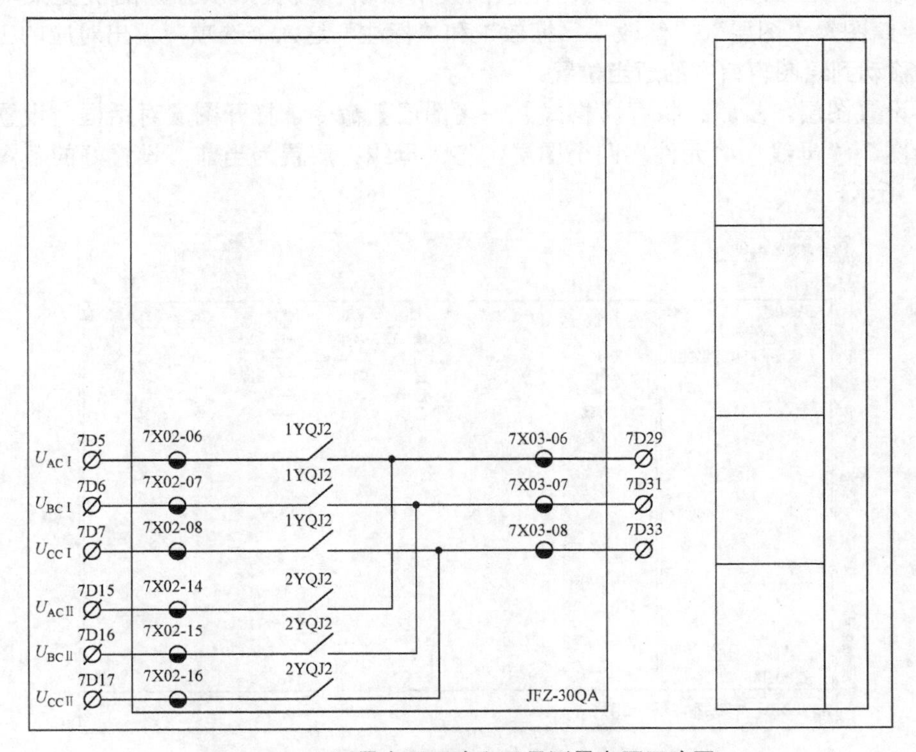

图 4-26　Ⅰ测量电压回路和Ⅱ母测量电压回路图

（16）利用复制命令，竖直向上复制Ⅰ测量电压回路和Ⅱ母测量电压回路图，完成Ⅰ母保护电压回路和Ⅱ母电压回路的绘制，然后在右侧图框中输入相对应的文字信息。效果如图 4-16 所示，图形绘制完成。

技能训练二　变电工程图

1．训练目的

（1）熟练掌握变电工程图绘制的原则。

（2）熟练使用 AutoCAD 完成变电工程图的绘制。

2．变电工程图简介

简单来说变电工程图就是变电站、输电线路各种接线形式，各种具体情况的描述。它的意义在于用统一直观的标准来表达变电工程的各个方面。变电工程图主要包括主接线图、二次接线图、变电所平面布置图、变电所断面图、高压开关柜原理图及布置图等等。

3．绘制变电站主接线图

变电站主接线图如图 4-32 所示。

（1）设置绘图环境。打开 AutoCAD 2010 应用程序，以“A3”样板文件为模板，间隙新文件，将新文件命名为“6～10kV 原理式主接线”并保存。

（2）设置绘图工具栏。在工具栏任意位置单击鼠标右键，从打开的快捷菜单中选择“标准”、“绘图”、“图层”、“修改”、“缩放”和“标注”这六个选项，调出对应的工具栏，并将它们移动到绘图窗口中的适当位置。

（3）设置图层。步骤：执行【格式】→【图层】命令，打开图层对话框，设置“图框线”、“绘图”、“母线”、“元件”四个图层，将“母线”层置为当前，设置好的各图层属性如图 4-27 所示。

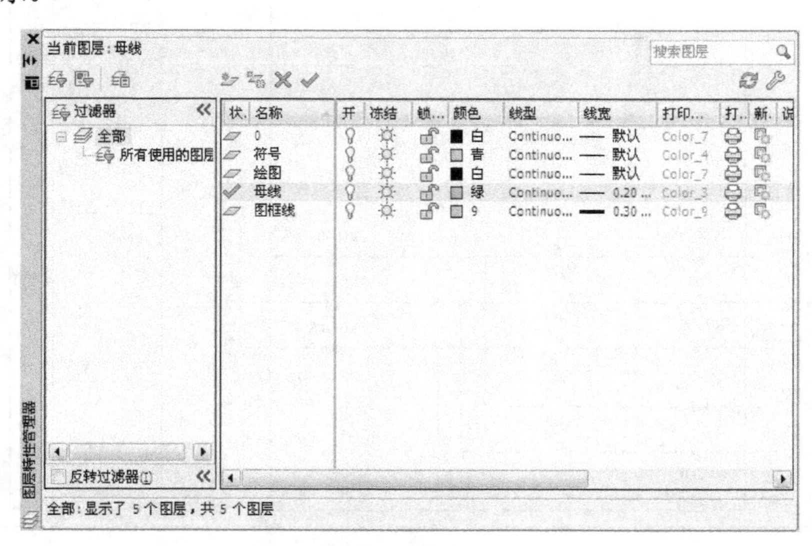

图 4-27　图层设置

分析可知，该线路图主要由母线主变支路、低压动力线路、补偿电容器回路组成，如图 4-28 所示，下面介绍各部分的绘制方法。

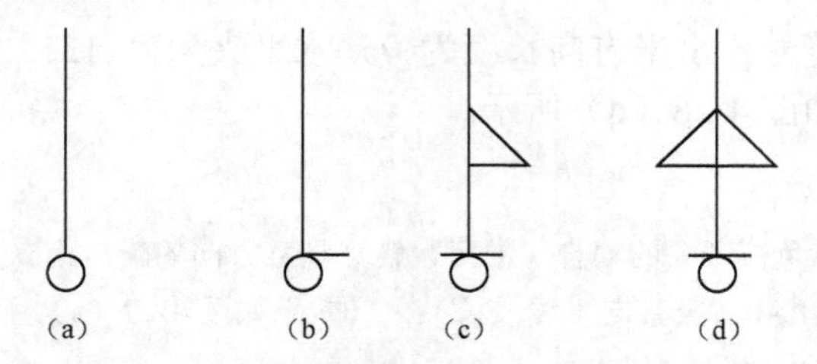

图 4-28　负荷开关的动合（常开）触点绘制过程

（4）绘制母线。把母线层置为当前。调用直线命令绘制。

命令：l

LINE 指定第一点:
指定下一点或 [放弃(U)]: 25↙（垂直向下）

命令：c

CIRCLE 指定圆的圆心或 [三点(3P)/两点(2P)/切点、切点、半径(T)]: 2p（指定圆直径的第一个端点，如图 4-28(a)所示）
指定圆直径的第二个端点: 5（鼠标竖直向下移动输入 5）↙

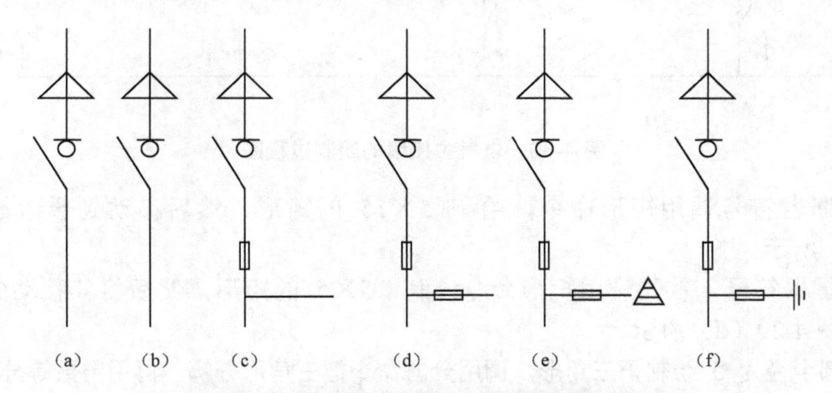

图 4-29　负荷开关、熔断器、避雷器的绘制过程

命令：l

LINE 指定第一点:（绘制触点线段）
指定下一点或 [放弃(U)]: 7↙（如图 4-28（b）所示）
指定下一点或 [放弃(U)]: ↙

命令：m

MOVE
选择对象: 找到 1 个
选择对象:
指定基点或 [位移(D)] <位移>:（选中水平线段的中点）

指定第二个点或 <使用第一个点作为位移>:（移动至圆的上象限点）↙

效果如图 4-28（c）所示。

绘制电源进线方向符号，水平方向长度为 7，水平夹角为 135°，然后利用镜像命令完成另一半的绘制，效果如图 4-28（d）所示。

命令：l

LINE 指定第一点: 15（负荷开关的动合（常开）触点竖直方向的断口距离）
指定下一点或 [放弃(U)]: 40（竖直向下线段长）↙（效果如图 4-29（a）所示）
指定下一点或 [放弃(U)]: ↙

命令：l

LINE 指定第一点:（鼠标单击触点上端点）
指定下一点或 [放弃(U)]: @19<120↙↙

效果如图 4-29（b）所示。

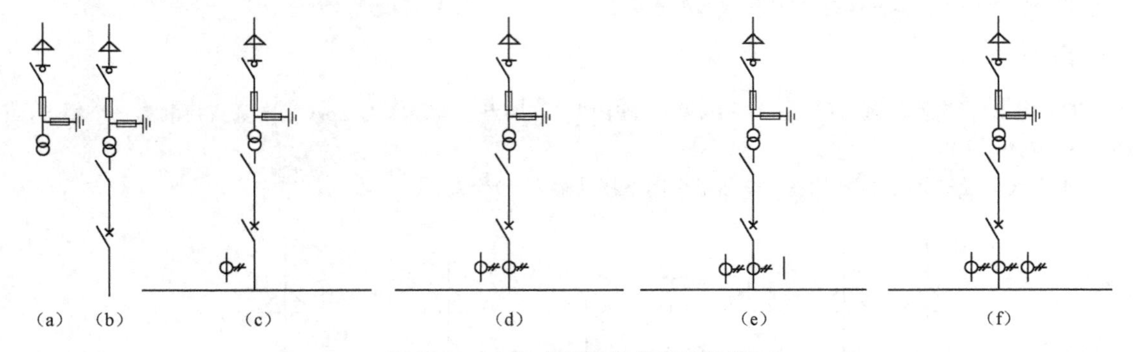

图 4-30　电气主接线的绘制过程图

绘制熔断器符号调用矩形命令，绘制 5×15 的矩形，然后移动到合适的位置，如图 4-29（c）所示。

绘制避雷器符号，首先调用矩形命令绘制 15×5 的矩形，然后将其移动到合适的位置，效果如图 4-29（d）所示。

以内接圆半径为 5 绘制正三角形，调用分解命令把三角形分解，再用定数等分命令把其中一个边 3 等分，打开对象捕捉中的节点，绘制两个水平线到对边，效果如图 4-29（e）所示。

调用删除命令，删除正三角形的两个斜边，然后调用旋转命令，旋转余下的三根平行线-90°，移动到避雷器右端，效果如图 4-29（f）所示。

绘制双绕组变压器符号，调用圆命令，命令行提示如下：

命令：c

CIRCLE 指定圆的圆心或 [三点(3P)/两点(2P)/切点、切点、半径(T)]: 2P↙
指定圆直径的第一个端点:（下端点）
指定圆直径的第二个端点: 10↙

命令：co

COPY
选择对象: 找到 1 个↙

选择对象: ↙
当前设置: 复制模式 = 多个
指定基点或 [位移(D)/模式(O)] <位移>: 指定第二个点或 <使用第一个点作为位移>: 7↙ （向下追踪）
指定第二个点或 [退出(E)/放弃(U)] <退出>: ↙

效果如图 4-30（a）所示。

绘制变压器下面的刀开关，命令行提示如下：

命令：l

LINE 指定第一点:（鼠标单击变压器绕组下面圆的下象限点）
指定下一点或 [放弃(U)]: 8 ↙
指定下一点或 [放弃(U)]: ↙

命令：co

COPY
选择对象: 指定对角点: 找到 2 个（选中负荷开关的动触点和下半部分）
选择对象:
当前设置: 复制模式 = 多个
指定基点或 [位移(D)/模式(O)] <位移>: ↙
指定第二个点或 <使用第一个点作为位移>:（单击长度为 8 的线段的下端点）↙
指定第二个点或 [退出(E)/放弃(U)] <退出>: ↙

效果如图 4-30（b）所示。

绘制隔离开关 QF，命令行提示如下：

命令：l

LINE 指定第一点:
指定下一点或 [放弃(U)]: <正交 关> @3<45↙↙

命令：ar

ARRAY
选择对象: 找到 1 个（选中线段长为 3 的直线，阵列项目总数设置为 4，类型设置为环形）
选择对象:
指定阵列中心点:（指定中心点在隔离开关的静触点上）

效果如图 4-30（c）所示。

调用直线命令，绘制长度为 170 的水平母线，调用圆、直线和复制、旋转命令绘制互感器符号，命令行提示如下：

命令：l

LINE 指定第一点:
指定下一点或 [放弃(U)]: 170↙
指定下一点或 [放弃(U)]: ↙

命令：m

MOVE
选择对象: 指定对角点: 找到 1 个

选择对象:
指定基点或 [位移(D)] <位移>:
指定第二个点或 <使用第一个点作为位移>:（以水平线的中点为基点移动直线到隔离开关的下端）↙

绘制互感器符号：
命令：l

LINE 指定第一点:
指定下一点或 [放弃(U)]: <正交 开> 20（竖直向下移动鼠标输入 20）↙
指定下一点或 [放弃(U)]: ↙

以所绘制直线中点为圆心绘制半径为 3 的圆。
命令：c

CIRCLE 指定圆的圆心或 [三点(3P)/两点(2P)/切点、切点、半径(T)]:
指定圆的半径或 [直径(D)] <5.0000>: 3

命令：l

LINE 指定第一点:
指定下一点或 [放弃(U)]: 8（以圆的右象限点为起点绘制长为 8 的水平直线）↙
指定下一点或 [放弃(U)]↙

绘制倾角为 45°，长为 5 的斜线，移动到合适的位置并复制一个，如图 4-30（d）所示。
命令：co

COPY
选择对象: 指定对角点: 找到 4 个（复制互感器符号到主接线上，如图 4-30（e）所示）
选择对象:
当前设置: 复制模式 = 多个
指定基点或 [位移(D)/模式(O)] <位移>:
指定第二个点或 <使用第一个点作为位移>:
指定第二个点或 [退出(E)/放弃(U)] <退出>:

对称复制另一个互感器符号：命令行提示如下：
命令：mi

MIRROR
选择对象: 找到 1 个
选择对象: 指定镜像线的第一点: 指定镜像线的第二点:（镜像第一点和第二点分别指定在隔离开关下方的竖直线上下端点上）↙
要删除源对象吗？[是(Y)/否(N)] <N>: ↙

命令：co

COPY
选择对象: 指定对角点: 找到 4 个↙
选择对象:
当前设置: 复制模式 = 多个

指定基点或 [位移(D)/模式(O)] <位移>:
指定第二个点或 <使用第一个点作为位移>: ↙
指定第二个点或 [退出(E)/放弃(U)] <退出>: ↙

效果如图 4-30（f）所示。

（5）绘制动力线路。

绘制低压动力线路 5 回，调用复制命令，命令行提示如下：

命令：co

COPY 找到 9 个（选中主接线上的刀开关和隔离开关，复制到互感器下面水平线的左端合适的位置）
当前设置: 复制模式 = 多个
指定基点或 [位移(D)/模式(O)] <位移>:
指定第二个点或 <使用第一个点作为位移>:
指定第二个点或 [退出(E)/放弃(U)] <退出>:

绘制能量流向箭头，命令行提示如下：

命令：pl

PLINE
指定起点:（鼠标单击隔离开关的下端点）
当前线宽为 0.0000
指定下一个点或 [圆弧(A)/半宽(H)/长度(L)/放弃(U)/宽度(W)]: w↙
指定起点宽度 <0.0000>: 4↙
指定端点宽度 <4.0000>: 0↙
指定下一个点或 [圆弧(A)/半宽(H)/长度(L)/放弃(U)/宽度(W)]: 6↙
指定下一点或 [圆弧(A)/闭合(C)/半宽(H)/长度(L)/放弃(U)/宽度(W)]: ↙

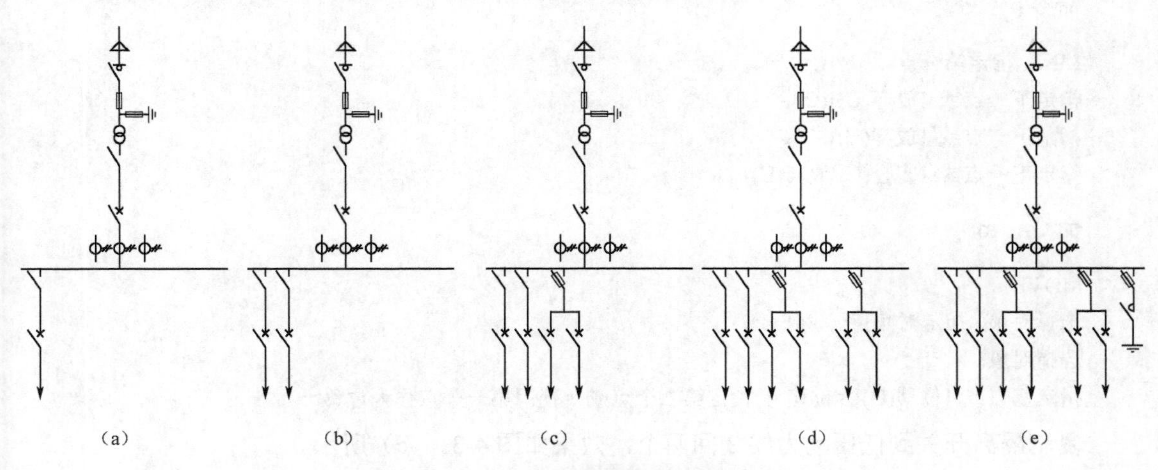

图 4-31 原理式主接线图绘制过程

效果如图 4-31（a）所示。

向右以 20 个图形单位复制刀开关、隔离开关和能量流向箭头，效果如图 4-31（b）所示。

绘制低压动力线 2 回，命令行提示如下：

命令：co

COPY
选择对象: 指定对角点: 找到 2 个
选择对象:
当前设置: 复制模式 = 多个
指定基点或 [位移(D)/模式(O)] <位移>:
指定第二个点或 <使用第一个点作为位移>: 32↙
指定第二个点或 [退出(E)/放弃(U)] <退出>: ↙

命令：rec

RECTANG
指定第一个角点或 [倒角(C)/标高(E)/圆角(F)/厚度(T)/宽度(W)]:
指定另一个角点或 [面积(A)/尺寸(D)/旋转(R)]:

命令：al

ALIGN
选择对象: 找到 1 个
选择对象:
指定第一个源点: _m2p 中点的第二点:
指定第一个目标点:
指定第二个源点: ↙
指定第二个目标点:
指定第三个源点或 <继续>: : ↙
是否基于对齐点缩放对象？[是(Y)/否(N)] <否>: : ↙: ↙

命令：l

LINE 指定第一点:
指定下一点或 [放弃(U)]: 20↙
指定下一点或 [放弃(U)]: 25↙
指定下一点或 [闭合(C)/放弃(U)]: ↙

命令：m

MOVE
选择对象: 指定对角点: 找到 1 个↙
选择对象:
指定基点或 [位移(D)] <位移>: 指定第二个点或 <使用第一个点作为位移>: ↙

复制隔离开关到低压动力线 2 回两个，效果如图 4-31（c）所示。

命令：co

COPY
选择对象: 指定对角点: 找到 8 个
选择对象:
当前设置: 复制模式 = 多个

指定基点或 [位移(D)/模式(O)] <位移>: ↙
指定第二个点或 <使用第一个点作为位移>: ↙
指定第二个点或 [退出(E)/放弃(U)] <退出>: ↙（单击长度为 25 的水平线段左端点）
指定第二个点或 [退出(E)/放弃(U)] <退出>: ↙（单击长度为 25 的水平线段右端点）

命令：tr

TRIM
当前设置: 投影=UCS，边=无
选择剪切边…
选择对象或 <全部选择>: （把隔离开关上面多出的部分修剪掉）
选择要修剪的对象，或按住 Shift 键选择要延伸的对象，或
[栏选(F)/窗交(C)/投影(P)/边(E)/删除(R)/放弃(U)]:
选择要修剪的对象，或按住 Shift 键选择要延伸的对象，或
[栏选(F)/窗交(C)/投影(P)/边(E)/删除(R)/放弃(U)]:
选择要修剪的对象，或按住 Shift 键选择要延伸的对象，或
[栏选(F)/窗交(C)/投影(P)/边(E)/删除(R)/放弃(U)]:

绘制低压照明线 4 回。
效果如图 4-31（d）所示。
命令：co

COPY
选择对象: 指定对角点: 找到 21 个（选择低压动力线 2 回）↙
选择对象:
当前设置: 复制模式 = 多个
指定基点或 [位移(D)/模式(O)] <位移>: ↙
指定第二个点或 <使用第一个点作为位移>: 66↙（向右）
指定第二个点或 [退出(E)/放弃(U)] <退出>: ↙

绘制补偿电容器线路，效果如图 4-31（e）所示
命令：co

COPY 找到 4 个
当前设置: 复制模式 = 多个
指定基点或 [位移(D)/模式(O)] <位移>: ↙
指定第二个点或 <使用第一个点作为位移>:
指定第二个点或 [退出(E)/放弃(U)] <退出>:
命令:
命令:
命令: co COPY 找到 2 个
当前设置: 复制模式 = 多个
指定基点或 [位移(D)/模式(O)] <位移>: ↙
指定第二个点或 <使用第一个点作为位移>:
指定第二个点或 [退出(E)/放弃(U)] <退出>:

命令：a

```
ARC 指定圆弧的起点或 [圆心(C)]: c 指定圆弧的圆心:
指定圆弧的起点:
指定圆弧的端点或 [角度(A)/弦长(L)]: a 指定包含角: －180
```

绘制避雷针符号中的箭头，并添加文字效果，如图 4-32 所示。

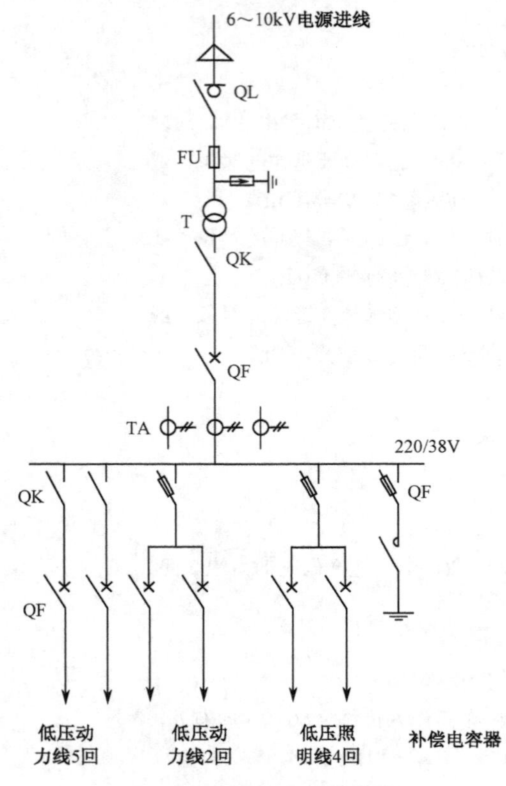

图 4-32 原理式主接线图

技能训练三 高压开关柜

1. 训练目的

（1）了解高压开关柜屏面布置图的绘制技巧。
（2）熟练掌握绘图命令的使用方法。

2.【4-5】绘制 GXH103D-17 型高压开关柜图屏面布置图

GXH103D-17 型高压开头柜图屏面布置图如图 4-33 所示。

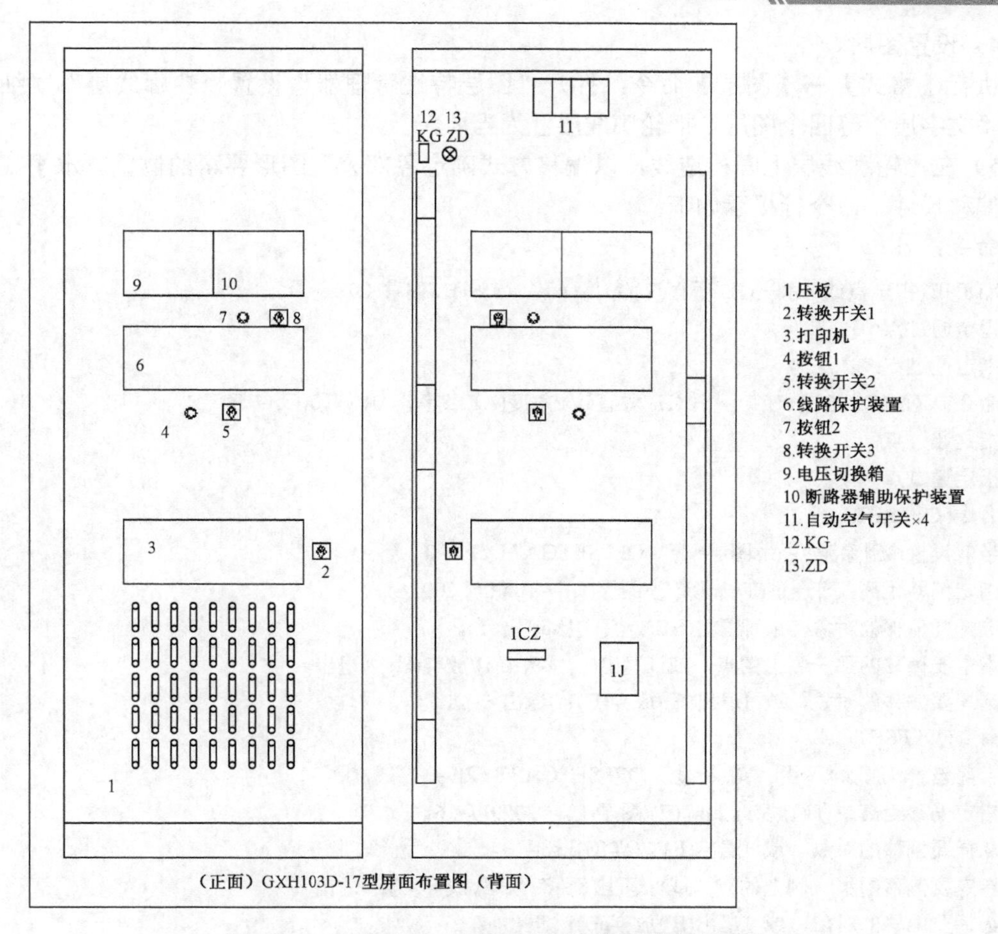

图 4-33 GXH103D-17 型高压开关柜图屏面布置图

（1）设置绘图环境。

具体操作步骤如下：

1）打开 AutoCAD 2010 简体中文版，以“A4.dwt”样板文件为模板，建立新文件，将新文件命名为“GXH103D-17 型高压开关柜图屏面布置图.dwt”。

2）设置图形界限。在命令行输入：“limits”，分别设置图形界限的两个角点坐标为左下角点（0，0），右上角点（297，210），命令行提示如下：

```
命令: limits
重新设置模型空间界限:
指定左下角点或 [开(ON)/关(OFF)] <0.0000,0.0000>: ↙
指定右上角点 <12.0000,9.0000>: 297,210↙
```

3）执行缩放全图。

命令：z

```
ZOOM
指定窗口的角点，输入比例因子（nX 或 nXP），或者
[全部(A)/中心(C)/动态(D)/范围(E)/上一个(P)/比例(S)/窗口(W)/对象(O)] <实时>: a 正在重生成模型。↙
```

4）设置图层。

执行【格式】→【图层】命令，打开“图层特性管理器”设置“轮廓线层”、“细实线层”、“文字层”等四个图层，把轮廓线层置为当前。

5）在“轮廓线层上画构造线，以偏移方式确定各部分”图形要素的位置。水平、垂直距离偏移尺寸。命令行提示如下：

命令：xl

```
XLINE 指定点或 [水平(H)/垂直(V)/角度(A)/二等分(B)/偏移(O)]: v
指定通过点: ↙
指定通过点: ↙
命令：XLINE 指定点或 [水平(H)/垂直(V)/角度(A)/二等分(B)/偏移(O)]：h
指定通过点：↙
指定通过点：↙
命令: OFFSET
当前设置: 删除源=否   图层=源   OFFSETGAPTYPE=0
指定偏移距离或 [通过(T)/删除(E)/图层(L)] <10.00>: 209↙
选择要偏移的对象，或 [退出(E)/放弃(U)] <退出>: ↙
指定要偏移的那一侧上的点，或 [退出(E)/多个(M)/放弃(U)] <退出>: ↙
选择要偏移的对象，或 [退出(E)/放弃(U)] <退出>: ↙
命令: OFFSET
当前设置: 删除源=否   图层=源   OFFSETGAPTYPE=0
指定偏移距离或 [通过(T)/删除(E)/图层(L)] <209.00>: 6↙
选择要偏移的对象，或 [退出(E)/放弃(U)] <退出>: ↙
指定要偏移的那一侧上的点，或 [退出(E)/多个(M)/放弃(U)] <退出>: ↙
选择要偏移的对象，或 [退出(E)/放弃(U)] <退出>: ↙
```

6）修剪掉多余的部分，效果如图 4-34 所示。

（2）绘制仪表室门面板部分。

1）利用偏移命令绘制矩形 3、6、9、10，水平、竖直方向偏移距离如图 3-35 所示。

命令行提示如下：

命令：o

```
OFFSET
当前设置: 删除源=否   图层=源   OFFSETGAPTYPE=0
指定偏移距离或 [通过(T)/删除(E)/图层(L)] <6.00>: 16↙
选择要偏移的对象，或 [退出(E)/放弃(U)] <退出>:
指定要偏移的那一侧上的点，或 [退出(E)/多个(M)/放弃(U)] <退出>: ↙
选择要偏移的对象，或 [退出(E)/放弃(U)] <退出>:
命令: OFFSET
当前设置: 删除源=否   图层=源   OFFSETGAPTYPE=0
指定偏移距离或 [通过(T)/删除(E)/图层(L)] <16.00>: 24↙
选择要偏移的对象，或 [退出(E)/放弃(U)] <退出>:
指定要偏移的那一侧上的点，或 [退出(E)/多个(M)/放弃(U)] <退出>: ↙
选择要偏移的对象，或 [退出(E)/放弃(U)] <退出>:
```

```
指定要偏移的那一侧上的点，或 [退出(E)/多个(M)/放弃(U)] <退出>:
选择要偏移的对象，或 [退出(E)/放弃(U)] <退出>:
命令: OFFSET
当前设置: 删除源=否  图层=源  OFFSETGAPTYPE=0
指定偏移距离或 [通过(T)/删除(E)/图层(L)] <24.00>: 67↙
选择要偏移的对象，或 [退出(E)/放弃(U)] <退出>:
指定要偏移的那一侧上的点，或 [退出(E)/多个(M)/放弃(U)] <退出>: ↙
选择要偏移的对象，或 [退出(E)/放弃(U)] <退出>:
命令: OFFSET
当前设置: 删除源=否  图层=源  OFFSETGAPTYPE=0
指定偏移距离或 [通过(T)/删除(E)/图层(L)] <67.00>: 18↙
选择要偏移的对象，或 [退出(E)/放弃(U)] <退出>:
指定要偏移的那一侧上的点，或 [退出(E)/多个(M)/放弃(U)] <退出>: ↙
选择要偏移的对象，或 [退出(E)/放弃(U)] <退出>:
命令: OFFSET
当前设置: 删除源=否  图层=源  OFFSETGAPTYPE=0
指定偏移距离或 [通过(T)/删除(E)/图层(L)] <18.00>: 36↙
选择要偏移的对象，或 [退出(E)/放弃(U)] <退出>:
指定要偏移的那一侧上的点，或 [退出(E)/多个(M)/放弃(U)] <退出>: ↙
选择要偏移的对象，或 [退出(E)/放弃(U)] <退出>:
命令: OFFSET
当前设置: 删除源=否  图层=源  OFFSETGAPTYPE=0
指定偏移距离或 [通过(T)/删除(E)/图层(L)] <36.00>: 18↙
选择要偏移的对象，或 [退出(E)/放弃(U)] <退出>:
指定要偏移的那一侧上的点，或 [退出(E)/多个(M)/放弃(U)] <退出>: ↙
选择要偏移的对象，或 [退出(E)/放弃(U)] <退出>:
命令: OFFSET
当前设置: 删除源=否  图层=源  OFFSETGAPTYPE=0
指定偏移距离或 [通过(T)/删除(E)/图层(L)] <18.00>: 9↙
选择要偏移的对象，或 [退出(E)/放弃(U)] <退出>:
指定要偏移的那一侧上的点，或 [退出(E)/多个(M)/放弃(U)] <退出>: ↙
选择要偏移的对象，或 [退出(E)/放弃(U)] <退出>:
命令: OFFSET
当前设置: 删除源=否  图层=源  OFFSETGAPTYPE=0
指定偏移距离或 [通过(T)/删除(E)/图层(L)] <9.00>: 18↙
选择要偏移的对象，或 [退出(E)/放弃(U)] <退出>:
指定要偏移的那一侧上的点，或 [退出(E)/多个(M)/放弃(U)] <退出>: ↙
选择要偏移的对象，或 [退出(E)/放弃(U)] <退出>:
命令: 指定对角点:
```

2）利用修剪命令剪掉多余的部分，效果如图 3-35 所示。

命令行提示如下：

命令：tr

```
TRIM
```

```
当前设置：投影=UCS，边=无
选择剪切边...
选择对象或 <全部选择>: 指定对角点: 找到 5 个
选择对象:
选择要修剪的对象，或按住 Shift 键选择要延伸的对象，或
[栏选(F)/窗交(C)/投影(P)/边(E)/删除(R)/放弃(U)]: 指定对角点:
选择要修剪的对象，或按住 Shift 键选择要延伸的对象，或
[栏选(F)/窗交(C)/投影(P)/边(E)/删除(R)/放弃(U)]: 指定对角点:
选择要修剪的对象，或按住 Shift 键选择要延伸的对象，或
[栏选(F)/窗交(C)/投影(P)/边(E)/删除(R)/放弃(U)]: 指定对角点:
选择要修剪的对象，或按住 Shift 键选择要延伸的对象，或
[栏选(F)/窗交(C)/投影(P)/边(E)/删除(R)/放弃(U)]: 指定对角点:
选择要修剪的对象，或按住 Shift 键选择要延伸的对象，或
[栏选(F)/窗交(C)/投影(P)/边(E)/删除(R)/放弃(U)]: *取消*
```

（3）绘制转换开关和按钮 2、4、5、7、8。

1）转换开关 2 距离屏柜底边和右边的距离分别是 86、11，转换开关外边矩形 4.5×4.5 同心圆半径尺寸分别为 0.2、0.7、1.2。手柄竖直长度为 3.5。

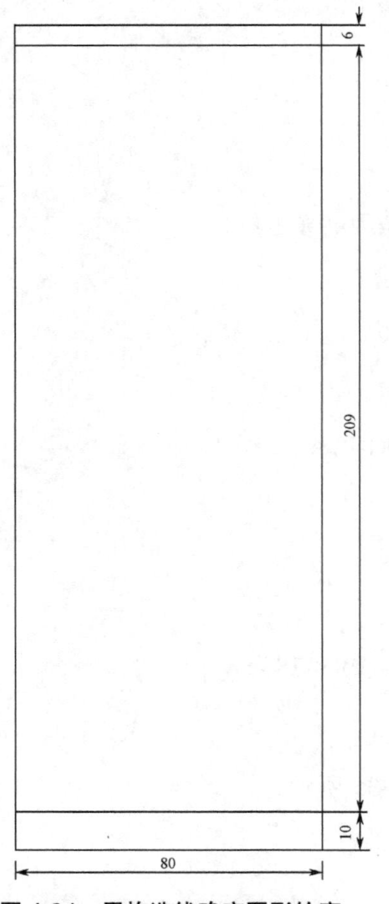

图 4-34　用构造线确定图形轮廓

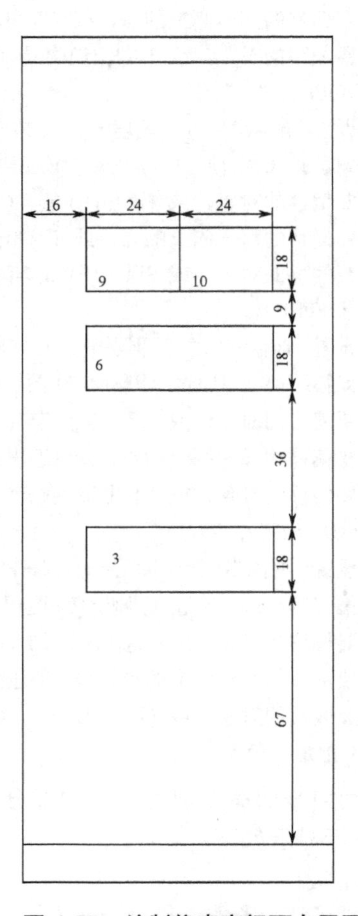

图 4-35　绘制仪表室门面布置图

画仪表室把手。在合适的位置画一个辅助矩形，如图 4-36（a）所示。

以矩形的上边为直径画圆，如图 4-36（b）所示。以矩形的下边中点为起点分别做圆的两条切线，如图 4-36（c）所示。利用圆角命令设置圆角半径为 0.2，对把手底部进行圆角。然后从圆心向上绘制长为 1.4 的竖直线，以该直线的顶点为起点做半径为 0.7 的圆的两条切线。并对切线上部进行半径为 0.2 圆角。效果如图 4-36（d）所示。

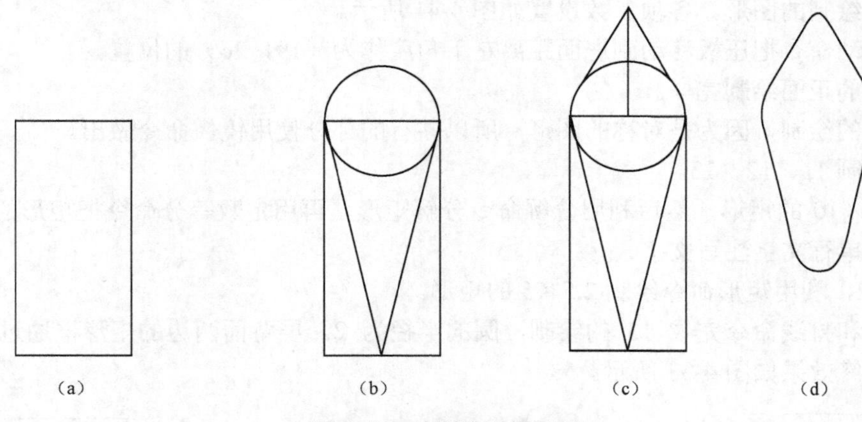

图 4-36 绘制把手的过程

2）将把手和转换开关的其他部分组合到一起定义为块，效果如图 4-37 所示。

3）分别绘制半径为 1.2、1.5 的同心圆表示按钮，也定义为图块。如图 4-38 所示。

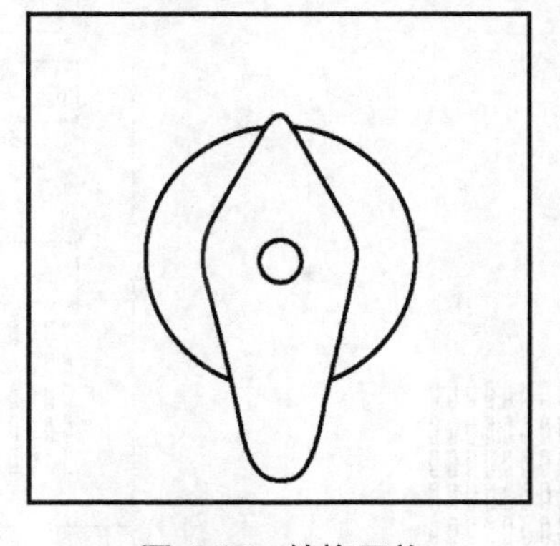

图 4-37 转换开关

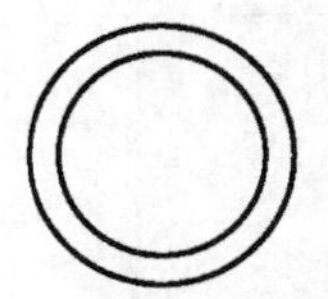

图 4-38 按钮

4）利用插入块命令把转换开关和把手分别插入到 2、4、5、7、8，效果如图 4-39 所示。

5）利用圆命令、矩形命令和阵列命令绘制位置 1 的压板，效果如图 4-40 所示。

绘制 2×6 的矩形，以矩形的上下边为直径分别绘制圆，效果如图 4-40（a）所示。

命令行提示如下：

命令：rec

```
RECTANG
指定第一个角点或 [倒角(C)/标高(E)/圆角(F)/厚度(T)/宽度(W)]: ↙
指定另一个角点或 [面积(A)/尺寸(D)/旋转(R)]: @2,6↙
```

命令: c CIRCLE 指定圆的圆心或 [三点(3P)/两点(2P)/切点、切点、半径(T)]:
指定圆的半径或 [直径(D)] <0.70>: 1↙
命令: CIRCLE 指定圆的圆心或 [三点(3P)/两点(2P)/切点、切点、半径(T)]:
指定圆的半径或 [直径(D)] <1.00>: 1↙

使用修剪命令剪掉多余的部分。

阵列所绘制的图形。各项参数设置如图 4-41 所示。

利用移动命令把压板移动到屏面距离左下角度作为（19，26）的位置。

至此屏的正面绘制完毕。

屏背面的绘制，因为是对称的图形，所以共有的部分使用镜像命令做出。

（4）绘制 11、12、13。

绘制 2×10 的矩形，然后利用分解命令分解矩形，再用定数等分命令把矩形的水平边 4 等分。利用单行文字注写文字。

绘制 12，利用矩形命令绘制 2.5×5 的矩形。

利用圆和直线命令完成 13 的绘制，圆的半径为 2。屏背面两边的矩形框通过偏移和修剪完成。最终效果如图 4-33 所示。

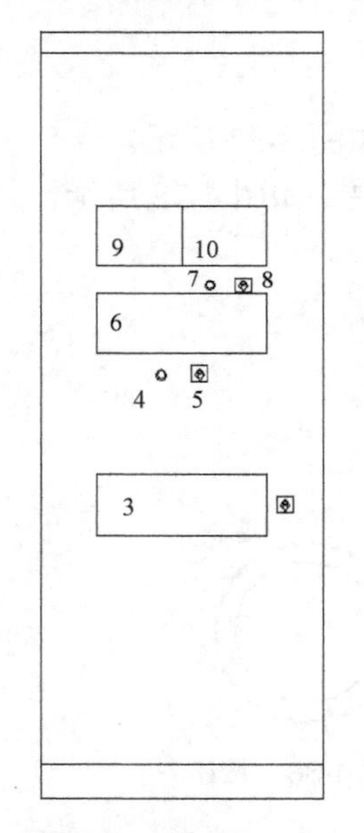

图 4-39 效果图（1）

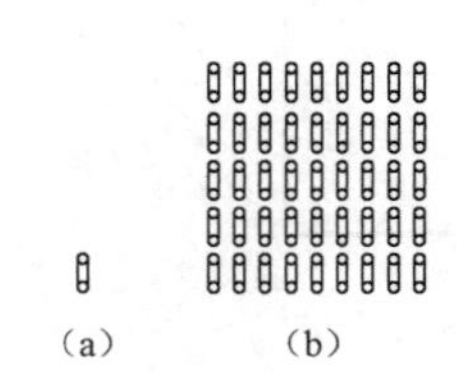

图 4-40 效果图（2）

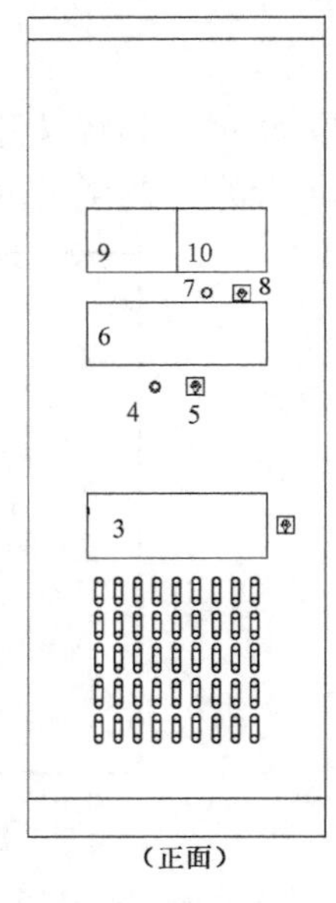

图 4-41 效果图（3）

知识拓展

上机实训

（1）绘制如图 4-42 所示图形。

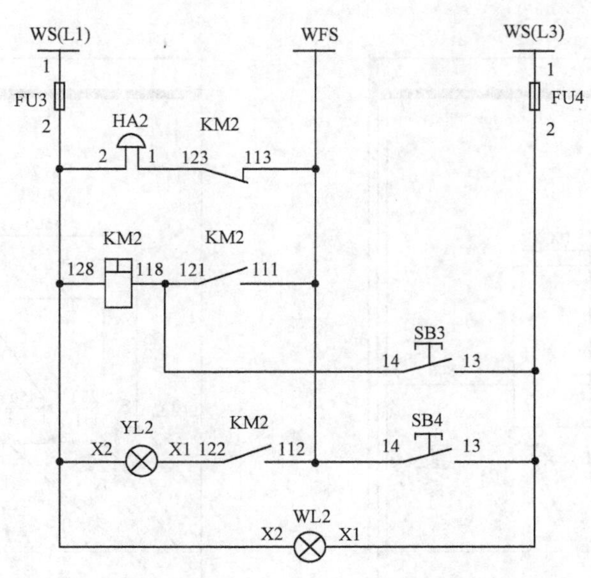

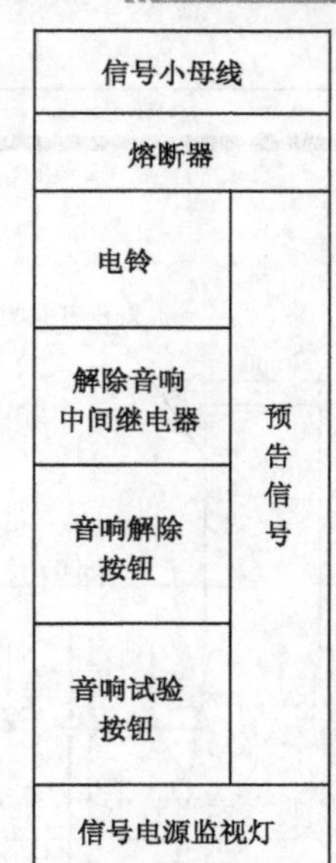

图 4-42 上机实训（1）

（2）绘制如图 4-43 所示图形。

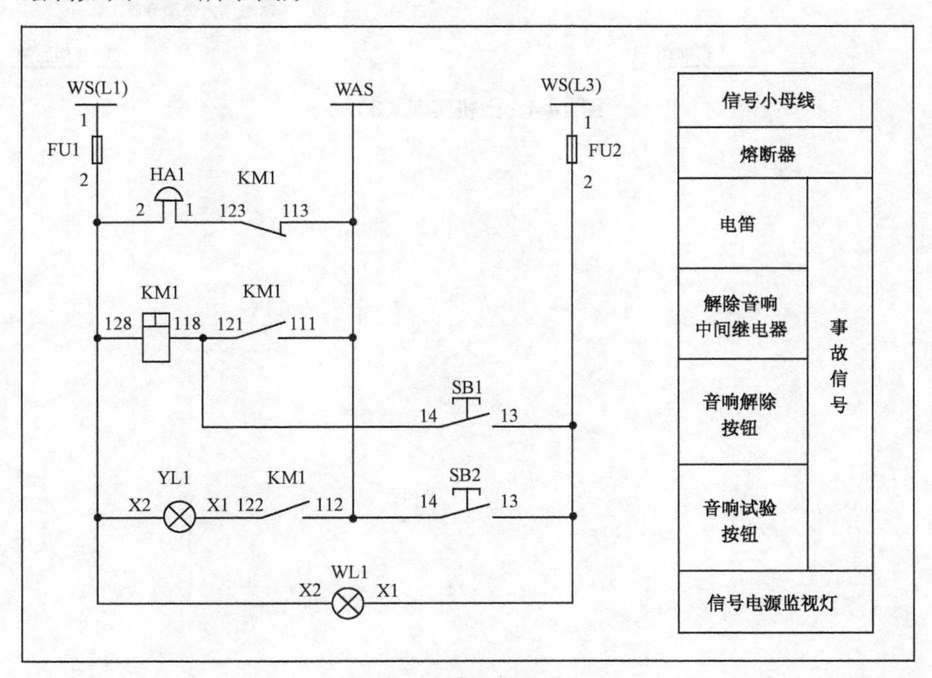

图 4-43 上机实训（2）

（3）绘制如图 4-44 所示图形。

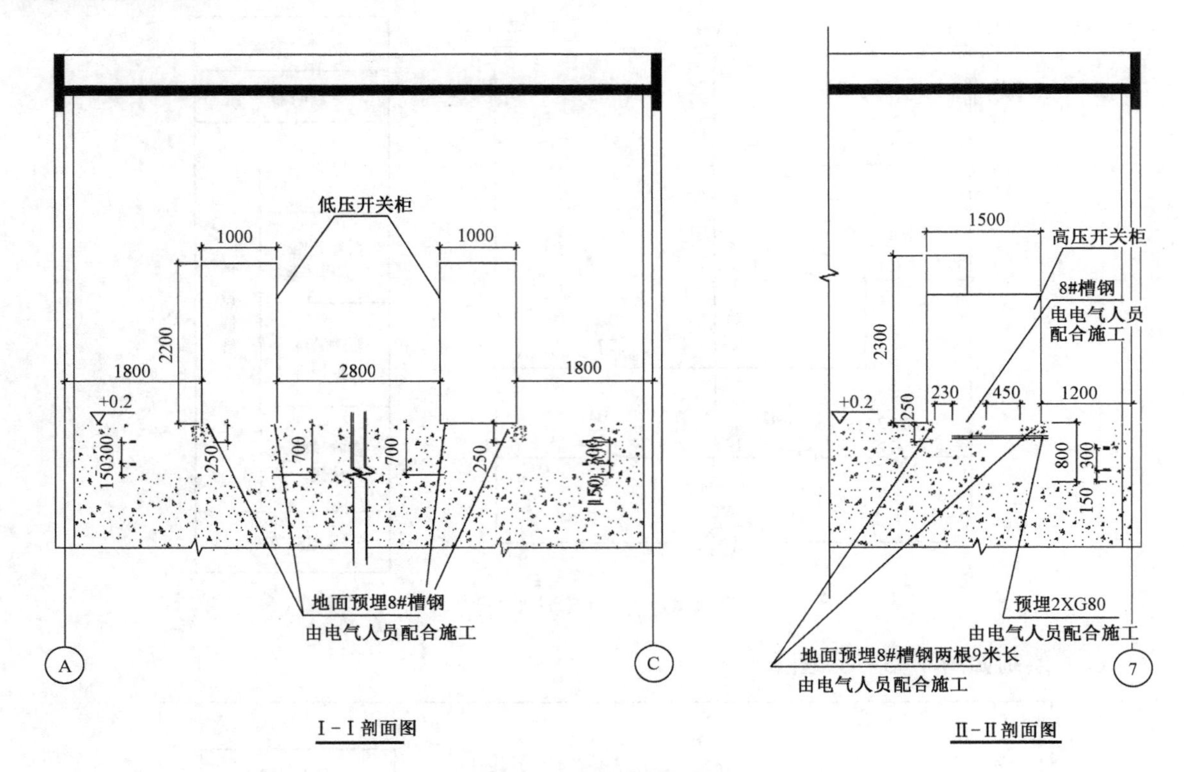
低压开关柜
1000
1000
2200
1800
2800
1800
+0.2
150300
250
700
700
250
150
300
地面预埋8#槽钢
由电气人员配合施工
A
C
I-I 剖面图
1500
高压开关柜
8#槽钢
电电气人员
配合施工
2300
+0.2
250
230
450
1200
800
300
150
预埋2XG80
由电气人员配合施工
地面预埋8#槽钢两根9米长
由电气人员配合施工
7
II-II 剖面图

图 4-44　上机实训（3）

项目五
建筑电气图的绘制

知识要求

1. 熟练掌握 AutoCAD 2010 中文版高级编辑命令在工程制图中的应用。
2. 熟练掌握建筑电气工程图的基本知识。

技能要求

1. 熟悉建筑电气制图及 AutoCAD 2010 中文版高级编辑命令的应用。
2. 熟练掌握工程制图中根据不同专业绘图环境设置的要求。
3. 掌握不同建筑电气图的绘制技巧。

5.1 知识训练

建筑电气设计是基于建筑设计和电气设计的一个交叉学科，建筑电气一般又分为建筑电气平面图和建筑电气系统图。本项目主要介绍利用 AutoCAD 2010 中文版绘制建筑电气平面图的方法和技巧，简单介绍建筑电气系统图的绘制方法。

知识训练一 特性匹配

1. 训练目的

（1）练习使用特性匹配命令。
（2）掌握特性匹配命令在工程制图中的应用技巧。

特性匹配的功能命令为 MATCHAPROP（快捷键为 MA），它能把源对象的全部或部分特性复制给目标对象。这里目标对象指定要将源对象的特性复制到其上的对象。可以继续选择目标对象或按【Enter】键应用特性并结束该命令。

2. 调用特性匹配命令

（1）菜单：【修改】→【特性匹配】。

（2）命令行：MA。

【例 5-1】用特性匹配命令修改对象的线型、颜色，如图 5-1 所示。

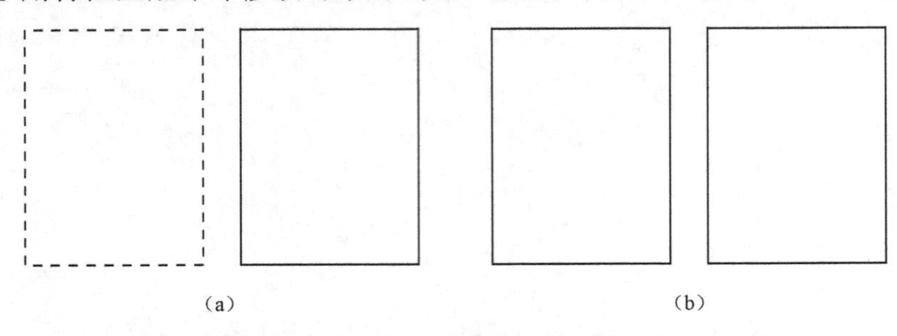

图 5-1 用特性匹配命令修改矩形的线型和颜色

操作步骤如下：

（1）执行【格式】→【图层】命令，新建“虚线层”，颜色改为蓝色，“实线层”颜色使用默认效果。

（2）将“虚线层”置为当前图层，如图 5-2 所示。

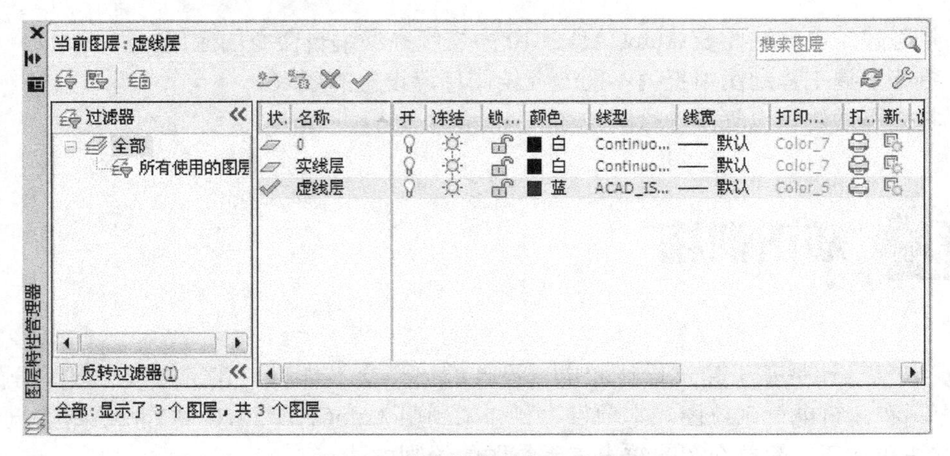

图 5-2 将虚线层置为当前图层

（3）绘制一个 15×20 的矩形（线型随层）。

（4）将“实线层”置为当前图层。

（5）在上一个矩形右边绘制一个 15×20 的矩形（线型随层如图 5-1（a）所示）。

（6）命令：ma

```
MATCHPROP
选择源对象:（选择实线矩形）
```

当前活动设置：颜色 图层 线型 线型比例 线宽 厚度 打印样式 标注 文字 填充图案 多段线 视口 表格材质 阴影显示 多重引线

选择目标对象或 [设置(S)]:（选择虚线矩形）

选择目标对象或 [设置(S)]:

效果如图 5-1（b）所示。

选项说明：

在“选择目标对象或[设置（S）]”：提示下输入 S↙，弹出“特性设置”对话框，允许用户选择要复制源对象的哪些特性，如图 5-3 所示。

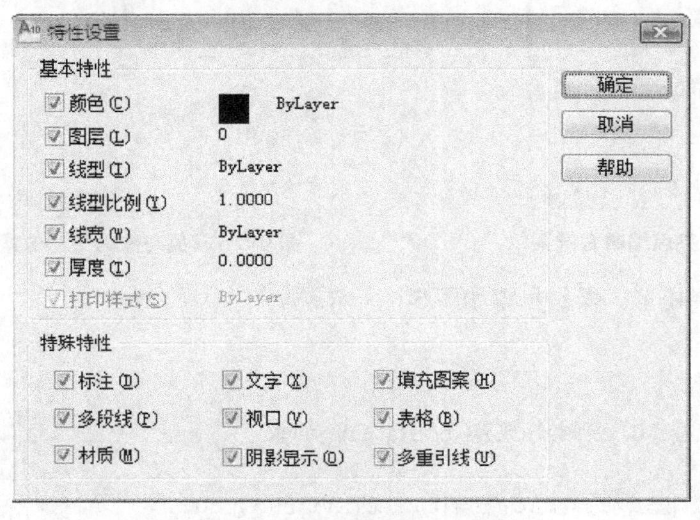

图 5-3 “特性设置”对话框

知识训练二 夹点编辑

1. 训练目的

（1）练习使用夹点编辑命令。

（2）熟练掌握夹点编辑命令在工程制图中的应用。

2. 夹点操作

所谓夹点就是显示在所选对象上的小方格和三角形。选择夹点后，可通过用定点设备拖动对象来进行编辑，而不是输入命令。即可运用夹点对实体图形进行旋转、镜像、移动、拉伸、缩放等操作。夹点是实体图形的控制点，AutoCAD 为每种实体图形对象都定义了一些控制点，就是夹点，如果把“十”字光标移动到某一个夹点上停留时，该夹点的颜色会改变，单击它，则该夹点变成实心的小方块或小三角。确定夹点激活后，单击鼠标右键会弹出快捷菜单，如图 5-4 所示。菜单中提供了夹点编辑的所有功能供用户选择，这些对应的功能和相应的编辑命令效果相同。夹点的多少及位置和图形对象的性质有关，如图 5-5 所示。下面举例介绍几种常用的夹点编辑方法。

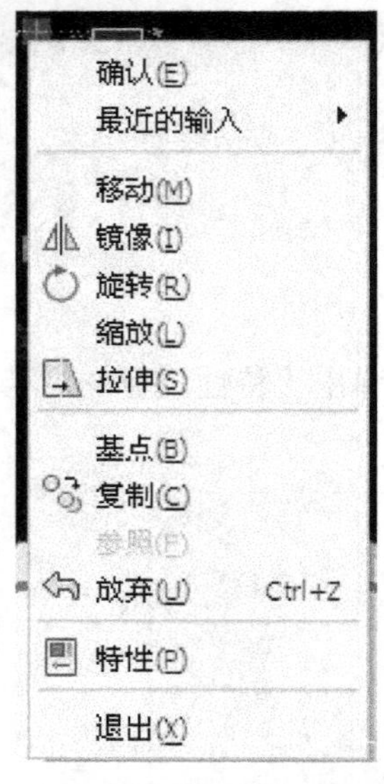

图 5-4 夹点编辑右键菜单

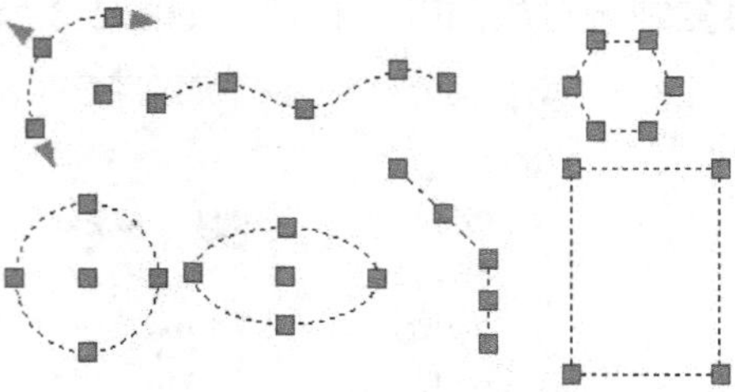

图 5-5 常见对象的夹点位置

【例 5-2】选择矩形。操作步骤如图 5-6 所示。

命令：

```
** 拉伸 **
指定拉伸点或 [基点(B)/复制(C)/放弃(U)/退出(X)]: _rotate
** 旋转 **
指定旋转角度或 [基点(B)/复制(C)/放弃(U)/参照(R)/退出(X)]: 30↙
```

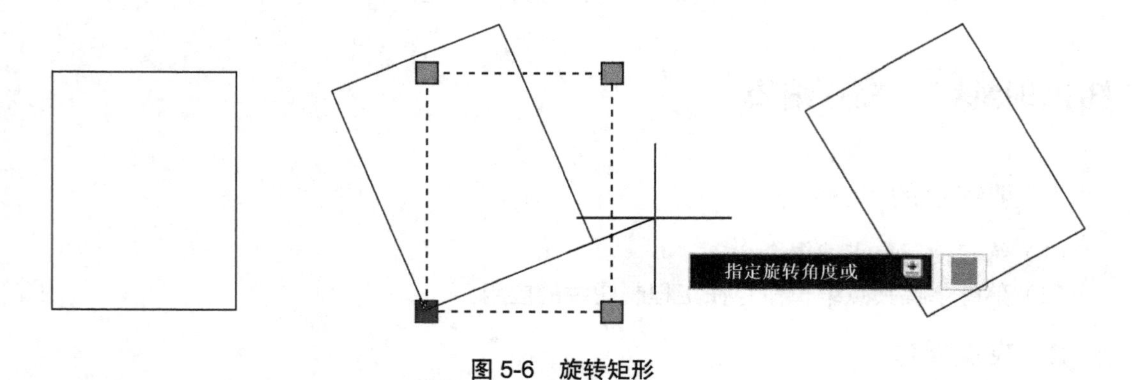

图 5-6 旋转矩形

【例 5-3】利用夹点编辑移动图形如图 5-7 所示，把变压器符号移动到合适的位置。指定变压器符号的最下面的象限点为夹点，则命令行出现提示：

命令：

```
** 拉伸 **
指定拉伸点或 [基点(B)/复制(C)/放弃(U)/退出(X)]: _move
** 移动 **
指定移动点或 [基点(B)/复制(C)/放弃(U)/退出(X)]:
命令: ↙
```

效果如图 5-7（b）所示。

【例 5-4】接上例，把变压器符号旋转到合适位置，操作过程如下。

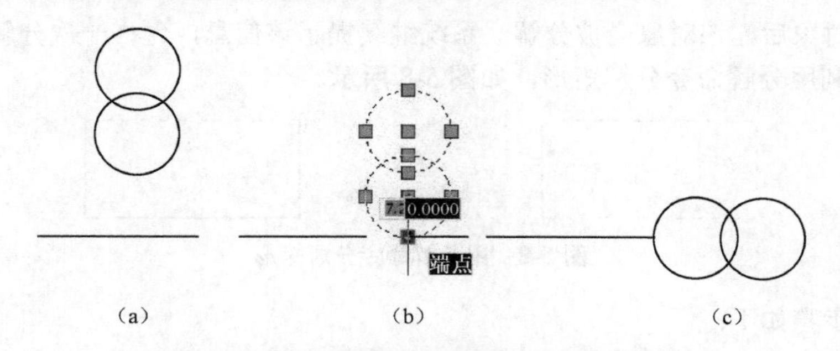

图 5-7 用夹点编辑命令移动、旋转对象

命令：

```
** 拉伸 **
指定拉伸点或 [基点(B)/复制(C)/放弃(U)/退出(X)]: _rotate
** 旋转 **
指定旋转角度或 [基点(B)/复制(C)/放弃(U)/参照(R)/退出(X)]: －90↙
命令: ↙
```

效果如图 5-7（c）所示。

知识训练三 分解

1．训练目的

（1）练习使用分解命令。

（2）掌握分解命令在工程制图中的应用。

分解的 AutoCAD 功能命令为 EXPLODE（快捷键为 X）。分解命令可以将复合对象分解为其组件对象。在绘图过程中经常用到分解命令，如分解矩形用于等分、分解块以进行编辑，如果需要在一个块中单独修改一个或多个对象，可以将块定义分解为它的组成对象。修改之后，可以：

① 创建新的块定义。

② 重定义现有的块定义。

③ 保留组成对象不组合以供他用。

④ 通过选择“插入”对话框中的“分解”选项，可以在插入时自动分解块参照。

2．调用分解命令

（1）菜单【修改】→【分解】。

（2）命令行：X

命令：x

```
EXPLODE
```

```
选择对象: 找到 1 个（选择要分解的对象）
选择对象:
```

选择一个对象后，该对象会被分解，系统继续提示该信息，允许一次分解多个对象。

【例 5-5】利用分解命令分解矩形，如图 5-8 所示。

图 5-8　用分解命令分解矩形

具体操作步骤如下：

（1）绘制一个 15×7 的矩形。

命令：rec

```
RECTANG
指定第一个角点或 [倒角(C)/标高(E)/圆角(F)/厚度(T)/宽度(W)]: ↙
指定另一个角点或 [面积(A)/尺寸(D)/旋转(R)]: @15,7↙
```

（2）对矩形进行分解。

命令：x

```
EXPLODE
选择对象: 找到 1 个
选择对象:
```

效果如图 5-8 所示。

知识训练四　对齐

1．训练目的

（1）练习使用对齐命令。

（2）熟练掌握对齐命令在工程制图中的应用技巧。

对齐的功能命令为 ALIGN（快捷键为 AL），在二维和三维空间中将对象与其他对象对齐。对齐命令可以通过旋转、移动、倾斜对象来使该对象与另一个对象对齐。

在三维空间中，使用 3DALIGN命令可以指定至多三个点来定义源平面，然后指定至多三个点来定义目标平面。

2．对齐操作

① 对象上的第一个源点（称为基点）将始终被移动到第一个目标点。

② 为源或目标指定第二点将导致旋转选定对象。

③ 源或目标的第三个点将导致选定对象进一步旋转。

执行对齐命令时如果仅指定一个源点和目标点后直接按【Enter】键，则源图形直接被对齐，并且形状和位置都不发生变化如图 5-9（a）所示；如果选定两个源点和两个目标点，则执行对齐命令时，系统会提示是否缩放对象，默认状态下是直接对齐，而不缩放，如图 5-9（b）所示；如果选定三个源点和三个目标点，则系统直接执行对齐命令。

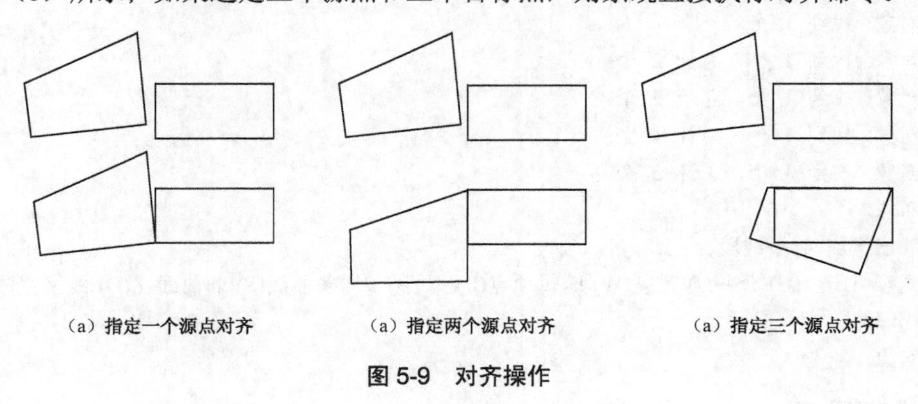

图 5-9 对齐操作

知识训练五 多段线编辑

1. 训练目的

（1）练习使用多段线编辑命令。

（2）掌握多段线编辑命令在工程制图中的应用。

多段线编辑的功能命令为 PEDIT（快捷键为 PE），多段线编辑命令可以对多段线进行编辑，可以改变多段线的线宽、形状，可以使闭合的多段线打开，使打开的多段线闭合，也可以在不封闭的多段线中添加线段、圆弧等。

2. 调用多段线编辑命令

（1）菜单：【修改】→【对象】→【多段线】。

（2）命令行：PE。

【例 5-6】利用多段线编辑命令把如图 5-10 所示的直线编辑成多段线。

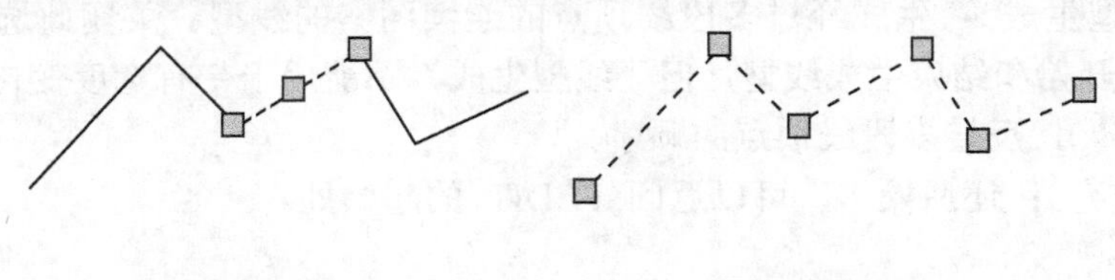

图 5-10 用 PEDIT 命令把几条直线合成多段线

操作步骤如下：

命令：pe

```
PEDIT 选择多段线或 [多条(M)]:
选定的对象不是多段线
是否将其转换为多段线? <Y>
```

```
输入选项 [闭合(C)/合并(J)/宽度(W)/编辑顶点(E)/拟合(F)/样条曲线(S)/非曲线化(D)/线型生成(L)/反转(R)/放弃(U)]: j
选择对象: 找到 1 个
选择对象: 找到 1 个，总计 2 个
选择对象: 找到 1 个，总计 3 个
选择对象: 找到 1 个，总计 4 个
选择对象: 找到 1 个，总计 5 个
选择对象:
多段线已增加 4 条线段
输入选项 [闭合(C)/合并(J)/宽度(W)/编辑顶点(E)/拟合(F)/样条曲线(S)/非曲线化(D)/线型生成(L)/反转(R)/放弃(U)]: J↙
选择对象: ↙
```

3. 选项说明

（1）C（闭合）：创建闭合的多段线。

（2）J（合并）：合并连续的直线、样条曲线、圆弧或多段线。在多段线的尾端点上添加直线、圆弧或多段线，组成一个多段线对象。

（3）W（宽度）：指定整个多段线新的统一宽度。

（4）E（编辑顶点）：用于编辑多段线的顶点，从而改变多段线的形状。当用户输入 E 后，系统继续提示：

```
输入顶点编辑选项
[下一个(N)/上一个(P)/打断(B)/插入(I)/移动(M)/重生成(R)/拉直(S)/切向(T)/宽度(W)/退出(X)] <N>:
```

可以输入各个选项，对顶点进行编辑。

（5）F（拟合）：对所编辑的多段线进行拟合操作，创建一系列的圆弧合并每对顶点。

（6）S（样条曲线）：用于把一条直线段转换为一条样条曲线。样条曲线就是只用通过起点和终点，用无限接近中间点的曲线连接起来的曲线，创建样条曲线的近似线。

（7）D（非曲线化）：用于删除由拟合或样条曲线插入的其他顶点并拉直所有多段线。

（8）L（线型生成）：生成经过多段线顶点的连续图案的线型。关闭此选项，将在每个顶点处以点画线开始和结束生成线型，但“线型生成”不能用于带有宽度变化的多段线。

（9）R（反转）：反转多段线顶点的顺序。

（10）U（放弃）：还原操作，可以返回 PEDIT 的起始处。

知识训练六　“特性”选项板

1. 训练目的

（1）掌握“特性”选项板的使用技巧。

（2）熟练掌握“特性”选项板在工程制图中应用。

“特性”选项板的功能命令为 PROPERTIES，AutoCAD 中的“特性”选项板如图 5-11 和图 5-12 所示，利用它可以方便地设置或修改对象的各种属性。因为在 AutoCAD 中绘制图形时，所有的图形对象都有属性，有些属性是共有的，如图层、颜色等；有些属性是对象独有的，如圆的直径、直线的长度等。这些属性不但可以查看，而且可以修改，修改已建立的对象属性后，对象改变为新的属性。

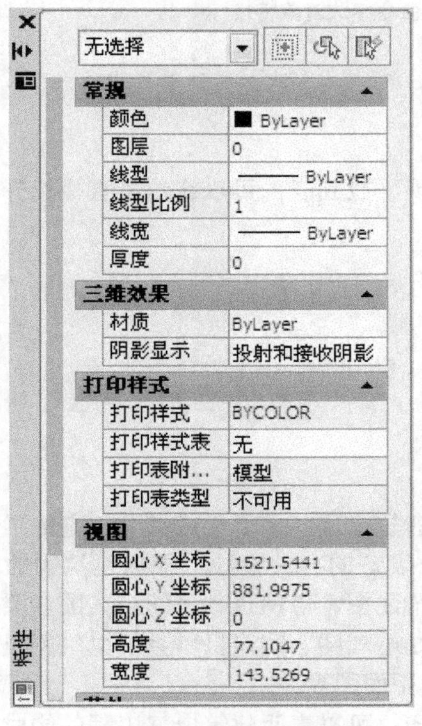

图 5-11 “特性”选项板

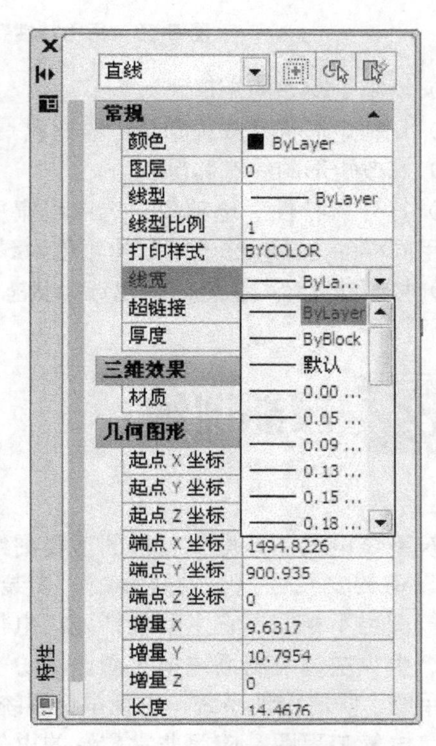

图 5-12 指定对象的当前线宽

2. 调用“特性”选项板

（1）菜单：【工具】→【选项板】→【特性】。

（2）命令行：PROPERTIES。

可以先调出“特性”选项板，再选择对象；也可以先选择对象，再打开“特性”选项板。

3.“特性”选项板功能介绍

（1）在“特性”选项板最右边打开右键菜单可以设置“特性”选项板自动隐藏，设置完成光标离开“特性”选项板后它会自动缩小为一个条状标题栏，当光标移至条状标题栏上时，“特性”选项板又会自动显现出来。

（2）在该选项板上部的下拉列表框中列出了所选对象的性质和数目未选择对象时，下拉列表框中显示“无选择”。

（3）选择对象后，如果是单一对象，则列出其全部特性；如果是多个对象，则仅列出所选对象共有的特性。

（4）可以在特性列表中滚动查看选择对象的属性，也可以对每一项内容进行修改。

【例 5-7】利用“特性”选项板修改矩形的线宽和颜色，如图 5-13 所示。

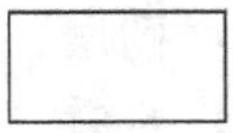

(a) 编辑之前　　(b) 编辑之后

图 5-13　用"特性"选项板命令修改对象特性

(1) 绘制 15×6 的矩形。

(2) 复制矩形将其放置到合适的位置。

(3) 修改矩形的线宽和颜色。

(4) 打开"特性"选项板，选中线宽后，出现下拉列表，可以在这里直接选择线条宽度。采用同样的方法，修改矩形的颜色为绿色。

(5) 按两次【ESC】键，退出选择状态。

5.2 技能训练

建筑系统电气图是电气工程的重要图纸，是建筑工程的重要组成部分，它提供了建筑内电气设备的安装位置、安装接线、安装方法及设备的有关参数。根据建筑物的功能不同，电气图也不相同，它主要包括建筑电气安装平面图、电梯控制系统电气图、照明系统电气图、中央空调控制系统电气图、消防安全系统电气图、防盗报警系统电气图及建筑物的通信系统、防雷接地系统、电视电话系统的电气平面图等。

建筑电气工程图是应用非常广泛的电气图之一，可以表明建筑电气工程的构成规模和功能，详细描述电气装置的工作原理，提供安装技术数据及使用维护方法。随着建筑物的规模和要求不同，建筑电气工程图的种类和图纸数量也不同，常用的建筑电气工程图主要有以下几类：

1. 说明性文件

(1) 图纸目录：包括序号、图纸名称、图纸编号、图纸张数等。

(2) 设计说明（施工说明）：主要阐述电气工程设计依据、工程的要求和施工原则、建筑特点、电气安装标准、安装方法、工程等级、工艺要求及有关设计的补充说明等。

(3) 图例：即图形符号和文字代号，通常只列出本套图纸中涉及的一些图形符号和文字代号所代表的意义。

(4) 设备材料明细表（零件表）：列出该项电气工程所需要的设备和材料的名称、型号、规格、数量，供设计概算、施工预算及设备订货时参考。

2. 系统图

系统图是表现电气工程的供电方式、电力输送、分配、控制和设备运行情况的图纸，从系统图中可以粗略地看出工程的概貌。系统图可以反映不同级别的电气信息，如变配电系统图、动力系统图、照明系统图、弱电系统图等。

3. 平面图

电气平面图是表示电气设备、装置与线路平面布置的图纸，是进行电气安装的主要依据。电气平面图是以建筑平面图为依据，在图上绘出电气设备、装置及线路的安装位置、敷设方法等。常用的电气平面图有变配电平面图、室外供电线路平面图、动力平面图、照明平面图、防雷平面图、接地平面图、弱电平面图等。

4. 布置图

布置图是表现各种电气设备和器件的平面与空间的位置、安装方式及其相互关系的图纸，通常由平面图、立面图、剖面图及各种构件详图等组成。一般来说，设备布置图是按三视图原理绘制的。

5. 接线图

安装接线图在现场常被称为安装配线图，主要是用来表示电气设备、电器元件和线路的安装位置、配线方式、接线方法、配电场所特征的图纸。

6. 电路图

电路图在现场常被称为电气原理图，主要是用来表现某一电气设备或系统的工作原理的图纸，它是安装各个部分的动作原理图采用分开表示法展开绘制的。通过对电路图的分析，可以清楚地看出整个系统的动作顺序。电路图可以用来指导电气设备和器件的安装、接线、调试、使用与维修。

7. 详图

详图是表现电气工程中设备某一部分的具体安装要求和做法的图纸。

技能训练一 绘制建筑竖向配电系统图

1. 训练目的

（1）熟悉建筑配电系统图的绘制方法。

（2）熟悉建筑电气制图常用图形符号和文字符号的含义，以及线路敷设方式的表达方法。

（3）熟练掌握 AutoCAD 2010 中文版软件绘制建筑电气图的技巧。

2. 绘制建筑竖向配电系统图

【例 5-8】绘制建筑竖向配电系统图，效果如图 5-14 所示。

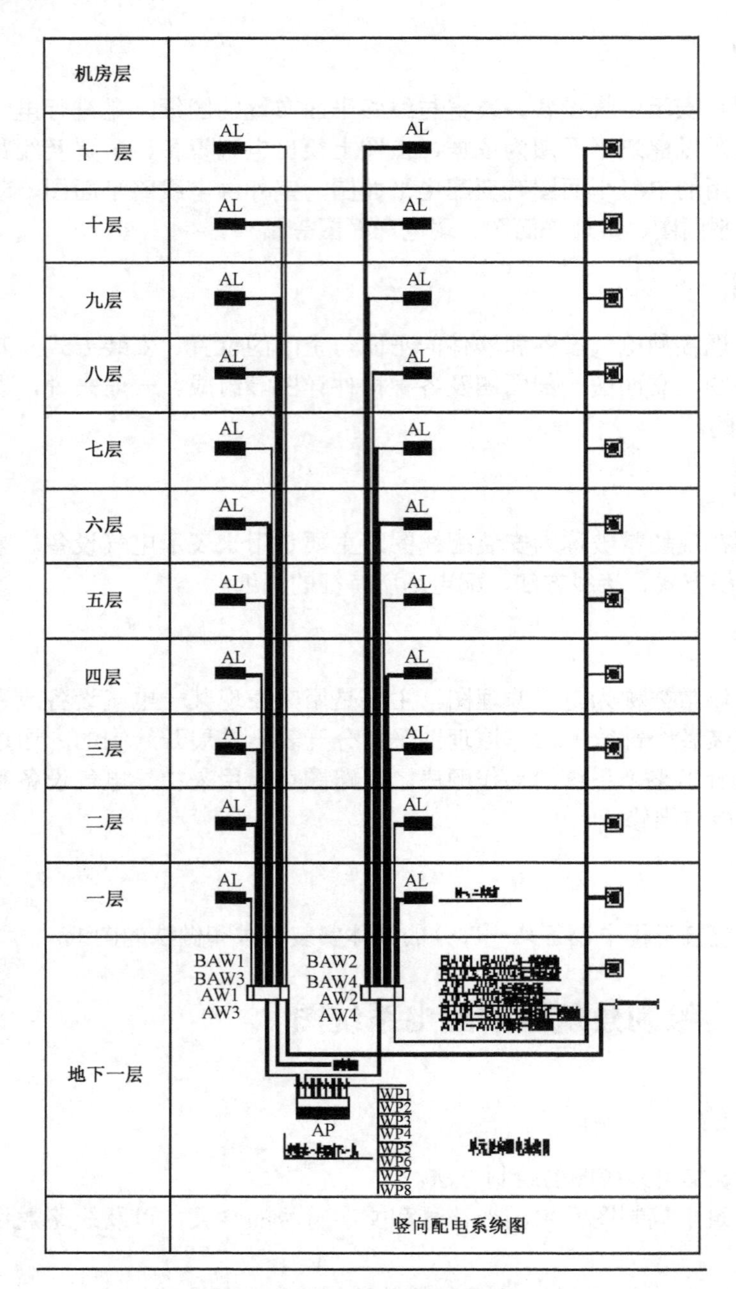

图 5-14 建筑竖向配电系统图

（1）设置绘图环境。

① 打开 AutoCAD 2010 中文版应用程序，以“A3.dwt”样板文件为模板，建立新文件；将新文件命名为“照明”。

② 设置图层，共设置 9 个图层，包括 “照明”、“母线”、“箱柜”、“系统”、“文字”等。将“0 层”设置为当前。设置好的图层属性如图 5-15 所示。

③ 设置图形界限，命令行提示如下：

命令: limits
重新设置模型空间界限:
指定左下角点或 [开(ON)/关(OFF)] <0.0,0.0>:
指定右上角点 <15000.0,20000.0>: 42000,59400↙
命令: z ZOOM
指定窗口的角点，输入比例因子 (nX 或 nXP)，或者
[全部(A)/中心(C)/动态(D)/范围(E)/上一个(P)/比例(S)/窗口(W)/对象(O)] <实时>: a↙

（2）绘制楼层之间布置框图。

① 绘制楼层竖向布置框图，效果如图 5-16 所示。

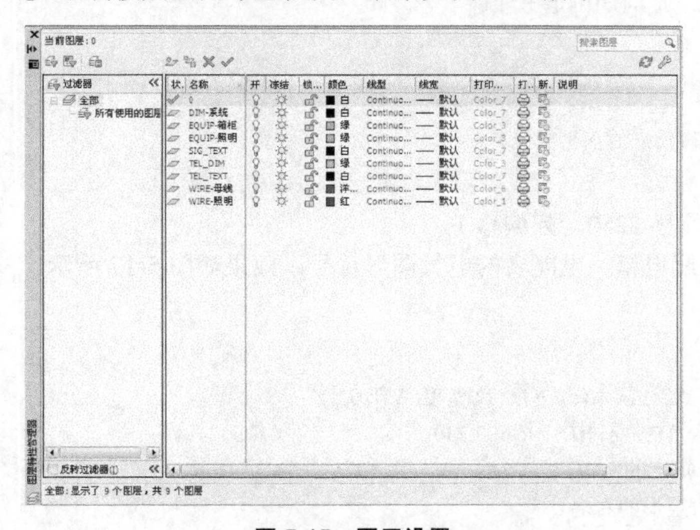

图 5-15 图层设置

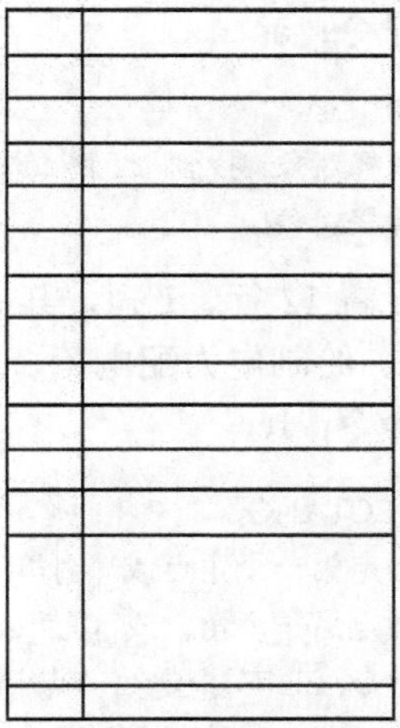

图 5-16 楼层竖向布置框图

命令：rec

RECTANG
指定第一个角点或 [倒角(C)/标高(E)/圆角(F)/厚度(T)/宽度(W)]: 0,0↙
指定另一个角点或 [面积(A)/尺寸(D)/旋转(R)]: 18877,36434↙↙
命令: x EXPLODE
选择对象: 找到 1 个（分解矩形）
选择对象: ↙

命令：o

OFFSET↙
当前设置: 删除源=否 图层=源 OFFSETGAPTYPE=0
指定偏移距离或 [通过(T)/删除(E)/图层(L)] <通过>: 3600↙
选择要偏移的对象，或 [退出(E)/放弃(U)] <退出>:
指定要偏移的那一侧上的点，或 [退出(E)/多个(M)/放弃(U)] <退出>:
选择要偏移的对象，或 [退出(E)/放弃(U)] <退出>:
命令：OFFSET↙
当前设置: 删除源=否 图层=源 OFFSETGAPTYPE=0

```
指定偏移距离或 [通过(T)/删除(E)/图层(L)] <3600.0>: 1660↙
选择要偏移的对象，或 [退出(E)/放弃(U)] <退出>:
指定要偏移的那一侧上的点，或 [退出(E)/多个(M)/放弃(U)] <退出>:
选择要偏移的对象，或 [退出(E)/放弃(U)] <退出>:
命令: OFFSET↙
当前设置: 删除源=否  图层=源  OFFSETGAPTYPE=0
指定偏移距离或 [通过(T)/删除(E)/图层(L)] <1660.0>: 7773.6↙
选择要偏移的对象，或 [退出(E)/放弃(U)] <退出>:
指定要偏移的那一侧上的点，或 [退出(E)/多个(M)/放弃(U)] <退出>:
选择要偏移的对象，或 [退出(E)/放弃(U)] <退出>:
```

命令：ar

```
ARRAY
选择对象: 找到 1 个（选择偏移出来的水平直线）
选择对象:
```

设置 12 行、1 列，其中行偏移 2250，列偏移 1。

② 绘制电力配电箱、住户配电箱、电能表的电气图形符号，效果如图 5-17 所示。

命令：rec

```
RECTANG
指定第一个角点或 [倒角(C)/标高(E)/圆角(F)/厚度(T)/宽度(W)]: 0,0↙
指定另一个角点或 [面积(A)/尺寸(D)/旋转(R)]: @600,240↙
命令: LINE 指定第一点:（单击矩形的左端点）↙
指定下一点或 [放弃(U)]:（单击矩形的右端点）↙
指定下一点或 [放弃(U)]: ↙
```

命令：h

```
HATCH
拾取内部点或 [选择对象(S)/删除边界(B)]: 正在选择所有对象...
拾取内部点或 [选择对象(S)/删除边界(B)]:
```

复制刚才所绘制的矩形并填充，绘制住户配电箱，最后复制矩形绘制电表箱。

  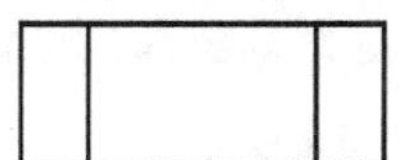

图 5-17　电力配电箱、住户配电箱、电能表的电气图形符号

③ 绘制消防专用吸顶灯和单管荧光灯吸顶灯图形符号，效果如图 5-18 所示。

图 5-18　消防专用吸顶灯和单管荧光灯吸顶灯图形符号

命令：rec

```
RECTANG
指定第一个角点或 [倒角(C)/标高(E)/圆角(F)/厚度(T)/宽度(W)]: ↙
指定另一个角点或 [面积(A)/尺寸(D)/旋转(R)]: @400,400↙
命令: LINE 指定第一点: _m2p 中点的第二点: ↙
指定下一点或 [放弃(U)]: @242.4<45↙
指定下一点或 [放弃(U)]: ↙
```

命令：ar

```
ARRAY
选择对象: 指定对角点: 找到 1 个（选中刚才所绘制的斜线段）↙
选择对象:
指定阵列中心点:
```

命令：c

```
CIRCLE 指定圆的圆心或 [三点(3P)/两点(2P)/切点、切点、半径(T)]:（拾取矩形的中心点）
指定圆的半径或 [直径(D)]: 110
```

命令：h

```
HATCH
拾取内部点或 [选择对象(S)/删除边界(B)]:（选择圆的内部范围进行填充）
拾取内部点或 [选择对象(S)/删除边界(B)]:
```

命令：l

```
LINE 指定第一点:
指定下一点或 [放弃(U)]: <正交 开> 200↙
指定下一点或 [放弃(U)]: ↙
```

命令：pl

```
PLINE
指定起点:
当前线宽为 0.0↙
指定下一个点或 [圆弧(A)/半宽(H)/长度(L)/放弃(U)/宽度(W)]: w↙
指定起点宽度 <0.0>: 60↙
指定端点宽度 <60.0>: ↙
指定下一个点或 [圆弧(A)/半宽(H)/长度(L)/放弃(U)/宽度(W)]: 960↙
指定下一点或 [圆弧(A)/闭合(C)/半宽(H)/长度(L)/放弃(U)/宽度(W)]: ↙
```

然后利用镜像命令复制竖直直线到对边，把图 5-17 和图 5-18 的图形符号及所对应的功能命名都创建为图块。

④ 在图 5-16 中用文字命令注写楼层，然后把图块名为消防专用吸顶灯和用户配电箱的图块插入一层，再用阵列命令完成其他楼层这两个图块的绘制，把电力配电箱图块插入地下一楼位置。

⑤ 利用直线命令绘制线路，效果如图 5-14 所示。

技能训练二 绘制某楼层建筑照明平面图

1. 训练目的

（1）掌握建筑电气制图的规范。

（2）熟悉建筑电气制图常用图形符号和文字符号的含义。

（3）熟练掌握 AutoCAD 2010 中文版软件绘制建筑电气图的技巧。

2. 建筑照明电气图

照明工程图是照明施工的依据之一，它一般包括设计说明及主要设备材料表、电气照明平面图、照明供电系统图、局部安装大样图等。

（1）设计说明。

设计说明是对电气施工图的补充文字说明，是指导阅读电气施工图的依据。对施工图中不易表达的一些技术问题和要求，应在设计说明中进行表述。

（2）电气照明系统图。

电气照明系统图是用国家标准规定的电气图形符号表示出整个工程供配电系统的各级组成和连接，线路均用单线图绘制。在各配电箱（配电柜）配电系统图中，应标注各开关、电器型号和配电箱的编号（与平面图中对应）、计算负荷、电流、型号及尺寸。在配电箱线路上标注回路的编号及导线的型号、规格、根数、敷设部位、敷设方式等。

（3）电气照明平面图。

电气照明平面图是表示各种电气设备、电器开关、电器插座盒配电线路的安装（敷设）的平面位置图。它是在建筑施工平面图上用各种电气图形符号和文字符号表示电气线路及电气设备安装要求、安装方法的电气施工图样。电气照明平面图采用单线图绘制，应标注配电箱的编号，回路的编号，导线的型号、规格、根数、敷设部位、敷设方式，电气设备、插座、灯具等的数量、型号、规格、安装方式、安装高度等。电气平面图一般要求按楼层分别绘制，相同楼层可只绘制其中一层。电气施工平面图是指导电气照明工程安装的重要图样。

（4）大样图。

对有特殊安装要求的某些元器件，若有标准图集或施工图册可选时，应注明所选图号；若没有，则需要在施工图设计中绘出其安装大样图。大样图应按制图要求以一定比例绘制，不按比例绘制时，应标注其详细尺寸、材料及技术要求，以便于按图施工。

（5）设备材料表。

材料表通常安装照明灯具、光源、开关、插座、配电箱（柜）及导线材料等，分门别类列出。表中需要有编号、名称、规格型号、单位、数量级备注等栏。设备材料表是编制照明过程概算（预算）的基本依据。

（6）建筑电气照明施工图的常用图形符号及标注。

3. 熟悉民用建筑电气图形符号

在读图之前，首先要熟悉民用建筑电气设计常用图形符号、文字符号及标注方法，如表 5-1 所示。

表 5-1 常用建筑电气图例符号

图例	名称	备注	图例	名称	备注
	动力或动力—照明配电箱		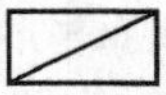	电源自动切换箱（屏）	
	照明配电箱（屏）			避雷器	
	事故照明配电箱（屏）		 MDF	总配线架	
	室内分线盒		 IDF	中间配线架	
	室外分线盒			电话及网络配线架	
	灯的一般符号			分线盒的一般符号	
	球型灯			单极开关（暗装）	
	顶棚灯			双极开关	
	花灯			双极开关（暗装）	
	弯灯			三极开关	
	荧光灯			三极开关（暗装）	
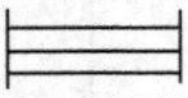	三管荧光灯			单相插座	
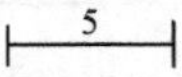 5	五管荧光灯			暗装	
	壁灯			密闭（防水）	
	广照型灯（配照型灯）			防爆	
	防水防尘吸顶灯			带保护接点插座	
	开关一般符号			带接地插孔的单相插座（暗装）	
	单极开关			密闭（防水）	
 V	指示式电压表			防爆	

续表

图　例	名　称	备　注	图　例	名　称	备　注
	带接地插孔的三相插座（暗装）			带接地插孔的三相插座	
	电信插座的一般符号可用以下的文字或符号区别不同插座 TP—电话 FX—传真 M—传声器 FM—调频 TV—电视—扬声器			插座箱（板）	
t	单极限时开关		A	指示式电流表	
	调光器			匹配终端	
	钥匙开关			传声器一般符号	
	电铃			扬声器一般符号	
	天线一般符号			感烟探测器	
	放大器一般符号			感光火灾探测器	
	分配器，两路，一般符号			气体火灾探测器（点式）	
	三路分配器		CT	缆式线型定温探测器	
	四路分配器			感温探测器	
3 n	电线、电缆、母线、传输通路 一般符号 三根导线 三根导线 n 根导线			手动火灾报警按钮	

续表

图 例	名 称	备 注	图 例	名 称	备 注
	接地装置 （1）有接地极 （2）无接地极			水流指示器	
F	电话线路			火灾报警控制器	
V	视频线路			火灾报警电话机（对讲电话机）	
B	广播线路		EEL	应急疏散指示标志灯	
	消火栓		EL	应急疏散照明灯	

线路敷设方式文字符号如表 5-2 所示。

表 5-2 线路敷设方式文字符号

敷设方式	新符号	旧符号	敷设方式	新符号	旧符号
穿焊接钢管敷设	SC	G	电缆桥架敷设	CT	
穿电线管敷设	MT	DG	金属线槽敷设	MR	GC
穿硬塑料管敷设	PC	VG	塑料线槽敷设	PR	XC
穿阻燃半硬聚氯乙烯管敷设	FPC	ZYG	直埋敷设	DB	
穿聚氯乙烯塑料波纹管敷设	KPC		电缆沟敷设	TC	
穿金属软管敷设	CP		混凝土排管敷设	CE	
穿扣压式薄壁钢管敷设	KBG		钢索敷设	M	

线路敷设部位文字符号如表 5-3 所示。

表 5-3 线路敷设部位文字符号

敷设方式	新符号	旧符号	敷设方式	新符号	旧符号
沿或跨梁（屋架）敷设	AB	LM	暗敷设在墙内	WC	QA
暗敷设在梁内	BC	LA	沿顶棚或顶板面敷设	CE	PM
沿或跨柱敷设	AC	ZM	暗敷设在屋面或顶板内	CC	PA
暗敷设在柱内	CLC	ZA	吊顶内敷设	SCE	
沿墙面敷设	WS	QM	地板或地面下敷设	F	DA

标注线路用途文字符号如表 5-4 所示。

表 5-4　标注线路用途文字符号

名　称	常用文字符号			名　称	常用文字符号		
	单字母	双字母	三字母		单字母	双字母	三字母
控制线路		WC		电力线路		WP	
直流线路		WD		广播线路		WS	
应急照明线路	W	WE	WEL	电视线路	W	WV	
电话线路		WF		插座线路		WX	
照明线路		WL					

照明电气图一般都是在绘制好的建筑图中绘制，如果没有建筑平面图，就需要设计单位自行测绘建筑平面图，并在此基础上绘制出电气图。绘制建筑平面图时，先绘制轴线和墙线，然后绘制门洞和窗，即可完成绘制电气图需要的建筑平面图。如图 5-19 所示是某商品楼楼层照明平面图，其中有客厅、卧室、阳台、餐厅、书房、卫生间、走廊，各房间对电气性能有不同的要求。

4. 绘制某商品楼楼层建筑照明平面图

【例 5-9】绘制某商品楼楼层建筑照明平面图如图 5-19 所示。

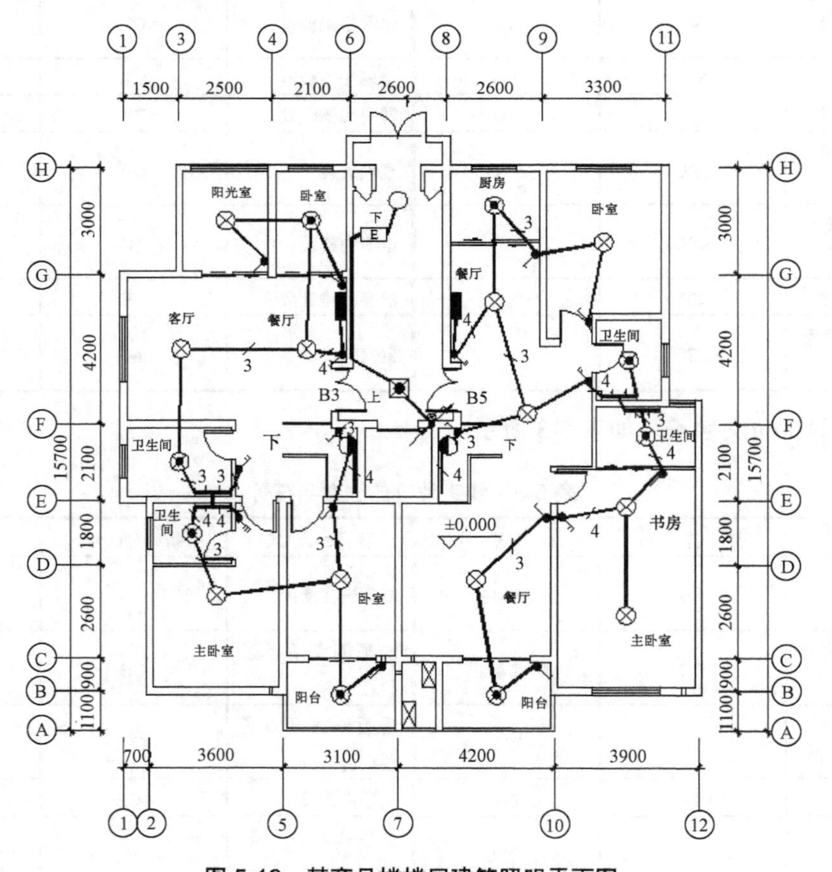

图 5-19　某商品楼楼层建筑照明平面图

（1）设置绘图环境。

① 打开 AutoCAD 2010 中文版应用程序，以“A3.dwt”样板文件为模板，建立新文件；将新文件命名为“照明”。

② 设置“轴线”、“DIM-照明”、“EQUIO-箱柜”、“EQUIO-照明”、“WIRE-照明”、“栏杆”等图层，设置好的各图层属性如图 5-20 所示。

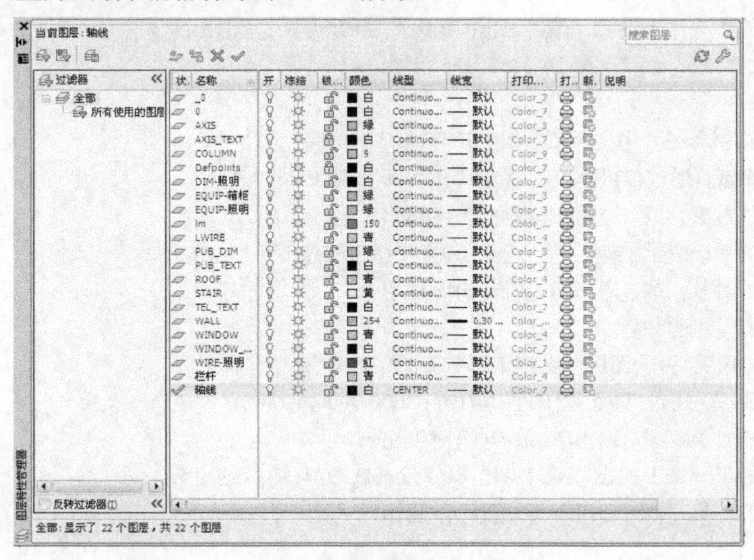

图 5-20 图层的设置

（2）图样布局。

① 将“轴线”图层设置为当前层，绘制轴线。

命令：xl

```
XLINE 指定点或 [水平(H)/垂直(V)/角度(A)/二等分(B)/偏移(O)]: h
指定通过点: ↙
指定通过点: ↙
命令: XLINE 指定点或 [水平(H)/垂直(V)/角度(A)/二等分(B)/偏移(O)]: v
指定通过点: ↙
指定通过点: ↙
```

利用偏移命令按照尺寸偏移轴线。轴线最终复制结果如图 5-21 所示。

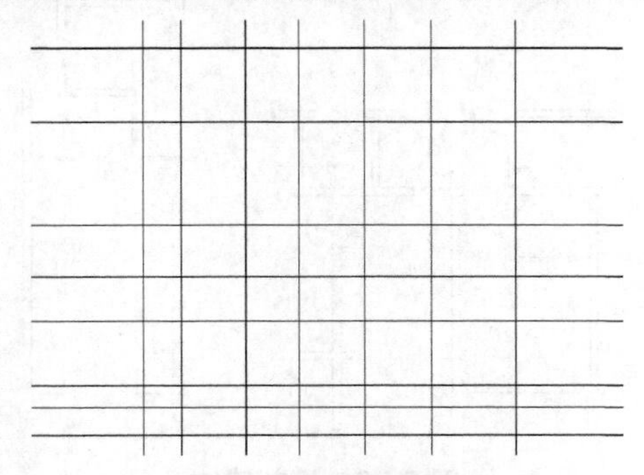

图 5-21 偏移复制轴线

命令：o

```
OFFSET
当前设置: 删除源=否  图层=源  OFFSETGAPTYPE=0
指定偏移距离或 [通过(T)/删除(E)/图层(L)] <1100.0000>: 900↙
选择要偏移的对象，或 [退出(E)/放弃(U)] <退出>:
指定要偏移的那一侧上的点，或 [退出(E)/多个(M)/放弃(U)] <退出>: ↙
选择要偏移的对象，或 [退出(E)/放弃(U)] <退出>:
命令: OFFSET
当前设置: 删除源=否  图层=源  OFFSETGAPTYPE=0
指定偏移距离或 [通过(T)/删除(E)/图层(L)] <900.0000>: 2600↙
选择要偏移的对象，或 [退出(E)/放弃(U)] <退出>:
指定要偏移的那一侧上的点，或 [退出(E)/多个(M)/放弃(U)] <退出>: ↙
选择要偏移的对象，或 [退出(E)/放弃(U)] <退出>:
命令: OFFSET
当前设置: 删除源=否  图层=源  OFFSETGAPTYPE=0
指定偏移距离或 [通过(T)/删除(E)/图层(L)] <2600.0000>: 1800↙
选择要偏移的对象，或 [退出(E)/放弃(U)] <退出>:
指定要偏移的那一侧上的点，或 [退出(E)/多个(M)/放弃(U)] <退出>: ↙
选择要偏移的对象，或 [退出(E)/放弃(U)] <退出>:
命令: OFFSET
当前设置: 删除源=否  图层=源  OFFSETGAPTYPE=0
指定偏移距离或 [通过(T)/删除(E)/图层(L)] <1800.0000>: 2100↙
选择要偏移的对象，或 [退出(E)/放弃(U)] <退出>:
指定要偏移的那一侧上的点，或 [退出(E)/多个(M)/放弃(U)] <退出>: ↙
选择要偏移的对象，或 [退出(E)/放弃(U)] <退出>:
……
```

（3）绘制墙体。

1）利用偏移命令根据墙体厚度尺寸绘制墙体，效果如图 5-22 所示。

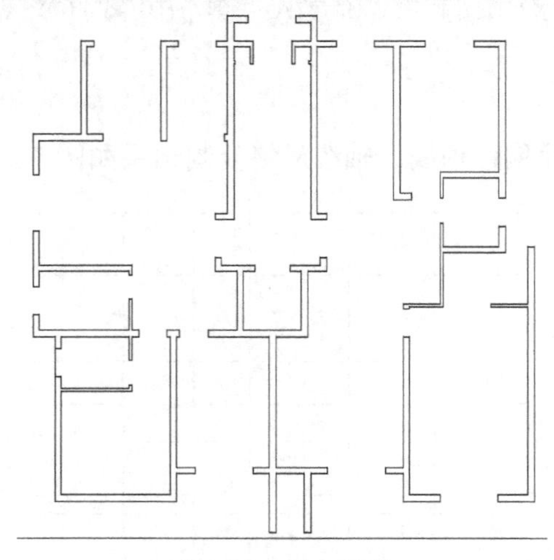

图 5-22　绘制墙体

命令：o

```
OFFSET
当前设置: 删除源=否　图层=源　OFFSETGAPTYPE=0
指定偏移距离或 [通过(T)/删除(E)/图层(L)] <3000.0000>: 100↙
选择要偏移的对象，或 [退出(E)/放弃(U)] <退出>:
指定要偏移的那一侧上的点，或 [退出(E)/多个(M)/放弃(U)] <退出>:
选择要偏移的对象，或 [退出(E)/放弃(U)] <退出>:
指定要偏移的那一侧上的点，或 [退出(E)/多个(M)/放弃(U)] <退出>:
选择要偏移的对象，或 [退出(E)/放弃(U)] <退出>:
指定要偏移的那一侧上的点，或 [退出(E)/多个(M)/放弃(U)] <退出>:
……
```

② 利用修剪命令剪掉多余部分。

（4）绘制门窗。

① 绘制单扇门。

命令行输入 Arc↙，绘制圆弧。

② 绘制双扇门。

命令行输入 Line↙，连接门洞两侧的端点，然后过直线的中点做直线的垂线，命令行输入 Arc↙，然后利用镜像命令完成另一半门的绘制，效果如图 5-23 所示。

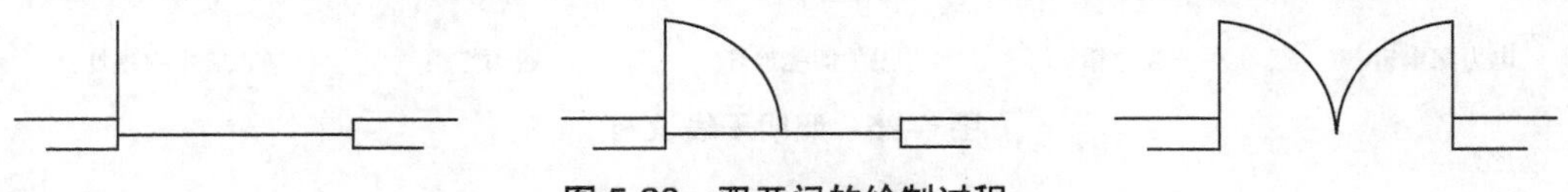

图 5-23　双开门的绘制过程

命令：l

```
LINE 指定第一点: ↙
指定下一点或 [放弃(U)]:
指定下一点或 [放弃(U)]:
命令: l LINE 指定第一点:
指定下一点或 [放弃(U)]: 750↙
指定下一点或 [放弃(U)]: ↙
```

命令：a

```
ARC 指定圆弧的起点或 [圆心(C)]: c 指定圆弧的圆心:
指定圆弧的起点:
指定圆弧的端点或 [角度(A)/弦长(L)]: a 指定包含角: 90↙
```

命令：mi

```
MIRROR
选择对象: 指定对角点: 找到 2 个↙
选择对象: 指定镜像线的第一点: 指定镜像线的第二点: ↙
要删除源对象吗? [是(Y)/否(N)] <N>: ↙
```

（5）绘制楼梯及室内设施。

① 从“设计中心”中调入楼梯模块，调整好缩放比例，放置到图纸中。

② 单击“绘图”工具栏中的“矩形”按钮，绘制如图 5-24 所示的设施。

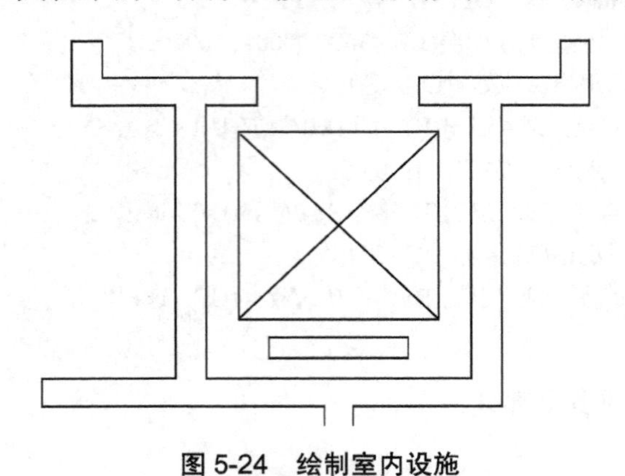

图 5-24 绘制室内设施

（6）绘制照明干线设施。

单击“矩形”按钮绘制电力配电箱矩形，然后利用直线命令绘制直线，再利用填充命令填充，效果如图 5-25 所示。

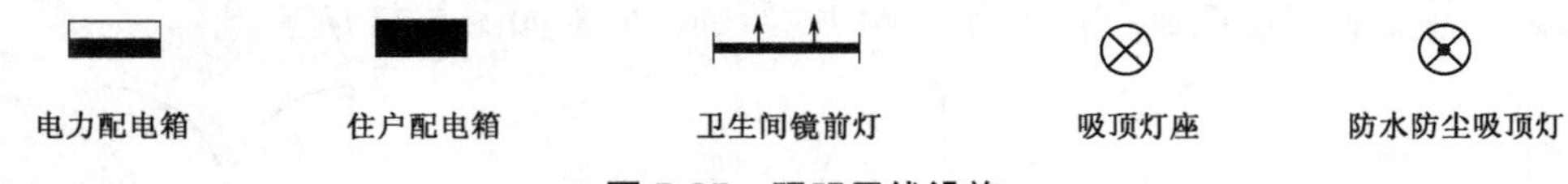

图 5-25 照明干线设施

命令：rec

```
RECTANG
指定第一个角点或 [倒角(C)/标高(E)/圆角(F)/厚度(T)/宽度(W)]:
指定另一个角点或 [面积(A)/尺寸(D)/旋转(R)]: @600,240↙
命令: l LINE 指定第一点: ↙
指定下一点或 [放弃(U)]:
指定下一点或 [放弃(U)]:
```

命令：h

```
HATCH
拾取内部点或 [选择对象(S)/删除边界(B)]: 正在选择所有对象...
正在选择所有可见对象...
正在分析所选数据...
正在分析内部孤岛...
拾取内部点或 [选择对象(S)/删除边界(B)]:
```

住户配电箱的画法与之类似，绘制卫生间镜前灯、吸顶灯座和防水防尘吸顶灯、暗装开关等符号，然后把它们都定义为图块，插入建筑平面图中合适的位置，效果如图 5-26 所示。

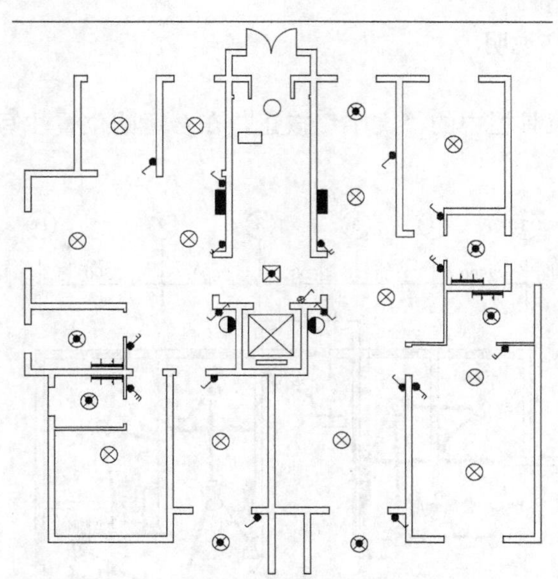

图 5-26　主要照明设施布置图的绘制

（7）绘制线路。

单击“绘图”工具栏中的“直线”按钮，把照明灯具符号、开关元件和配电箱用直线连接起来。在绘制水平线和竖直线时，建议启用正交功能或按相对极坐标输入方式绘制，这样能够保证直线水平或竖直，并且绘制效率较高。这里因为照明灯具和开关的敷设方式是暗装的，线路走在墙体里面，所以考虑到施工成本的经济性，一般不会按照横平竖直的方式走线，而是按照两点之间走线距离最短的方式确定走线路径的，所以绘制效果如图 5-27 所示。

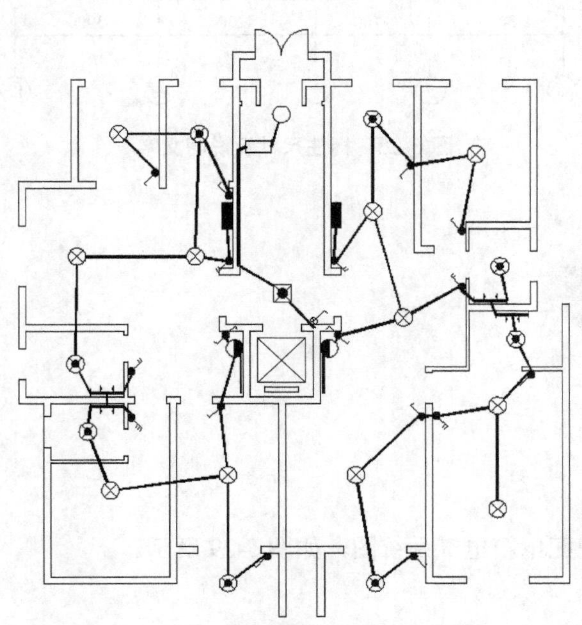

图 5-27　照明电气工程图线路连接

（8）标注尺寸及文字说明。

① 标注尺寸。

② 单击“绘图”工具栏中的“文字”按钮，在合适的位置注写文字，效果如图 5-28 所示。

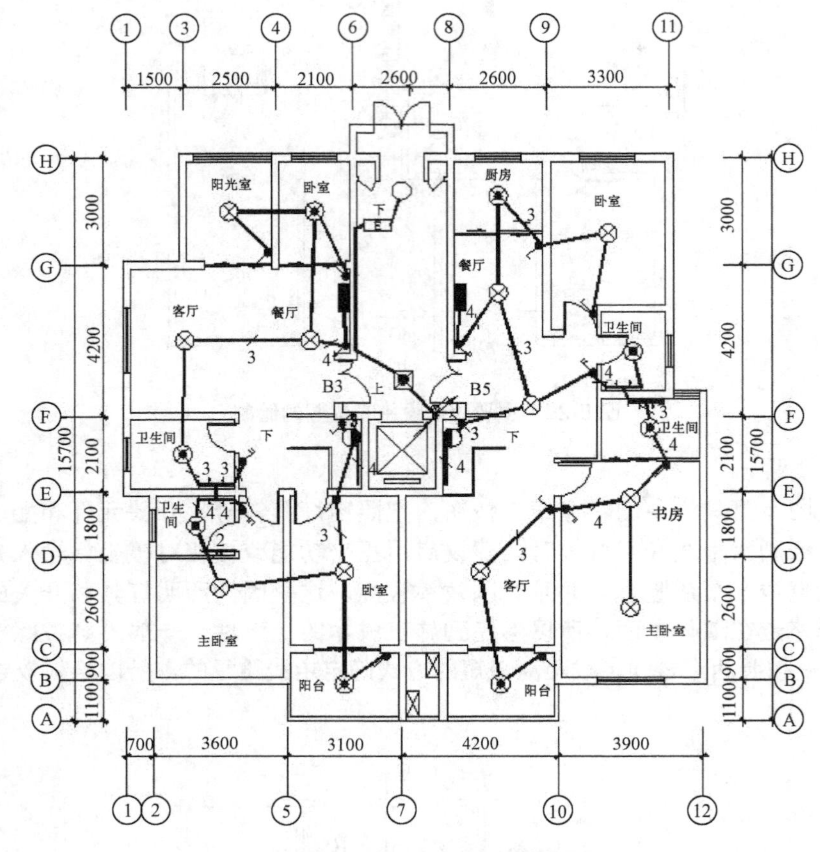

图 5-28　标注尺寸及说明文字

知识拓展

上机实训

绘制某商品房住户配电箱电气系统图，如图 5-29 所示。

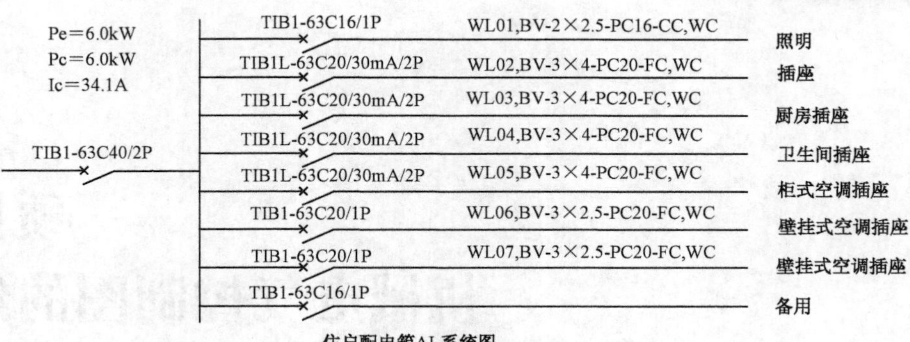
Pe＝6.0kW
Pc＝6.0kW
Ic＝34.1A
TIB1-63C40/2P
TIB1-63C16/1P
WL01,BV-2×2.5-PC16-CC,WC
照明
TIB1L-63C20/30mA/2P
WL02,BV-3×4-PC20-FC,WC
插座
TIB1L-63C20/30mA/2P
WL03,BV-3×4-PC20-FC,WC
厨房插座
TIB1L-63C20/30mA/2P
WL04,BV-3×4-PC20-FC,WC
卫生间插座
TIB1L-63C20/30mA/2P
WL05,BV-3×4-PC20-FC,WC
柜式空调插座
TIB1-63C20/1P
WL06,BV-3×2.5-PC20-FC,WC
壁挂式空调插座
TIB1-63C20/1P
WL07,BV-3×2.5-PC20-FC,WC
壁挂式空调插座
TIB1-63C16/1P
备用
住户配电箱AL系统图
TIX1S-16 留洞尺寸：390×250×125

图 5-29 某商品房住户配电箱电气系统图

项目六
机械电气控制图的绘制

知识要求

1．掌握根据工程图的要求设置绘图环境的知识。
2．熟练掌握“选项”对话框的设置和自定义工作环境的知识。
3．熟练掌握机械电气控制图的绘制原则。

技能要求

1．熟悉 AutoCAD 2010 中文版自定义工作环境的方法。
2．熟练掌握机械电气制图的原则。
3．掌握利用 CAD 完成机械电气控制图的技巧。

6.1 知识训练

在绘制工程图时，根据专业不同，必须适当设置所需的绘图环境，才可以保证绘制出符合制图标准的工程图；然后将所做的设置保存到样板文件，这里主要介绍“选项”对话框的设置、自定义工具栏、自定义工作空间的方法；最后介绍一个电气制图用样板文件设置的实例。

知识训练一　“选项”对话框

1．选项

选项的功能命令是 OPTIONS（快捷键为 OP），“选项”对话框为用户提供了特别实用的系统设置功能，用户可以对 AutoCAD 系统和绘图环境进行各种设置，以满足不同用户的需求和习惯。在“选项”对话框中可以设置窗口颜色、是否显示滚动条、字体的大小、十字光标的大小、是否保存图形的预览图形、保存图形时是否创建原文档的备份、打印机的配置、绘图辅助工具等。

2．调用“选项”对话框

（1）菜单：【工具】→【选项】。

（2）命令行：OPTIONS（或快捷键[OP]）。

（3）右键菜单：在不运行任何命令也不选择任何对象时，在绘图区域单击鼠标右键弹出右键菜单，选择“选项”。

3．“选项”对话框

“选项”对话框包含 10 个选项卡，下面仅对常用的选项卡中的参数设置进行简单的介绍。

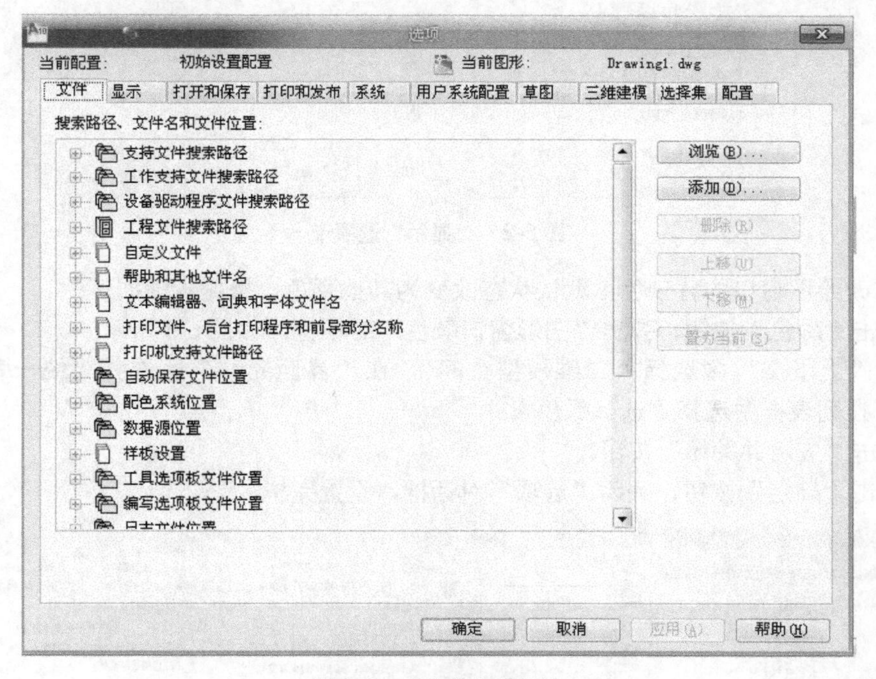

图 6-1 “文件”选项卡

（1）“文件”选项卡：利用“文件”选项卡可以了解或指定文件的搜索路径、文件名和文件位置，如图 6-1 所示。单击任意一项前面的“＋”号，可以展开搜索路径或显示下一级的子分类。同时在对话框下方自动显示关于该项的使用说明。

在“自定义文件”中指定了主菜单文件（acas.cui）的路径，如果用户自定义了菜单文件，可以将其添加到“企业自定义文件”的路径。

（2）“显示”选项卡：“显示”选项卡的功能是控制图形布局显示和设置系统显示，可以调整应用程序和图形窗口中使用的配色方案和显示方案，并控制常规功能（如缩放转场）的行为。如图 6-2 所示，“窗口元素”窗口元素区包括在绘图区是否显示滚动条、屏幕菜单和工具栏提示等，为了更有效地利用绘图窗口，建议绘图区不显示滚动条，需要移动图形时，通过视窗平移（PAN）命令会更方便；“字体”按钮用于设置命令行字体的大小和样式；“颜色”按钮用于设置模型空间、图纸空间及命令行窗口背景、模型空间光标颜色等。

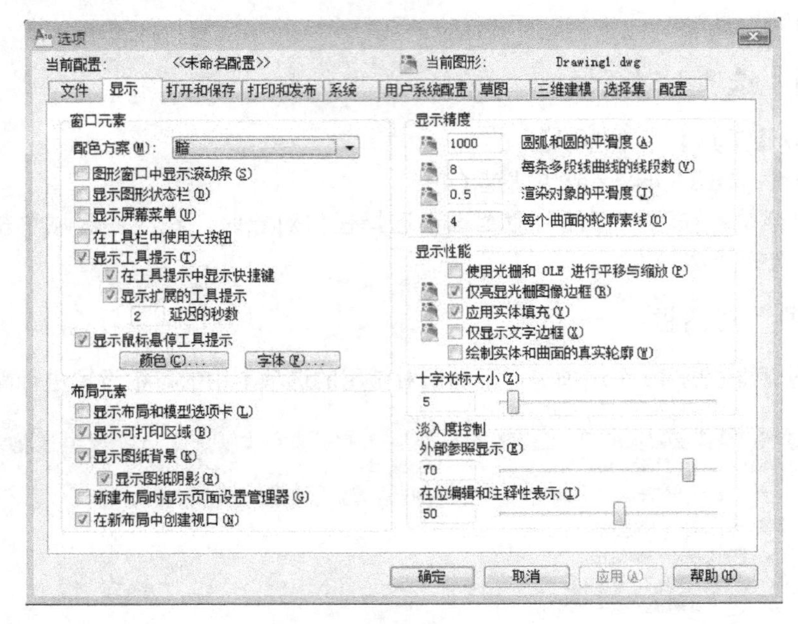

图 6-2　“显示”选项卡

① 修改绘图窗口的背景色由默认状态改变为其他颜色，操作步骤如下：

a. 单击“颜色”按钮，弹出“图形窗口颜色”对话框，如图 6-3 所示。

b. 在“上下文”区选择“二维模型空间”，在“界面元素”区选择“统一背景”，在“颜色”下拉列表框中选择“选择颜色”。

c. 单击“应用并关闭”按钮。

d. 单击“确定”按钮，关闭“选项”对话框，设置完毕。

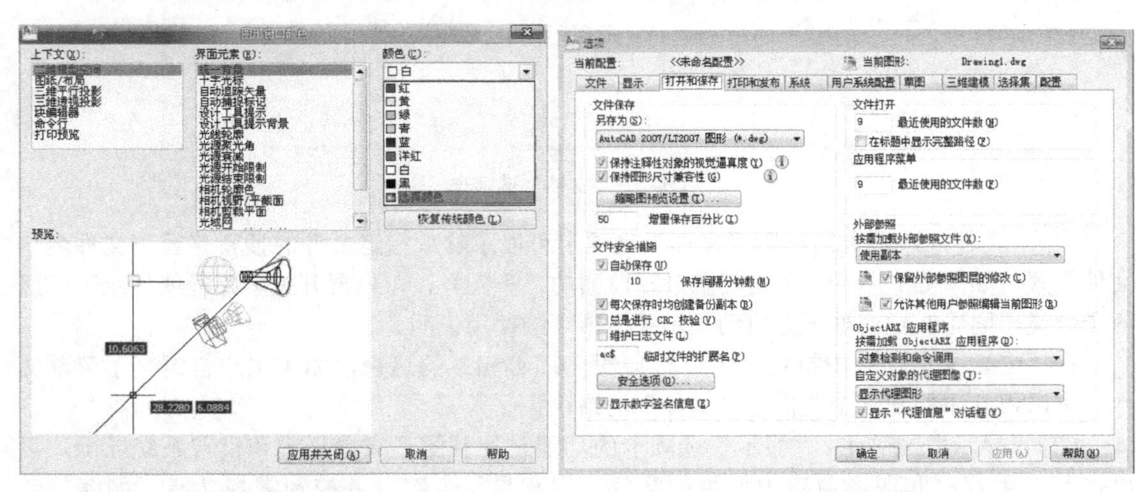

图 6-3　“图形窗口颜色”对话框　　　　图 6-4　“打开和保存”选项卡

② “十字光标大小”：通过拖动“十字光标大小”区的滑块，控制“十”字光标的尺寸。

③ “显示精度”：控制对象的显示质量。如果设置较高的值提高显示质量，则性能将受到显著影响。

（3）“打开和保存”选项卡：控制打开和保存文件的相关选项，如图 6-4 所示。

在“文件保存”区，可以设置图形文件保存的格式。

在“文件安全措施”区，帮助避免数据丢失及检测错误，可以设置文件自动保存的时间间隔；指定保存图形时是否保留修改前的备份。“安全选项”按钮用于添加密码及数字签名等安全措施。

在“文件打开”区，可以设置系统“文件”菜单中列出的最近打开过的文件数目。

（4）“打印和发布”选项卡：常用的设置是指定默认的打印机及指定默认的打印样式表，通过 OLE 对象的打印质量、设置打印戳记等。

（5）“系统”选项卡：控制系统设置，如图 6-5 所示。

（6）“用户系统配置”选项卡：用于控制优化工作方式的选项。

（7）“草图”选项卡：常用的设置是指定自动捕捉标记的颜色、大小；是否显示追踪矢量或工具栏提示及指定没有命令输入时靶框的大小。

（8）“选择集”选项卡：用于设置选择对象的选项，如图 6-6 所示。

通过拖动滑块，可以改变拾取框的大小及夹点的大小，可以改变未选中的夹点及选中的夹点颜色。选中“在块中启用夹点”复选框则组成图块的所有图形的特征点都可以作为夹点，否则只有定义（或保存）图块时的插入点可以作为夹点进行编辑。在“选择集模式”区，默认选中“先选择后执行”模式，如果清除该选择，则在执行编辑命令时，必须先启动命令，再按提示选择操作对象。

“配置”选项卡：控制配置的使用。配置是由用户定义的，当多个用户同时使用同一台计算机时，用户可以按自己的习惯分别定义不同的配置。绘制不同类型图形时常用选项也可以定义为不同的配置，方便使用。

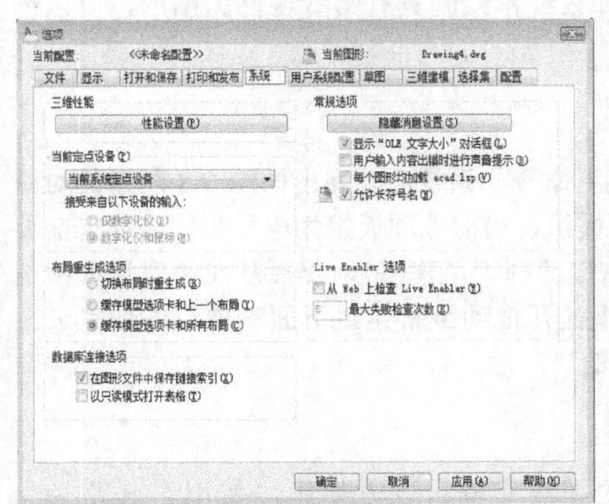

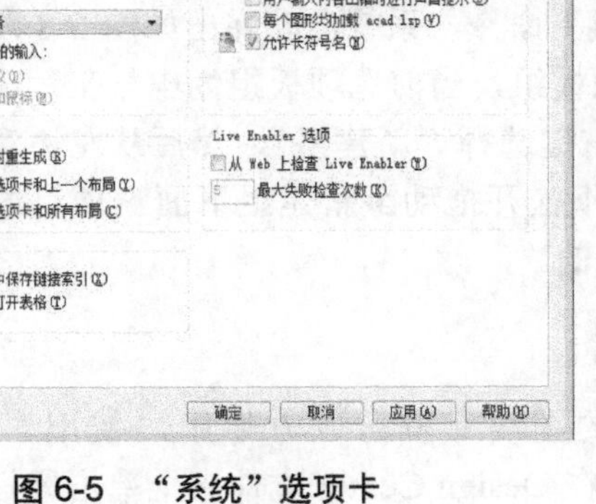

图 6-5 “系统”选项卡

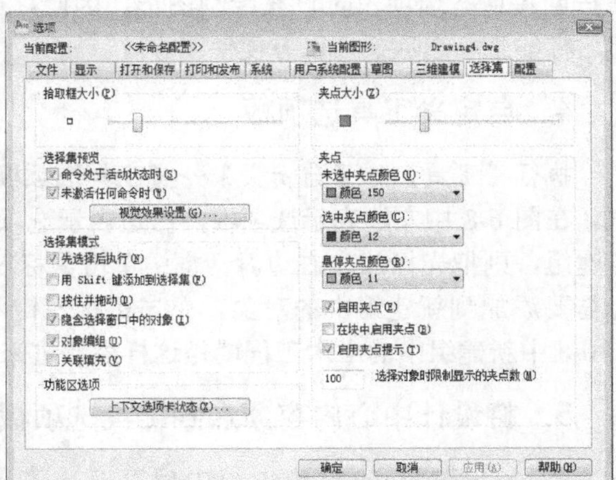

图 6-6 “选择集”选项卡

知识训练二　自定义工具选项板

1．工具选项板

使用工具选项板可在选项卡形式的窗口中整理块、图案填充和自定义工具，可以通过在“工具选项板”窗口的各区域单击鼠标右键时显示的快捷菜单访问各种选项和设置。

工具选项板提供了组织图块、图案填充和常用命令的有效方法，用户可以将自己常用的图块、图案填充和常用命令组织到指定的工具选项板中，合理使用工具选项板，可以有效地提高绘图效率。

2．调用工具选项板

（1）菜单【工具】→【选项板】→【工具选项板】。

（2）【Ctrl+3】快捷键。

工具选项板的位置可以随便调整，把鼠标放在工具栏选项板的标题栏上单击左键拖动到合适的位置即可，也可以设置自动隐藏，单击右上角的◂▸|，可以使工具选项板缩小为条状标题栏，当光标移动到条状标题栏上时，工具选项板又可以自动全部显示出来。还可以在工具选项板的标题栏上单击右键，设置工具选项板的透明度，设置较大的透明级别，可以方便观察被工具选项板遮盖的图形。

3．创建常用命令工具栏选项板

打开工具选项板选中“命令工具样例”选项板，如图 6-7 所示（单击工具选项板名称下侧的折叠选项卡处，有弹出菜单供选择），可发现里面已有常用绘图工具、标注工具、多行文字及表格等工具。其中绘图工具在使用时不受当前颜色、线型、线宽等设置的限制，而是按创建这些选项板时设置绘制图形。因此，如果经常绘制具有某些特性的图形，可以创建这样的工具选项板，以方便使用。

4．自定义工具选项板

执行【工具】→【自定义】→【工具选项板】命令，系统自动弹出如图 6-8 所示的对话框。在图 6-8 中左边表示选项板，右边表示选项板组，当前选项板组为电气工程。如果需要新建组，则把光标放在右边对话框中单击鼠标右键选择“新建组”，然后从左边对话框中选择需要添加到新建组中的对象，单击鼠标左键不松开拖动至新建组下面，项目添加完成。图 6-8 中新建组中的土木工程就是这样添加进来的。

5．将设计中心内容添加到工具选项板

在 AutoCAD 的设计中心中保存有丰富的图块库资源以方便用户使用，其路径为 AutoCAD 安装目录下的 Sample/Design Center。在 Design Center 文件夹上单击鼠标右键，系统打开快捷菜单，从中选择“创建块的工具选项板”选项，设计中心中储存的图形就会出现在工具选项板中新建的“Design Center”选项卡上，这样就可以将设计中心与工具选项板结合起来，建立一个快捷方便的工具选项板。

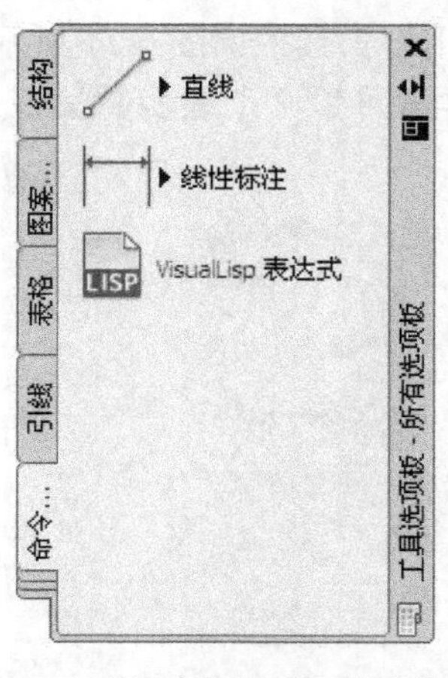

图 6-7 “创建命令工具栏”选项板

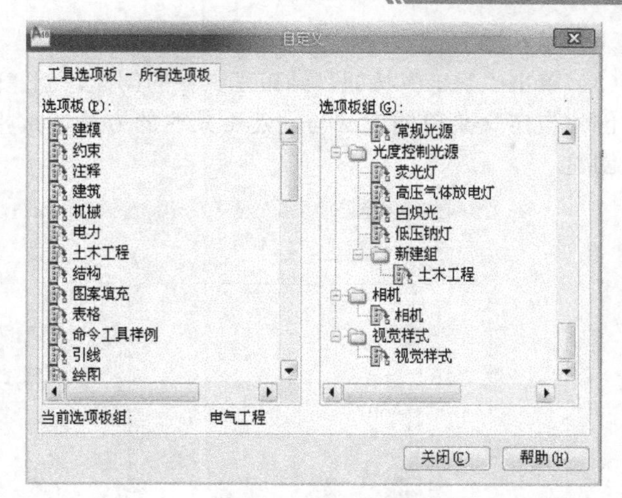

图 6-8 “自定义”对话框

知识训练三 自定义用户界面

在 AutoCAD 2010 中文版中，用户可以轻松修改自定义的内容。基于 XML 的 CUI 文件用于替换 AutoCAD 2006 中文版之前的版本中使用的菜单文件，用户不必用文字编辑器来自定义菜单文件（MNU 和 MNS），而可以在 AutoCAD 内自定义用户界面。

1．调用“自定义用户界面”窗口

（1）【工具】→【自定义】→【界面】。

（2）命令行：CUI。

2．自定义工具栏和菜单

在从 AutoCAD 2008 中文版环境下自定义工具栏时，开始增加了预览功能。

【例 6-1】自定义工具栏及菜单示例。

（1）执行【工具】→【自定义】→【界面】命令，弹出“自定义用户界面”窗口。

（2）在 工具栏 图标上单击鼠标右键，从快捷菜单中选择“新建工具栏”选项，自动展开工具栏项，并在其最后增加了一个名为“工具栏 1”的图标，且该名称处于可修改状态，此时输入新名称“专用”。

（3）在“命令列表”区的下拉列表框中选择“绘图”。

（4）配合拖动滚动条，依次将命令列表框中的“圆”、“椭圆”、“圆环”命令图标拖放到 专用 工具栏图标上。

（5）将“文字”菜单中的“文字”命令图标添加到“专用”工具栏，如图 6-9 所示。

（6）在 专用 图标上单击鼠标右键，从快捷菜单中执行【新建】→【新建弹出】命令，则在“专用”工具栏的同级目录及下级目录程序名同时为“工具栏 2”的图标，利用右键菜单，将两级命令中的“工具栏 2”都改为“打断”。

（7）依次将“绘图”命令列表中的一些命令图标添加到“专用”工具栏下级目录工具

栏上，如图 6-10 所示。

（8）单击“确定”按钮，结束工具栏的创建，创建的“专用”工具栏如图 6-11 所示。

创建自定义菜单的方法与创建工具栏的方法非常相似，读者可参考上述步骤完成工具栏的创建。

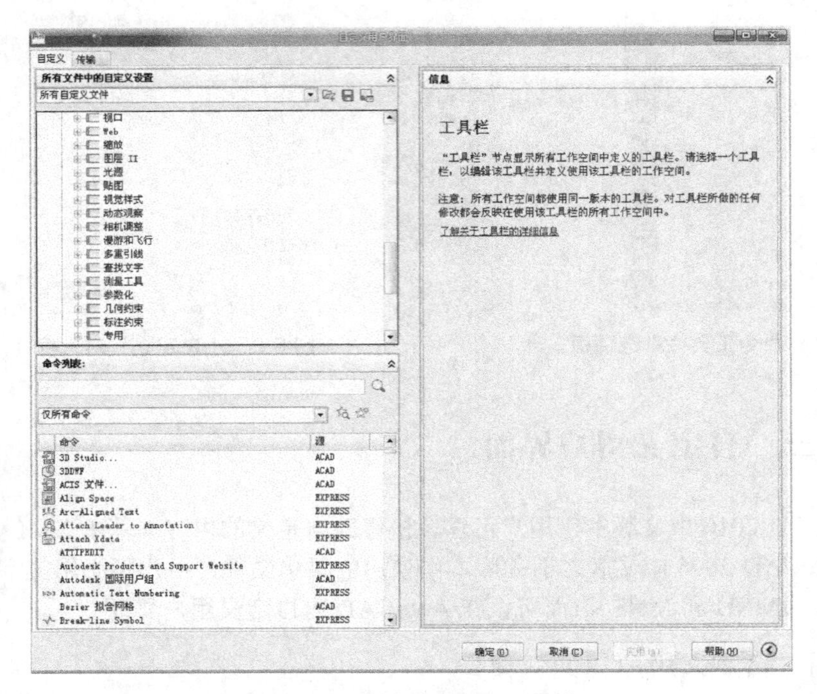

图 6-9　“自定义专用”工具栏

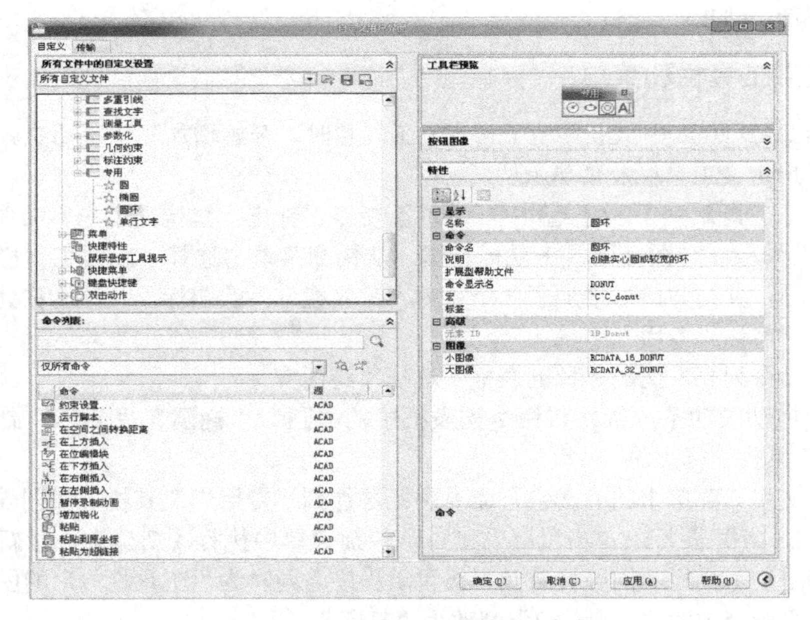

图 6-10　“专用”工具栏添加命令

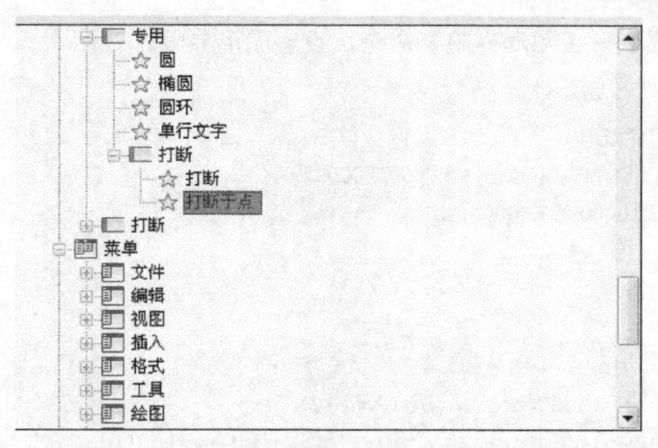

图 6-11 在“专用”工具栏中添加“打断”工具栏

知识训练四 自定义样板文件

在 AutoCAD 中，启动新建文件命令后，会弹出“选择样板”对话框，如图 6-12 所示。用户可以在“名称”栏中选择所需样本文件或展开“搜索”下拉列表框，定位到自定义样本文件，然后单击“打开”按钮，则自动生产以.DWG 为扩展名的图形文件。

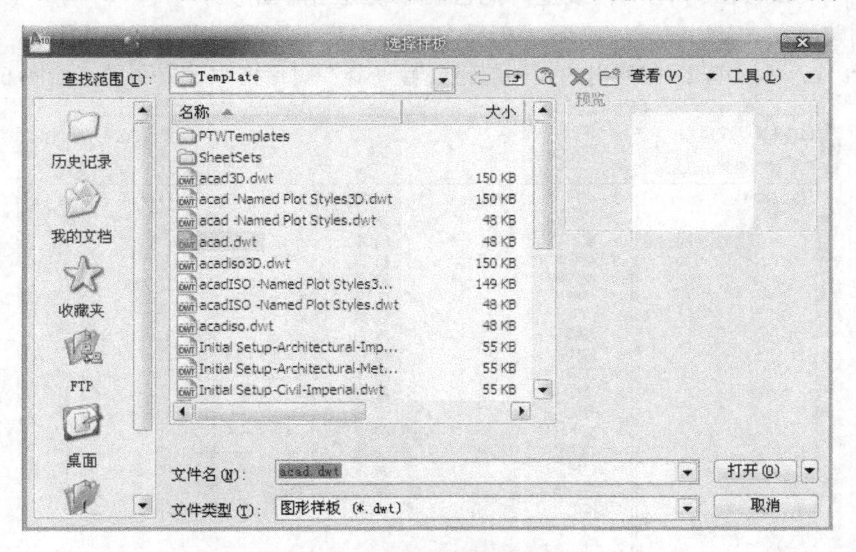

图 6-12 “选择样板”对话框

样板文件以.DWT 为扩展名，其中保存了许多绘图使用的初始设置，如图层、文字样式、尺寸标注样式、图形界限及布局设置等，避免了许多重复性的操作，可以提高绘图效率，AutoCAD 提供了大量的样板文件，其中以 Gb 开头的为适应我国国家标准的样板文件，但是鉴于各行业的特点，一般需要创建自己的样本文件。这里通过创建电气制图用样板文件的一个实例，介绍样板文件的内容及自定义方法。

【例 6-2】创建电气制图用的 A3.dwt 样板文件。

（1）以“acadiso.dwt”样板文件控制，新建文件。

（2）执行【格式】→【图形界限】命令，设置图形界限。

```
命令: limits
重新设置模型空间界限:
指定左下角点或 [开(ON)/关(OFF)] <0.0000,0.0000>: ↙
指定右上角点 <420.0000,297.0000>: ↙
```

执行缩放全图：

命令：z

```
ZOOM
指定窗口的角点，输入比例因子（nX 或 nXP），或者
[全部(A)/中心(C)/动态(D)/范围(E)/上一个(P)/比例(S)/窗口(W)/对象(O)] <实时>: a 正在重生成模型。↙
```

本例设置图形界限的步骤可以跳过，如果要设置其他图形的样板文件，则必须进行此步骤操作，并随即执行缩放全图操作。

（3）设置图形单位。

执行【格式】→【单位样式】命令，在弹出的对话框中设置合适的数据类型、单位、角度及精度。

（4）执行【格式】→【线型】命令，在弹出的“线型管理器”对话框中同时选中“HIDDEN”、“CENTER”这两种线型，把它们加载进当前图形。

（5）创建图层。

命令行：LA（回车），在弹出的“图层特性管理器”对话框中设置图层，如图 6-13 所示。

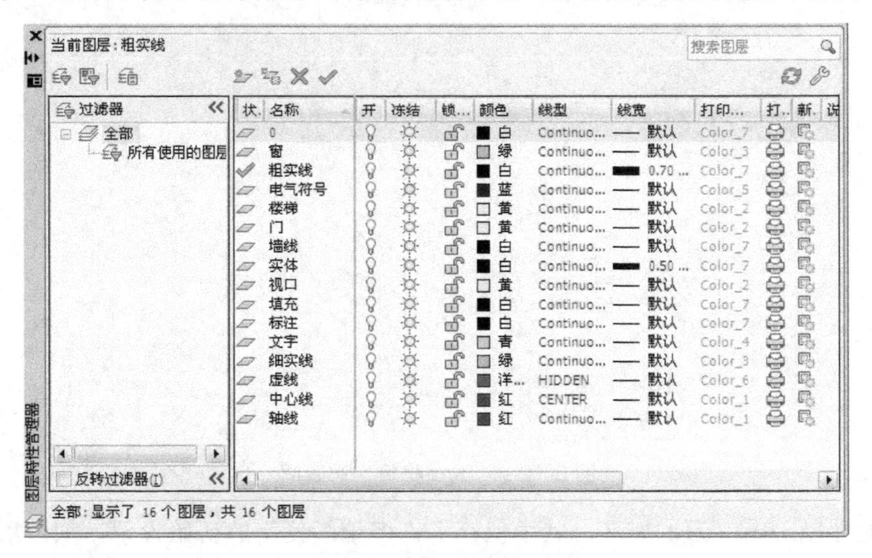

图 6-13　样板文件的图层设置

（6）创建“宋体字”及“工程字”文字样式，如图 6-14 所示，其中“工程字”文字样式由 SHX 字体改为“gbciet.shx”。

（7）创建标注样式。

执行【格式】→【标注样式】命令，如图 6-15 所示。创建“DIM-35”标注样式和

“GB-35”标注样式；其操作过程一样，仅保持“箭头”样式“实心闭合”不变，其他的根据要求设置即可。

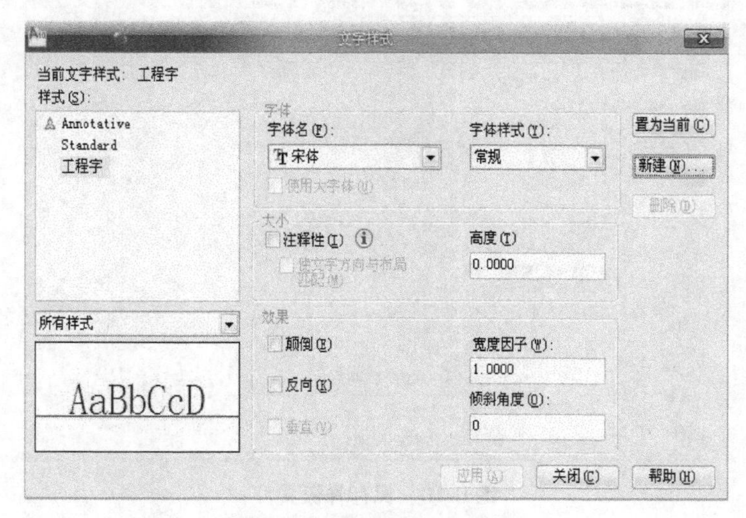

图 6-14 “文字样式”对话框

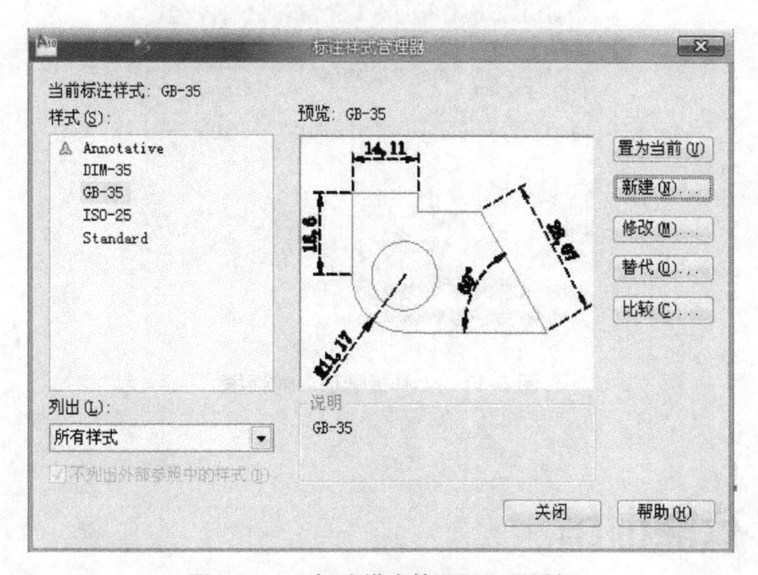

图 6-15 “标注样式管理器”对话框

（8）创建合适的电气符号工具选项板。

（9）对状态栏上的精确绘图工具（栅格、捕捉、对象捕捉、对象追踪等）进行必要的设置。

（10）把以上各步骤的设置保存到新的样板文件中。

① 执行【文件】→【另存为】命令，弹出“图形另存为”对话框。

② 在“保存类型”下拉列表中选择“AutoCAD 图形样板（*.dwt）”。

③ 在“文件名”文本框中输入文件名“A3 样板”，如图 6-16 所示。

④ 单击“保存”按钮，弹出“样板选项”对话框，如图 6-17 所示，在该对话框中输入

有关该样板文件的说明，然后单击“确定”按钮。

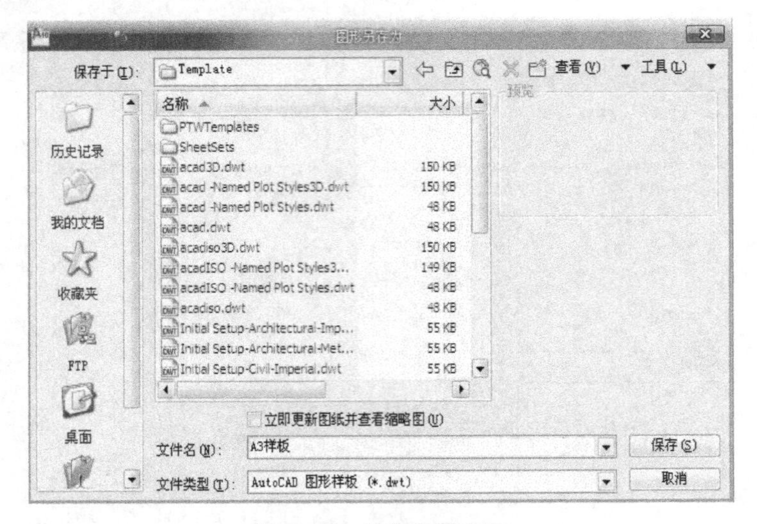

图 6-16　保存样板文件

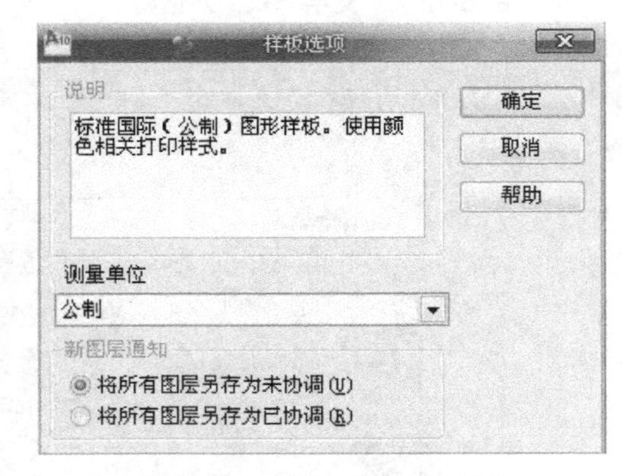

图 6-17　“样板选项”对话框

6.2 技能训练

机械电气主要指应用在机床上的电气系统，也可以称为机床电气，包括应用在车床、磨床、钻床及铣床上的电气，也包括机床的电气控制系统、伺服驱动系统和计算机控制系统等。随着数控系统的发展，基层电气也成为电气工程的一个重要组成部分。它们的线路都可以看做主电路和控制电路的结合。主电路一般比较简单，控制电路因为涉及仪表、检测、控制、保护等环节，所以相对复杂，以电动机为动力驱动控制对象做机械运动。

1. 电力拖动系统

（1）直流拖动和交流拖动。直流电动机的启动、制动和调速性能比较好，但尺寸大、维修不便；交流电动机的转速高、价格便宜、体积小、工作可靠、维修方便，但是不便调速。

（2）拖动系统可以是单机拖动也可以是多机拖动。

2. 电气控制系统

对各电动机进行控制，包括使它们按照规定的状态、程序运动，使机床各运动部件控制在合乎要求的稳态范围内。

技能训练一 绘制 C630 车床电气原理图

1. 训练目的

（1）掌握 C630 车床电气原理图的组成和绘制方法。

（2）熟练使用 AutoCAD 2010 中文版绘制机械电气图的方法。

2. 绘制 C630 车床电气原理图

【例 6-3】绘制 C630 车床电气原理图

（1）设置绘图环境。

打开 AutoCAD 2010 中文版应用程序，以“A4.dwt”样板文件为模版，建立新文件，将新文件命名为“C630 车床电气原理图.dwt”并保存。

（2）开启栅格和捕捉功能。

按快捷键【F7】、【F9】打开栅格和捕捉，然后执行缩放全图。

```
命令: <栅格 开>
命令: <捕捉 开>
命令: ZOOM
指定窗口的角点，输入比例因子（nX 或 nXP），或者
[全部(A)/中心(C)/动态(D)/范围(E)/上一个(P)/比例(S)/窗口(W)/对象(O)] <实时>: a 正在重生成模型。↙
```

（3）绘制主接线。

① 绘制水平线，调用直线命令，绘制长度为 200 的直线，然后执行偏移命令，偏移量设置为 20，效果如图 6-18 所示。

```
命令: LINE 指定第一点:
指定下一点或 [放弃(U)]: 200↙
指定下一点或 [放弃(U)]: ↙
命令: OFFSET
当前设置: 删除源=否  图层=源  OFFSETGAPTYPE=0
指定偏移距离或 [通过(T)/删除(E)/图层(L)] <通过>: 20↙
选择要偏移的对象，或 [退出(E)/放弃(U)] <退出>:
指定要偏移的那一侧上的点，或 [退出(E)/多个(M)/放弃(U)] <退出>:
选择要偏移的对象，或 [退出(E)/放弃(U)] <退出>:
指定要偏移的那一侧上的点，或 [退出(E)/多个(M)/放弃(U)] <退出>:
选择要偏移的对象，或 [退出(E)/放弃(U)] <退出>:
```

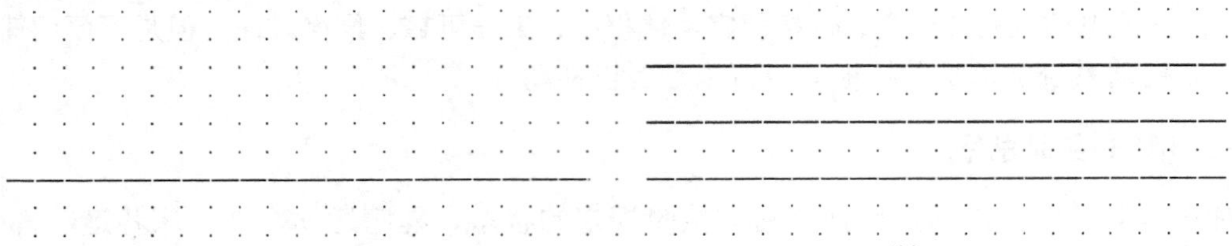

(a)　　　　　　　　(b)

图 6-18　绘制和偏移直线

② 绘制竖直直线，如图 2-19（a）所示。

利用带基点复制旋转命令复制图 6-18（b），然后修剪多余的线段。

```
命令:
** 拉伸 **
指定拉伸点或 [基点(B)/复制(C)/放弃(U)/退出(X)]: _rotate↙
** 旋转 **
指定旋转角度或 [基点(B)/复制(C)/放弃(U)/参照(R)/退出(X)]: _copy↙
** 旋转 (多重) **
指定旋转角度或 [基点(B)/复制(C)/放弃(U)/参照(R)/退出(X)]: b↙
指定基点:
** 旋转 (多重) **
指定旋转角度或 [基点(B)/复制(C)/放弃(U)/参照(R)/退出(X)]: -90↙
** 旋转 (多重) **
指定旋转角度或 [基点(B)/复制(C)/放弃(U)/参照(R)/退出(X)]: ↙
```

命令：tr

```
TRIM
当前设置: 投影=UCS，边=无
选择剪切边...
选择对象或 <全部选择>:
选择要修剪的对象，或按住 Shift 键选择要延伸的对象，或
[栏选(F)/窗交(C)/投影(P)/边(E)/删除(R)/放弃(U)]: 指定对角点:
选择要修剪的对象，或按住 Shift 键选择要延伸的对象，或
[栏选(F)/窗交(C)/投影(P)/边(E)/删除(R)/放弃(U)]: 指定对角点:
```

③ 绘制复制辅助线路如图 6-19（b）所示。

向右复制三个竖直线 70 个图形单位，然后修剪多余部分并移动最右边的线段到合适的位置，并做适当的调整。

命令：co

```
COPY
选择对象: 指定对角点: 找到 3 个
选择对象:
当前设置: 复制模式 = 多个
指定基点或 [位移(D)/模式(O)] <位移>: 指定第二个点或 <使用第一个点作为位移>:
指定第二个点或 [退出(E)/放弃(U)] <退出>:
```

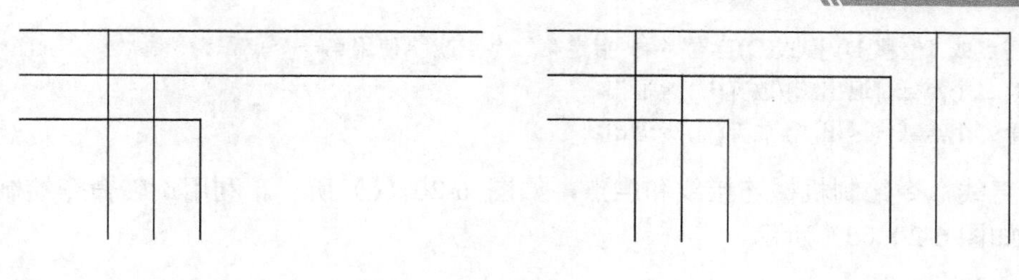

（a）　　　　　（b）

图 6-19　主电路干线的绘制

④ 绘制主要电气元件，如图 6-20（a）所示。

利用圆命令和单行文字命令绘制电动机符号。

命令：c

CIRCLE 指定圆的圆心或 [三点(3P)/两点(2P)/切点、切点、半径(T)]:
指定圆的半径或 [直径(D)]: 25↙

命令：mt

MTEXT 当前文字样式: " Standard "　文字高度: 2.5　注释性: 否
指定第一角点:
指定对角点或 [高度(H)/对正(J)/行距(L)/旋转(R)/样式(S)/宽度(W)/栏(C)]: j
输入对正方式 [左上(TL)/中上(TC)/右上(TR)/左中(ML)/正中(MC)/右中(MR)/左下(BL)/中下(BC)/右下(BR)]
<左上(TL)>: mc
指定对角点或 [高度(H)/对正(J)/行距(L)/旋转(R)/样式(S)/宽度(W)/栏(C)]:

利用直线命令绘制转换开关，如图 6-20（b）所示。

命令：l

LINE 指定第一点:
指定下一点或 [放弃(U)]: <正交 开>
指定下一点或 [放弃(U)]:

命令：br

BREAK 选择对象:
指定第二个打断点 或 [第一点(F)]: @5<90↙

命令：mi

MIRROR
选择对象: 指定对角点: 找到 1 个
选择对象: 指定镜像线的第一点: 指定镜像线的第二点:
要删除源对象吗？[是(Y)/否(N)] <N>: ↙

命令：co

COPY
选择对象: 指定对角点: 找到 5 个
选择对象:
当前设置: 复制模式 = 多个

```
指定基点或 [位移(D)/模式(O)] <位移>: 指定第二个点或 <使用第一个点作为位移>:
指定第二个点或 [退出(E)/放弃(U)] <退出>:
指定第二个点或 [退出(E)/放弃(U)] <退出>:
```

利用直线命令绘制机械连接线和触点，如图 6-20（c）所示。利用旋转命令绘制电源开关，效果如图 6-20（d）所示。

命令：co

```
COPY
选择对象: 指定对角点: 找到 24 个
选择对象:
当前设置: 复制模式 = 多个
指定基点或 [位移(D)/模式(O)] <位移>: 指定第二个点或 <使用第一个点作为位移>:
指定第二个点或 [退出(E)/放弃(U)] <退出>: ↙
```

命令：ro

```
ROTATE
UCS 当前的正角方向: ANGDIR=逆时针    ANGBASE=0
选择对象: 指定对角点: 找到 24 个
选择对象:
指定基点:
指定旋转角度，或 [复制(C)/参照(R)] <0>: 90↙
```

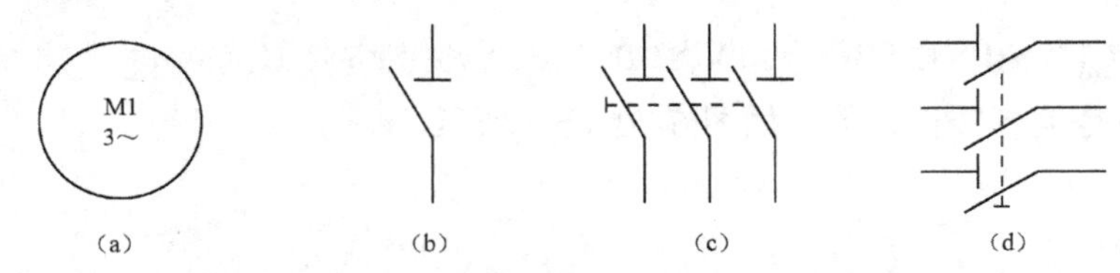

图 6-20 三相电动机符号和转换开关及电源开关

⑤ 绘制热继电器符号。

复制图 6-20（b）中的上下接线端子，再绘制热继电器常闭触点，效果如图 6-21（a）所示。

命令：co

```
COPY
选择对象: 找到 1 个
选择对象: 找到 1 个，总计 2 个
选择对象:
当前设置: 复制模式 = 多个
指定基点或 [位移(D)/模式(O)] <位移>: 指定第二个点或 <使用第一个点作为位移>: ↙
指定第二个点或 [退出(E)/放弃(U)] <退出>: ↙
```

命令：l

```
LINE 指定第一点:
```

```
指定下一点或 [放弃(U)]:
指定下一点或 [放弃(U)]:
命令: LINE 指定第一点:
指定下一点或 [放弃(U)]: @27<60↙
```

绘制变压器，如图 6-21（b）所示。

命令：c

```
CIRCLE 指定圆的圆心或 [三点(3P)/两点(2P)/切点、切点、半径(T)]:
指定圆的半径或 [直径(D)] <25.0000>: 5↙
```

命令：ar

```
ARRAY
选择对象: 指定对角点: 找到 1 个（5 行一列，行间距为 10）
```

命令：l

```
LINE 指定第一点:
指定下一点或 [放弃(U)]:
指定下一点或 [放弃(U)]:
```

命令：co

```
COPY
选择对象: 指定对角点: 找到 6 个
选择对象:
当前设置: 复制模式 = 多个
指定基点或 [位移(D)/模式(O)] <位移>: 指定第二个点或 <使用第一个点作为位移>:
指定第二个点或 [退出(E)/放弃(U)] <退出>: 如图 6-22(b)
```

命令：tr

```
TRIM
当前设置: 投影=UCS，边=无
选择剪切边...
选择对象或 <全部选择>: 指定对角点: 找到 12 个
选择对象:
选择要修剪的对象，或按住 Shift 键选择要延伸的对象，或
[栏选(F)/窗交(C)/投影(P)/边(E)/删除(R)/放弃(U)]: 指定对角点: ↙
选择要修剪的对象，或按住 Shift 键选择要延伸的对象，或
[栏选(F)/窗交(C)/投影(P)/边(E)/删除(R)/放弃(U)]: 指定对角点: ↙
```

选择要修剪的对象，或按住【Shift】键选择要延伸的对象，如图 6-21（c）所示，修剪并绘制端线后如图 6-21（d）所示。绘制指示灯符号，如图 6-21（e）所示。

命令：l

```
LINE 指定第一点:
指定下一点或 [放弃(U)]:
```

指定下一点或 [放弃(U)]:

命令：co

COPY
选择对象: 指定对角点: 找到 1 个
选择对象:
当前设置: 复制模式 = 多个
指定基点或 [位移(D)/模式(O)] <位移>: 指定第二个点或 <使用第一个点作为位移>:
指定第二个点或 [退出(E)/放弃(U)] <退出>:

命令：l

LINE 指定第一点:
指定下一点或 [放弃(U)]:
指定下一点或 [放弃(U)]: ↙
命令: LINE 指定第一点:
指定下一点或 [放弃(U)]:
指定下一点或 [放弃(U)]: ↙

命令：ro

ROTATE
UCS 当前的正角方向: ANGDIR=逆时针 ANGBASE=0
选择对象: 指定对角点: 找到 2 个
选择对象:
指定基点:
指定旋转角度，或 [复制(C)/参照(R)] <90>: 45↙

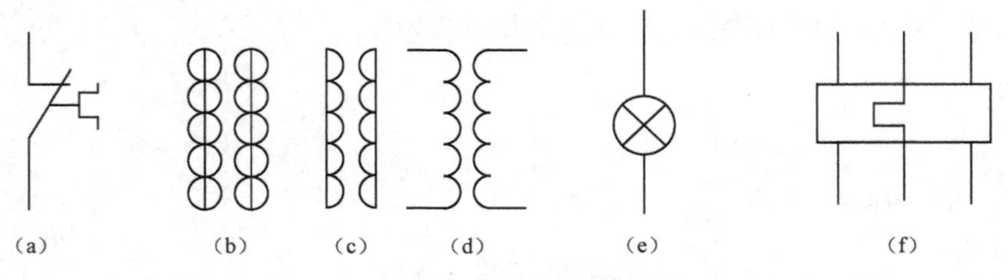

图 6-21 电气元件图形符号

绘制热继电器主电路部分元件，如图 6-21（f）所示。

命令：co

COPY 找到 6 个
当前设置: 复制模式=多个
指定基点或 [位移(D)/模式(O)] <位移>: 指定第二个点或 <使用第一个点作为位移>:
指定第二个点或 [退出(E)/放弃(U)] <退出>:

命令：rec

RECTANG
指定第一个角点或 [倒角(C)/标高(E)/圆角(F)/厚度(T)/宽度(W)]:

指定另一个角点或 [面积(A)/尺寸(D)/旋转(R)]:

命令：l

LINE 指定第一点:
指定下一点或 [放弃(U)]:
指定下一点或 [放弃(U)]:
指定下一点或 [闭合(C)/放弃(U)]:
指定下一点或 [闭合(C)/放弃(U)]:
指定下一点或 [闭合(C)/放弃(U)]:
指定下一点或 [闭合(C)/放弃(U)]:

把图 6-20 和 6-21 中的图形符号都定义为块。
连接主电动机与热继电器，如图 6-22（a）所示。
命令：ex

EXTEND
当前设置: 投影=UCS，边=无
选择边界的边...
选择对象或 <全部选择>:
选择要延伸的对象，或按住 Shift 键选择要修剪的对象，或
[栏选(F)/窗交(C)/投影(P)/边(E)/放弃(U)]: 指定对角点:
选择要延伸的对象，或按住 Shift 键选择要修剪的对象，或
[栏选(F)/窗交(C)/投影(P)/边(E)/放弃(U)]: *取消*↙

⑥ 插入接触器主触点。连接制冷泵与热继电器，如图 6-22（b）所示，连接熔断器与转换开关，如图 6-22（c）所示，连接主电路 M1 和 M2 三相电源线，如图 6-22（d）所示。

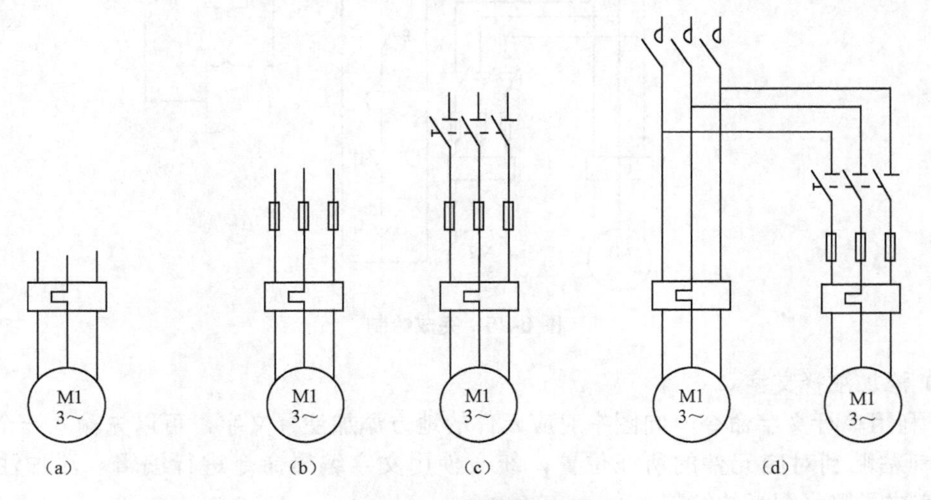

图 6-22 主电路接线图

（4）绘制控制回路。

① 利用图 6-19 预留的接线端口绘制控制回路，利用插入块命令，把各电气元件插入图 6-19 右边的预留接口处，如图 6-23 所示。

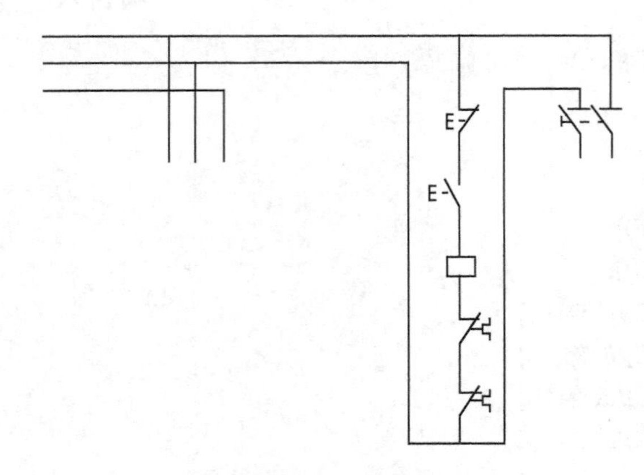

图 6-23 完成控制回路

② 如图 6-24 所示为控制回路中用到的各种电气元件。

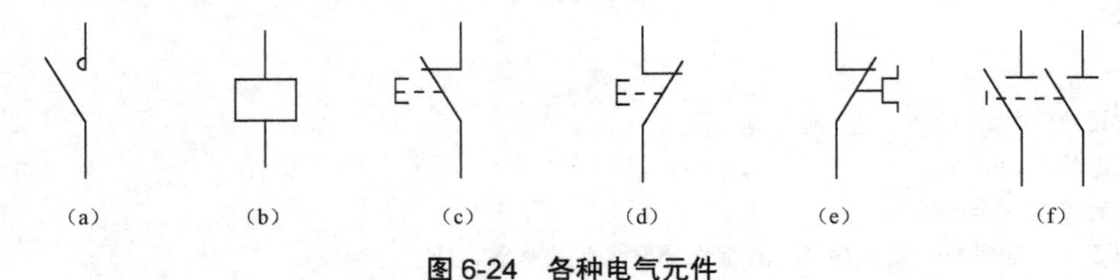

图 6-24 各种电气元件

（5）添加电气元件，利用插入图块命令，完成接入照明回路和变压器，如图 6-25 所示。

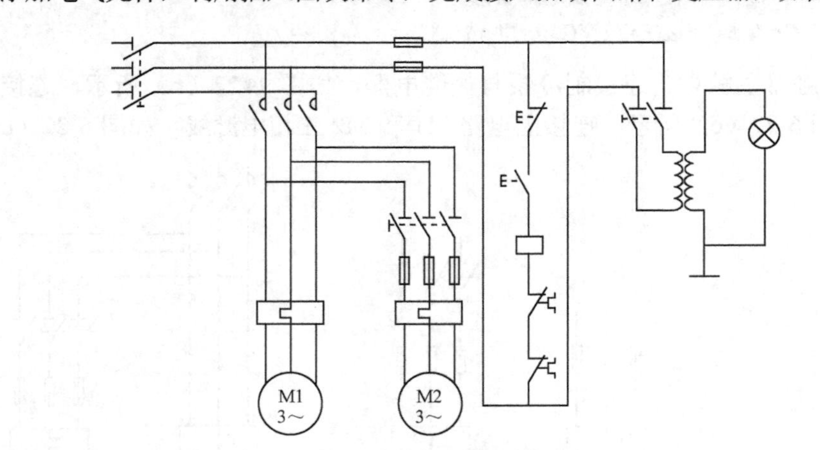

图 6-25 完成绘制

（6）添加注释文字。

① 利用单行文字命令，向图中对应元件的地方添加注释文字，可以先输入一个字符，然后复制粘贴到对应元件的所在位置，统一使用文字编辑命令进行编辑。添加注释文字后，就完成了整张图纸的绘制。

知识拓展

上机实训

1. 绘制能耗制动控制电路图，如图 6-26 所示。

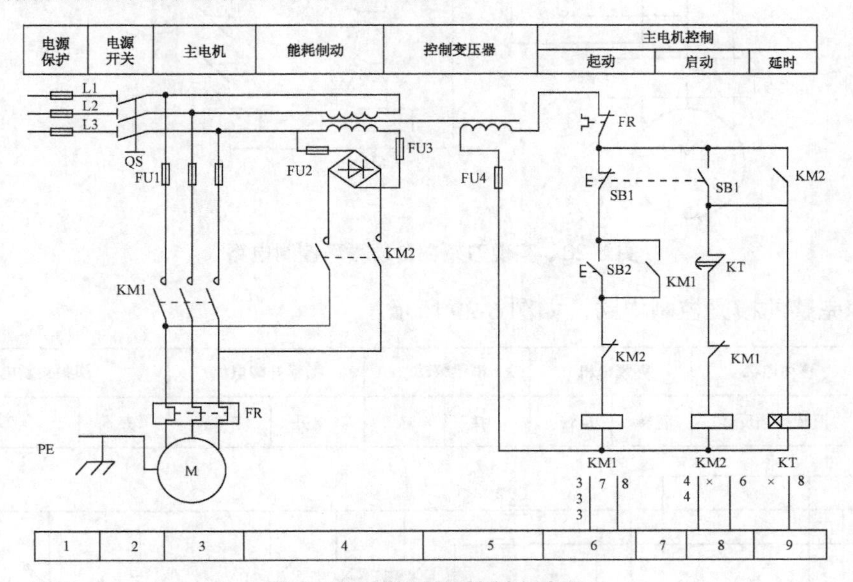

图 6-26 能耗制动控制电路图

2. 绘制往复运动电路，如图 6-27 所示。

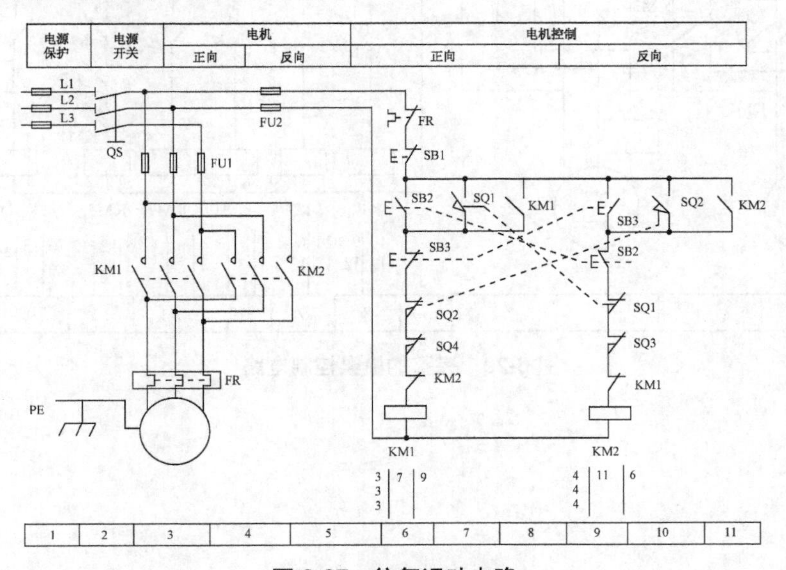

图 6-27 往复运动电路

3. 绘制实现刀架在自动循环控制电路，如图 6-28 所示。

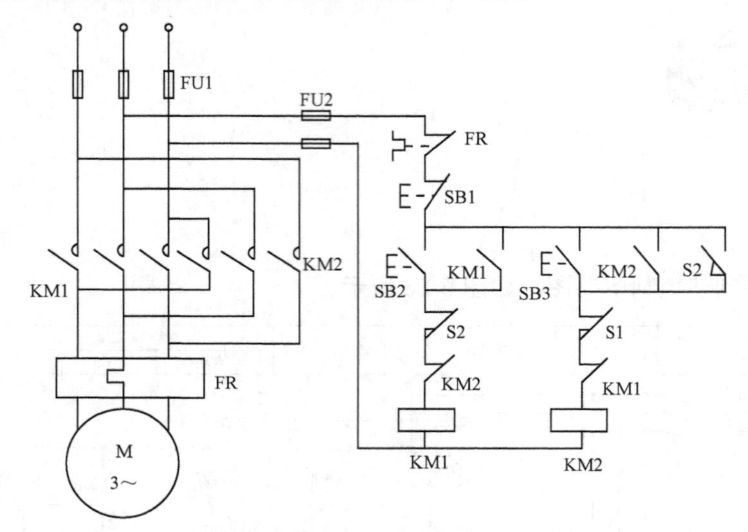

图 6-28　实现刀架在自动循环控制电路

4. 绘制完整的横梁控制电路，如图 6-29 所示。

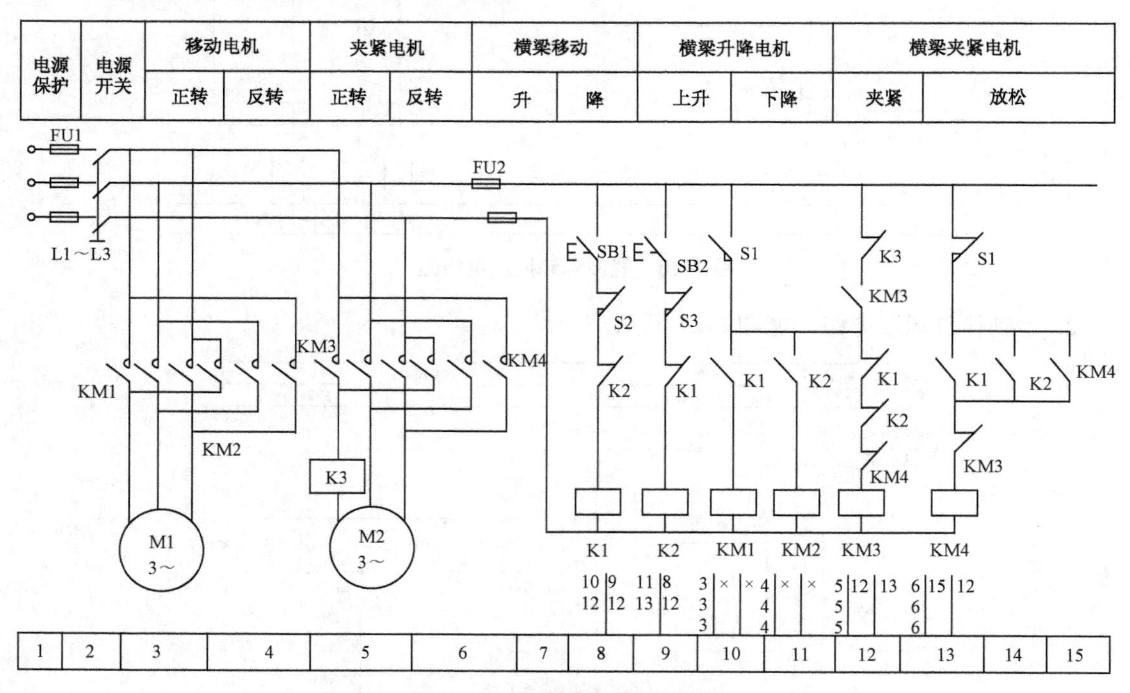

图 6-29　完整的横梁控制电路

项目七
绘制楼宇智能化系统图

知识要求

1. 掌握根据工程图的要求设置图纸布局与打印。
2. 掌握添加绘图设备的方法。
3. 掌握楼宇工程图的制图规范。

技能要求

1. 熟练掌握 AutoCAD 2010 中文版图纸布局与打印的设置。
2. 熟练掌握建筑楼宇制图规范。
3. 掌握利用 CAD 完成建筑楼宇系统图的绘制技巧。

7.1 知识训练

楼宇智能化工程是一类比较特殊的电气图，和传统的电气图不同，楼宇智能化工程图是在建筑制图和电气制图的基础上发展起来的一类电气图，主要应用于楼宇智能化控制系统工程领域。本项目主要介绍 AutoCAD 2010 中文版图纸布局与打印的设置和绘制楼宇智能化工程图的相关基础知识。

知识训练一 添加绘图设备

在设计和生产过程中，常常要将绘制好的电子图纸文档打印出来，得到纸质图纸。也可以进行网上发布，以便从互联网上进行访问，打印的图形可以包含图形的单一视图，或者复杂的视图排列。根据不同的需要，通常在打印之前用户需要进行页面设置，如选择打印机/绘图仪、纸张大小、打印方向等。

这里简单介绍在 AutoCAD 2010 中文版中添加及配置绘图仪的方法。

1．绘图仪管理器

绘图仪管理器是一个窗口，其中列出了用户安装的所有非系统打印机的绘图仪配置（PC3）文件。如果希望使用的默认打印特性不同于 Windows 所使用的打印特性，也可以为 Windows®系统打印机创建绘图仪配置文件。绘图仪配置设置指定端口信息、光栅图形和矢量图形的质量、图纸尺寸及取决于绘图仪类型的自定义特性。

绘图仪管理器包括“添加绘图仪”向导，此向导是创建绘图仪配置的基本工具。“添加绘图仪”向导提示用户输入关于要安装的绘图仪的信息。

2．绘图仪管理器命令调用的方式

（1）菜单：【文件】→【绘图仪管理器】。

（2）命令行：PLOTTERMANGER。

选择上述方式输入命令，系统弹出如图 7-1 所示的绘图仪管理器窗口框。双击选中的图标，按对话框的提示进行绘图仪设置。对于已安装打印机的用户，或需要学习纸质打印但没安装打印机的用户，可按下面步骤进行打印机的添加和配置。

说明：在绘图仪管理器中有一种打印机“DWF6eplot”，这种打印机是 Auto desk 设计的电子打印机，仅支持将图像打印成 DWF 格式的图片文件。如果利用“DWF6eplot”学习图纸的布局与打印，可跳过本节的后续步骤。

（3）在绘图仪管理器中双击“添加绘图仪向导”，自动弹出“添加绘图仪-简介”对话框。

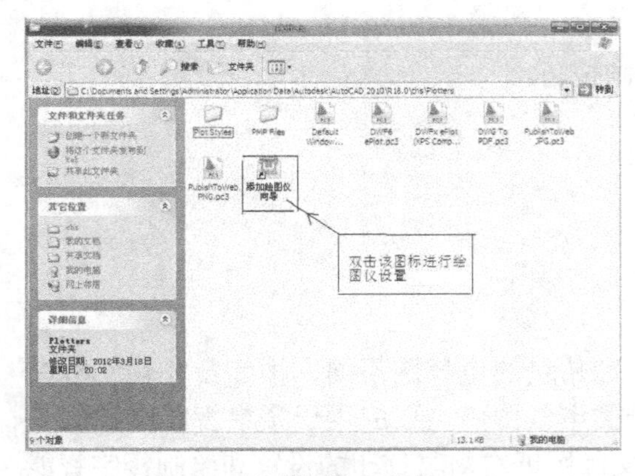

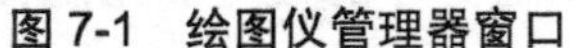
图 7-1　绘图仪管理器窗口

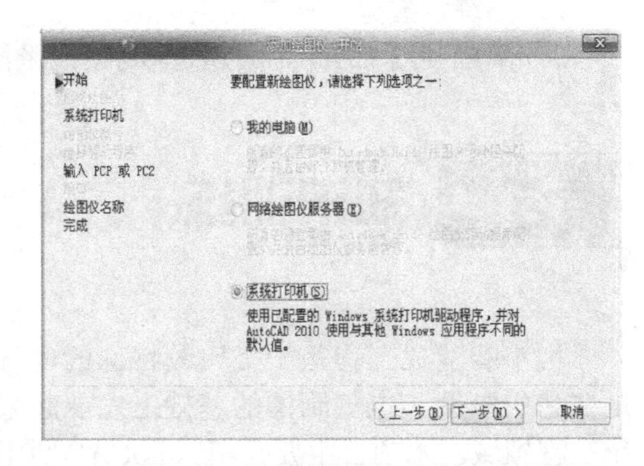

图 7-2　“添加绘图仪-开始”对话框

（4）单击“下一步”按钮，自动弹出“添加绘图仪-开始”对话框，如图 7-2 所示。

（5）如果系统打印机已安装实际的绘图仪，则选中“系统打印机”单选按钮，然后单击“下一步”按钮，弹出“添加绘图仪-系统打印机”对话框。

（6）选中“HP Designnjet 600 C2847A”，然后单击“下一步”按钮，弹出“添加绘图仪-输入 PCP 或 PC2”对话框。

如果系统未安装实际的绘图仪，则在步骤（4）中选中“我的电脑”单选按钮，然后单击“下一步”按钮，弹出“添加绘图仪-绘图仪型号”对话框，选择生产商及绘图仪型号，如图 7-3 所示。单击“下一步”按钮，阅读系统提示信息后，单击“继续”按钮，弹出“添加绘图仪-输入 PCP 或 PC2”对话框，如图 7-4 所示。这实际上相对于安装了一台模拟绘图仪，完全可以满足学习布局及打印的要求。

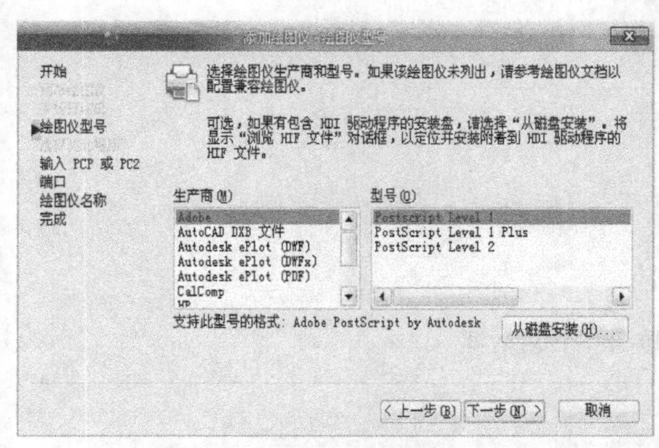

图 7-3 “添加绘图仪-绘图仪型号”对话框

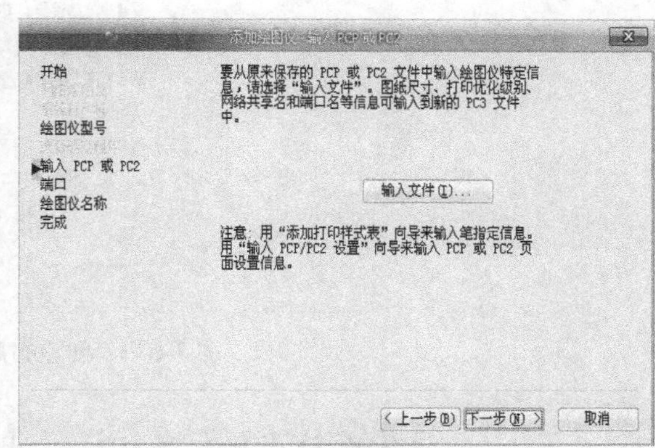

图 7-4 “添加绘图仪-输入 PCP 或 PC2” 对话框

（7）单击“下一步”按钮，弹出“添加绘图仪-绘图仪名称”对话框。其中自动显示出用户选择的系统打印机名称，并允许用户指定一个新的名称，此处接受默认的绘图仪名称。

（8）单击“下一步”按钮，弹出“添加绘图仪-完成”对话框，此也有一个“编辑绘图仪配置”按钮，用户可以单击该按钮，对该绘图仪进行配置。在此单击“完成”按钮，完成添加绘图仪的操作。

知识训练二 图纸布局

1. 创建布局

通过创建布局向导创建新布局（“Layout”选项卡），在创建过程中，用户可以指定绘图设备、图纸的尺寸与方向、标题栏、视口的数目与位置等参数。完成布局创建后，这些设置参数将与图形一起保存。

2. 命令调用方式

【工具】→【向导】→【创建布局】，如图 7-5 所示。

选项说明：在“创建布局-开始”对话框中输入一个布局的名称；在“创建布局-打印机”中选择要使用的打印机，如图 7-6 所示；在“创建布局-图纸尺寸”中指定纸张大小和单位，如图 7-7 所示；在“创建布局-方向”中设置打印方向；在“创建布局-标题栏”中选择图纸边框和标题；在“创建布局-定义视口”对话框中指定布局中浮动视口设置和视口比例等相关参数；在“创建布局-拾取位置”对话框中设置浮动视口位置和大小；在“完成”对话框中单击“确定”按钮完成设置。

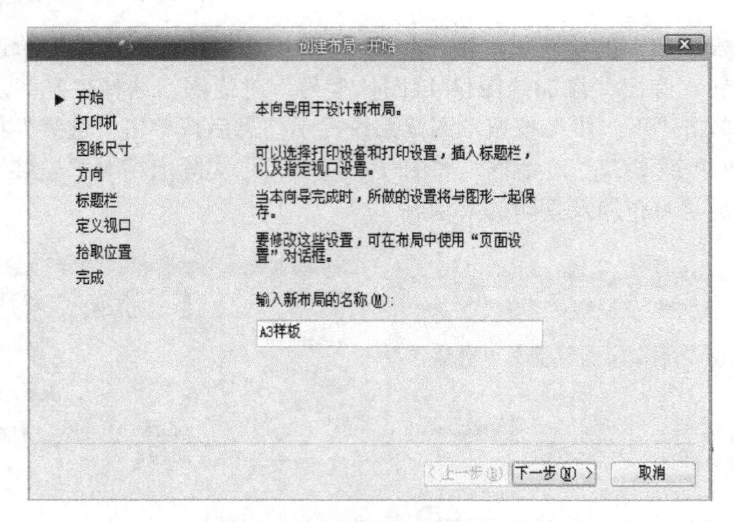

图 7-5 “创建布局-开始”对话框

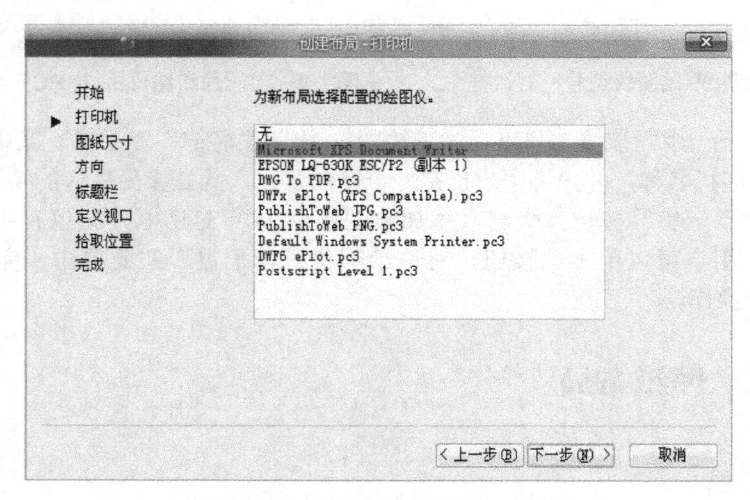

图 7-6 “创建布局-打印机”对话框

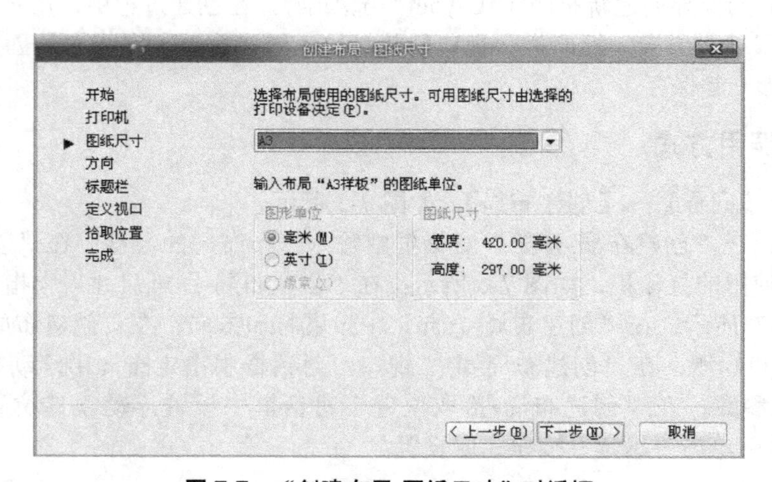

图 7-7 “创建布局-图纸尺寸”对话框

3．设置布局（又称页面设置）

页面设置是打印设备和其他影响最终输出的外观和格式设置的集合，可以修改这些设置并将其应用到其他布局中。准备要打印或发布的图形需要指定许多定义图形输出的设置和选项。如果要节省时间，可以将这些设置另存为命名的页面设置。

可以使用“页面设置管理器”将命名的页面设置应用到图纸空间布局，也可以从其他图形中输入命名页面设置并将其应用到当前图形的布局中。AutoCAD 允许用户为每个布局指定不同的页面设置，用户可以对同一个图形输出不同的图纸，用于不同的目的。

4．命令调用方式

（1）菜单：【文件】→【页面设置管理器】。

（2）命令行：PAGESETUP。

（3）快捷菜单：在绘图区下的当前所处空间的标签上单击鼠标右键，在快捷菜单中选择“页面设置管理器”选项。

激活命令后，系统将弹出“页面设置管理器”对话框，如图 7-8 所示，可以新建一个页面设置，或修改原有的页面设置，或从文件中选择一个页面设置。同时可以显示出选定页面设置的详细信息。

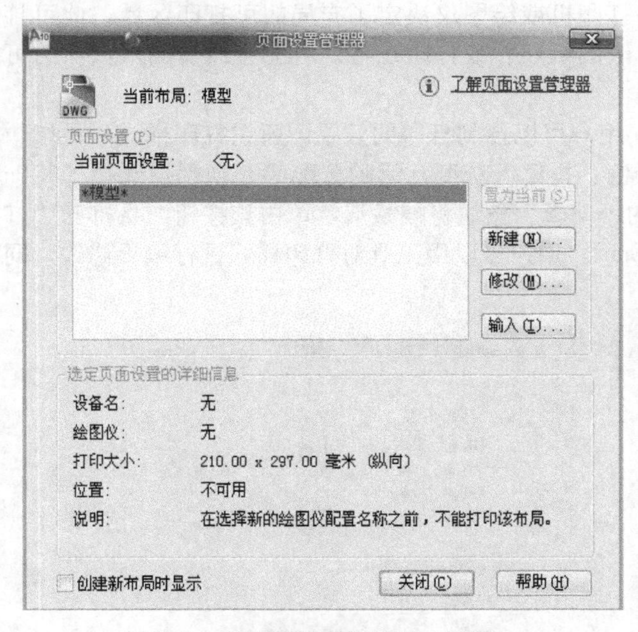

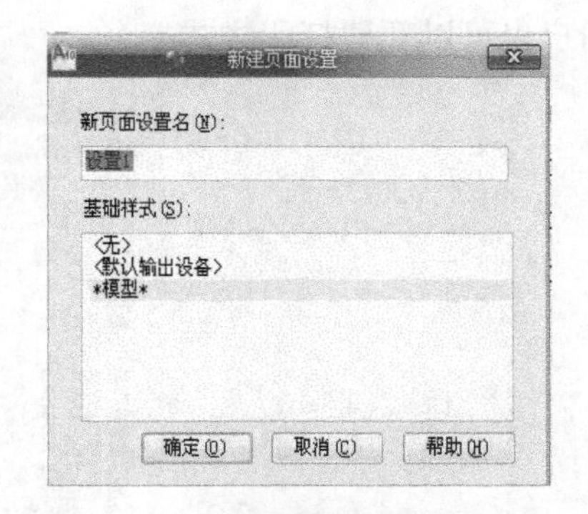

图 7-8 “页面设置管理器”对话框　　图 7-9 “新建页面设置”对话框

首先，新建一个页面设置，输入新页面设置的名称，单击“确定”按钮，如图 7-9 所示，即进入“页面设置-模型”对话框或 “页面设置-布局”对话框，如图 7-10 所示，在该对话框中可以设置各个打印参数。

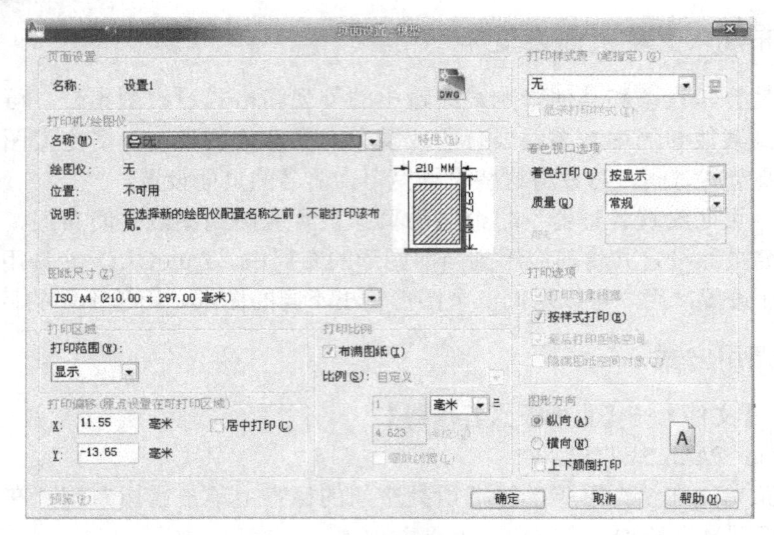

图 7-10 “页面设置-模型”对话框

① 打印机/绘图仪：创建布局时，必须在对话框中选择打印设备以便打印布局。选择了设备之后，就可以查看有关该设备的名称和位置的详细信息，并可以更改该设备的配置。

在“页面设置”对话框中选择的打印机或绘图仪决定了布局的可打印区域，此可打印区域通过布局中的虚线表示。如果修改图纸尺寸或打印设备，可能会改变图形页面的可打印区域。

② 打印样式表：使用打印样式，用户可以控制打印的效果。所谓打印样式，是指一系列参数设置的集合，这些参数包括颜色、抖动、灰度、笔的分配等。当用户选择了某一种打印样式后，“打印样式列表”右侧的“编辑”按钮将被激活，单击该按钮，将打开“打印样式表编辑器”对话框，如图 7-11 所示。用户可以用工具对打印样式进行编辑修改，同时用户也可以新建打印样式。

图 7-11 “打印样式表编辑器”对话框

③ 图纸尺寸：用户可以从标准列表中选择图纸尺寸，也可以使用绘图仪配置编辑器添加自定义图纸尺寸。

可以从标准列表中选择图纸尺寸，列表中可用的图纸尺寸由当前为布局所选的打印设备确定。如果配置绘图仪进行光栅输出，则必须指定输出尺寸（以像素为单位）。通过使用绘图仪配置编辑器可以添加存储在绘图仪配置（PC3）文件中的自定义图纸尺寸。

如果使用系统打印机，则图纸尺寸由 Windows 控制面板中的默认纸张设置决定。为已配置的设备创建新布局时，默认图纸尺寸显示在“页面设置”对话框中。如果在“页面设置”对话框中修改了图纸尺寸，则在布局中保存的将是新的图纸尺寸，而忽略绘图仪配置文件（PC3）中的图纸尺寸。

④ 打印区域：可以指定打印区域以确定打印包含的图形。

在“模型”选项卡或某个布局选项卡进行打印之前，可以指定打印区域，以确定打印内容。创建新布局时，默认的“打印区域”选项为“布局”，即打印指定图纸尺寸可打印区域内的所有对象。

“打印区域”中的“显示”选项将打印图形中显示的所有对象， “范围”选项将打印图形中的所有可见对象，“视图”选项将打印保存的视图 “窗口”选项用于定义要打印的区域。

⑤ 打印比例：该选项区域控制图形单位与打印单位之间的相对尺寸。打印图形布局时，可以指定布局的精确比例，也可以根据图纸尺寸调整图像。

通常按 1∶1 的比例打印布局，要为布局指定不同的比例，则在“页面设置”对话框或“打印”对话框中为布局设置打印比例。在这些对话框中，可以从列表中选择比例，或输入比例。

布满图纸：缩放打印图形布满所选图纸。

比例：定义打印的精确比例。

缩放线宽：与打印比例成正比缩放线宽。线宽通常指打印对象的线宽并按线宽尺寸打印，而不考虑打印比例。

⑥ 打印偏移：根据“指定打印偏移时相对于”选项（“选项”对话框的“打印和发布”选项卡）中的设置，指定打印区域相对于可打印区域左下角或图纸边界的偏移。“页面设置”对话框的“打印偏移”区域在括号中显示指定的大原因偏移选项。

⑦ 着色视口选项：指定着色和渲染视口的打印方式，并确定它们的分辨率级别和每英寸点数（DPI）。

⑧ 打印选项：指定线宽、打印样式、着色打印和对象的打印次序等选项。

⑨ 图形方向：为支持纵向或横向的绘图仪指定图形在图纸上的打印方向。

⑩ 预览：按执行 PREVIEW 命令时在图纸上打印的方式显示图形。要退出打印预览并返回“页面设置”对话框，则按【Esc】键，然后按【Enter】键；或单击鼠标右键并选择快捷菜单上的“退出”选项。

知识训练三 打印

创建完图形和完成准备工作之后，通常要打印到图纸上，利用“布局出图”的打印出图方式，不论在“模型”里画了多少图形，都可以利用“布局出图”来打印，打印的图形可以包含图形的单一视图，或者更为复杂的视图排列。根据不同的需要，可以打印一个或多个视口，或者设置选项以决定打印的内容和图形在图纸上的布置。

准备工作，在图框画好以后，要把它固定在一个位置上，图框的左下角要定位的 UCS 坐标的原点上，为以后打印的保险起见，图框左下角点可以离原点的 X、Y 正方向各离开 0.1～0.5，这样就可以保证打印时，图框能完整显示，完成后，将图框命名并保存，如“A3”、“A4”、“电容器柜主接线”，建议采用“A3”、“A4”名字，最好不要用汉字，如用的 CAD 是 2010 版，则将图框保存在以下的文件夹中：

C:\DocumentsandSettings\XXX\LocalSettings\ApplicationData\Autodesk\AutoCAD2010\R18.0\chs\Template，以上地址中的“XXX”为自己使用的计算名。

（1）布局出图。

在 AutoCAD 的“模型”界面里画好图形，建议都以 1∶1 的比例来画，这样可以省去比例换算的麻烦，如图 7-12 所示。

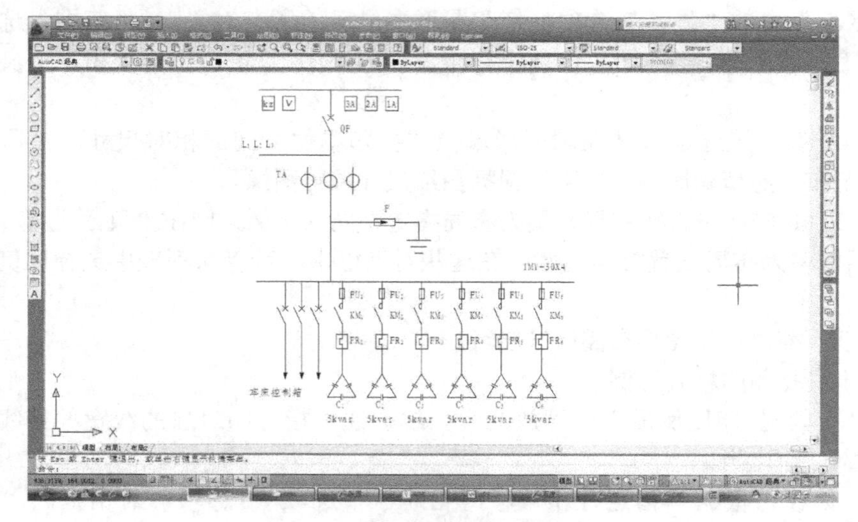

图 7-12　电容器柜主接线方案

（2）执行【插入】→【布局】→【布局向导】命令。

（3）进入“布局向导”对话框后，第一步是“开始”，如图 7-13 所示。输入“布局名称”（如果不输入，系统将使用默认的布局名称），单击“下一步”按钮。

（4）在“布局向导”对话框中，第二步是“打印机”，如图 7-14 所示。选择“打印机”后，单击“下一步”按钮。

（5）在“布局向导”对话框中，第三步是“图纸尺寸”，就是要打印的图纸的大小，如图 7-15 所示。一般多数是用 A4 纸，在选择“A4”后，单击“下一步”按钮。

（6）在“布局向导”对话框中，第四步是“方向”，就是要打印的图纸方向如图 7-16 所示，这里可以选择“纵向”，也可以选择“横向”，根据你要打印的图纸方向来选择，默认状态下为横向打印，这里我们不改变打印方向，单击“下一步”按钮。

（7）在“布局向导”对话框中，第五步是“标题栏”，如图 7-17 所示。就是要打印的图框，这里称之为标题栏。

我们看到刚才“准备工作”中保存到隐藏文件夹中的图框，也在列表中显示了，说明我们可以用自制的图框。选择了我们要用的图框后，单击“下一步”按钮。

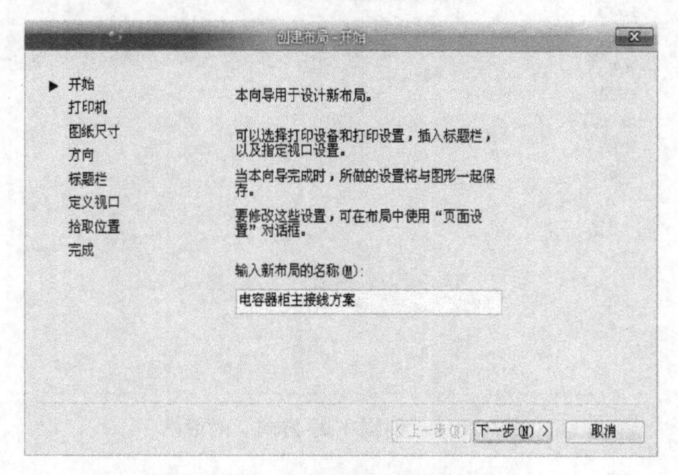

图 7-13 “创建布局-开始”对话框

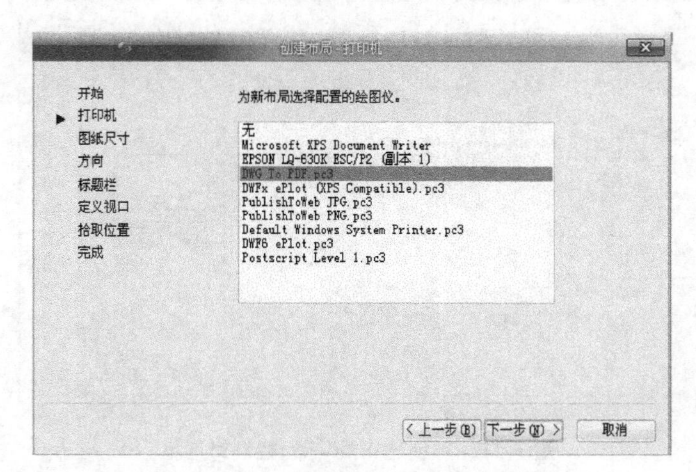

图 7-14 “创建布局-打印机”对话框

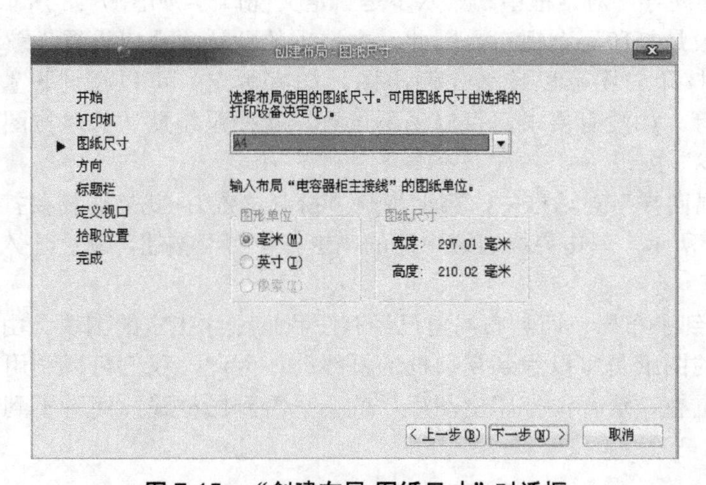

图 7-15 “创建布局-图纸尺寸”对话框

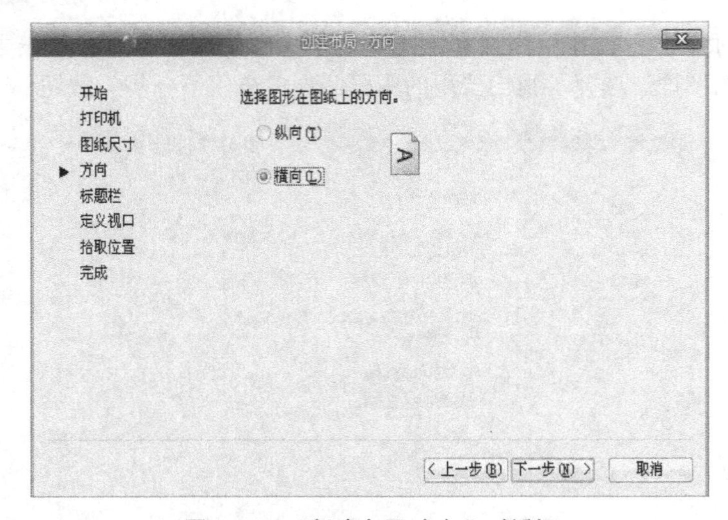

图 7-16 “创建布局-方向”对话框

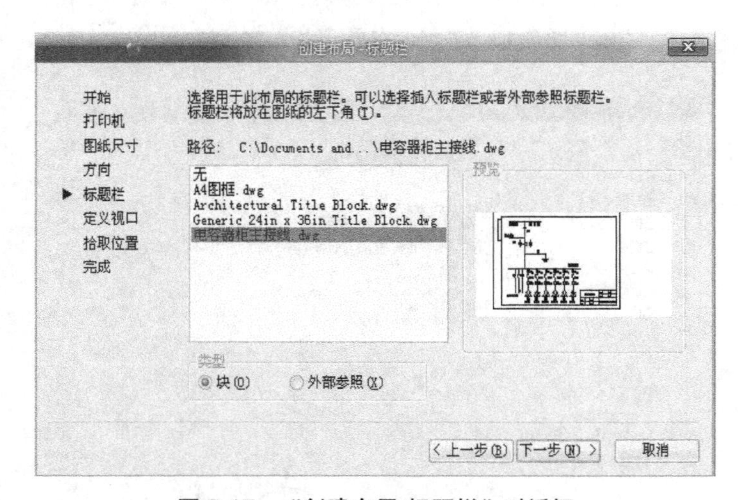

图 7-17 “创建布局-标题栏”对话框

（8）在“布局向导”对话框中，第六步是“定义视口”，如图 7-18 所示，就是要打印的视口框范围。一般是打印一个视口，因此，本选项的默认“视口设置”就是“单个”。“视口比例”就是要打印的图形以什么比例出图，如有规定，可以在此设置，例如 1∶1、1∶50、1∶100 等。如没有要求，可以先不设置，就按系统默认的“按图纸空间缩放”设定，单击“下一步”按钮。

（9）在“布局向导”对话框中，第七步是“拾取位置”，就是选择要打印的视口框位置范围，如图 7-19 所示。单击界面右边中间的“选择位置”按钮，就会进入视口框的指定选择界面。

（10）界面转到了布局，而且布局里已经有了我们刚才指定的图块。由于视口框指定了以后，打印出来的图纸是可以看到视口框的框线的，因此，我们可以利用图框上应该显现的框线和视口框重叠，这样，打印出图后，就会只看到图框线，而看不到视口线，打印效果如图 7-20 所示。

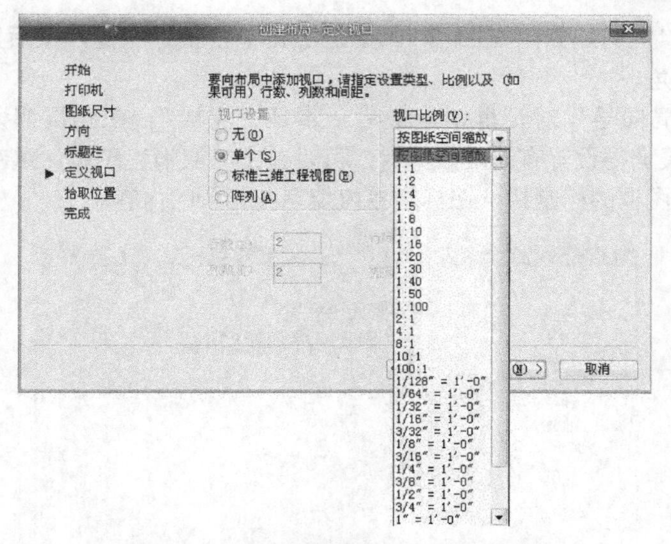

图 7-18 “创建布局-定义视口”对话框

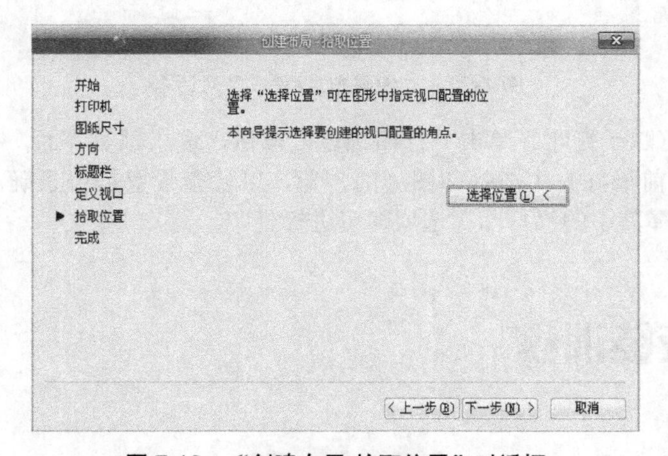

图 7-19 “创建布局-拾取位置”对话框

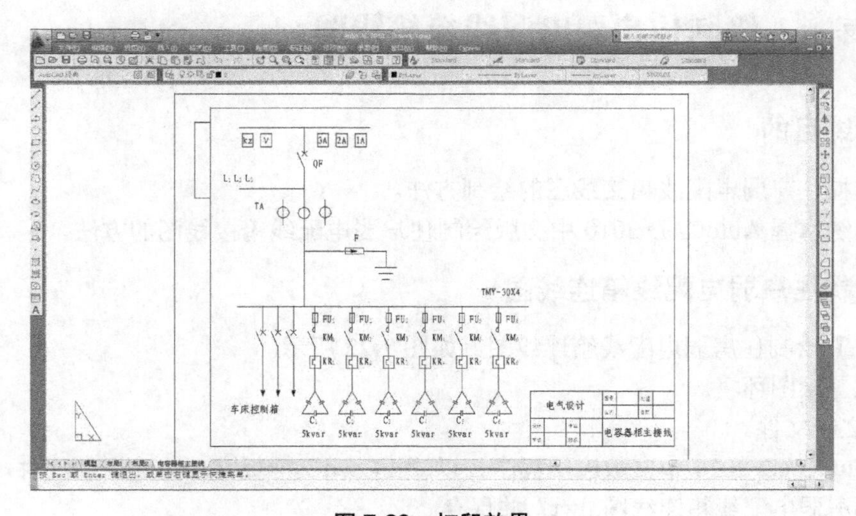

图 7-20 打印效果

（11）定义视口框的起点，在图 7-20 的左上角单击鼠标左键，然后定义视口框的结束点，鼠标单击右下角。

（12）在“布局向导”对话框中，最后一步是“完成”。在确认都设置完成后，单击“完成”按钮，如果觉得设置有缺陷或不对，可以单击“取消”按钮，重新设置，如图 7-21 所示。移动并放大图框的标题栏，在标题栏内填写各相关的内容。

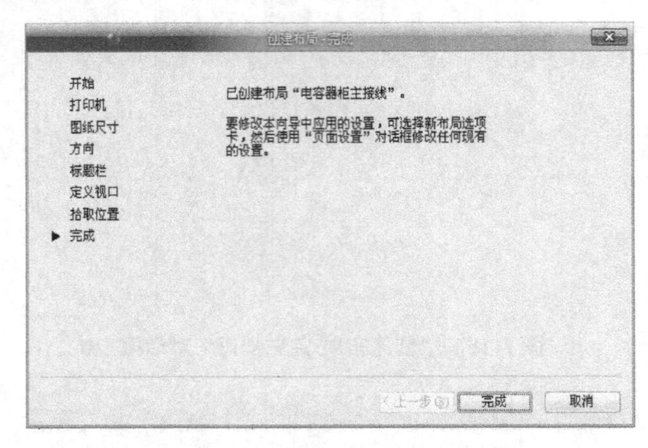

图 7-21 “创建布局-完成”对话框

（13）最后即可赋予打印。单击“打印预览”按钮，进入预览界面，在打印输出图形到打印机或绘图仪之前最好先生成打印图形的预览，以检查设置是否正确。单击鼠标右键，出现快捷菜单，选择其中的“打印”选项即可进行打印。

7.2 技能训练

技能训练一 绘制住户弱电配线箱接线图

1. 训练目的

（1）掌握住户弱电配线箱接线图的绘制方法。

（2）熟练掌握 AutoCAD 2010 中文版绘制住户弱电配线箱接线图的方法。

2. 绘制住户弱电配线箱连线图

【例 7-1】绘制住房弱电配线箱连线图，如图 7-22 所示。

（1）设置绘图环境。

① 建立新文件。

打开 AutoCAD 2010 中文版应用程序，以“A4.dwt”样板文件，建立新文件，将新文件命名为“住房弱电配线箱连线图.dwt”并保存。

② 设置绘图环境，命令行提示如下：

命令: limits
重新设置模型空间界限:
指定左下角点或 [开(ON)/关(OFF)] <0.0000,0.0000>: ↙
指定右上角点 <12.0000,9.0000>: 42000,297000↙

命令：z

ZOOM
指定窗口的角点，输入比例因子（nX 或 nXP），或者
执行缩放全图
[全部(A)/中心(C)/动态(D)/范围(E)/上一个(P)/比例(S)/窗口(W)/对象(O)] <实时>: a 正在重生成模型。

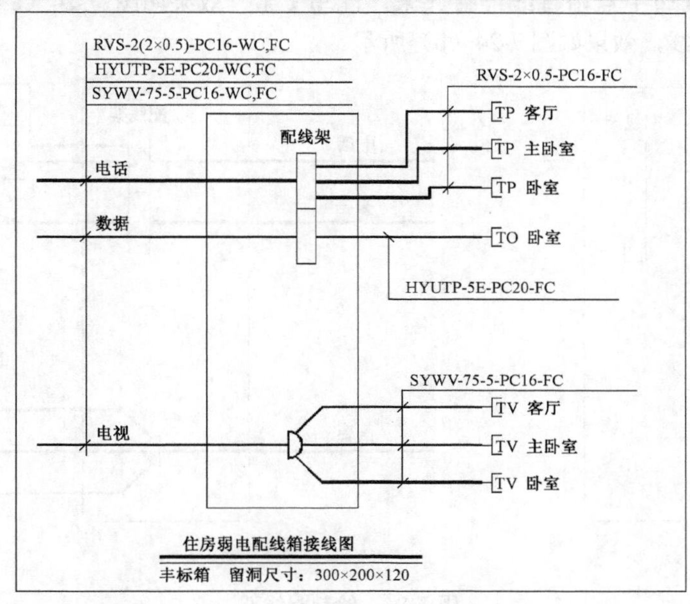

图 7-22 住户弱电配线箱接线图

③ 设置图层。

命令调用：【格式】→【图层】，快捷键【Alt+N】新建图层，分别为“line”、“roof”、“TEL-TEXT”三个图层。设置“line”层为当前图层，设置好的各图层属性如图 7-23 所示。

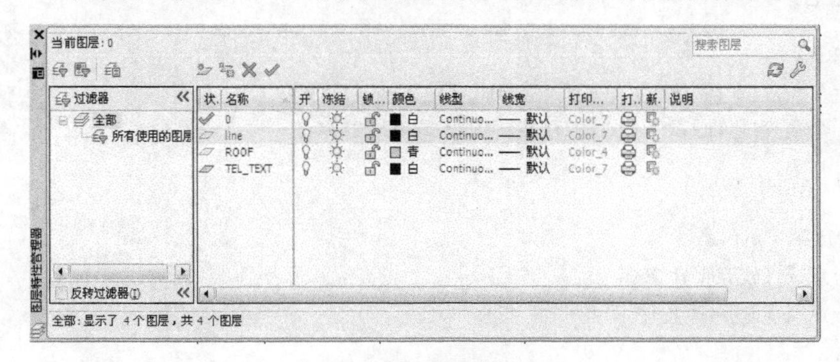

图 7-23 图层设置

④ 绘制配线架。

调用矩形命令，绘制三个矩形，大矩形尺寸为3936×10721 mm，小矩形尺寸为495×1500 mm。

命令：rec

```
RECTANG
指定第一个角点或 [倒角(C)/标高(E)/圆角(F)/厚度(T)/宽度(W)]: ↙
指定另一个角点或 [面积(A)/尺寸(D)/旋转(R)]: @3936,10721↙
命令: RECTANG
指定第一个角点或 [倒角(C)/标高(E)/圆角(F)/厚度(T)/宽度(W)]: ↙
指定另一个角点或 [面积(A)/尺寸(D)/旋转(R)]: @495,3000↙
```

把小矩形竖直边中点用直线连接起来，注写文字，效果如图 7-24（a）所示。绘制电话线、数据线、电视线，效果如图 7-24（b）所示。

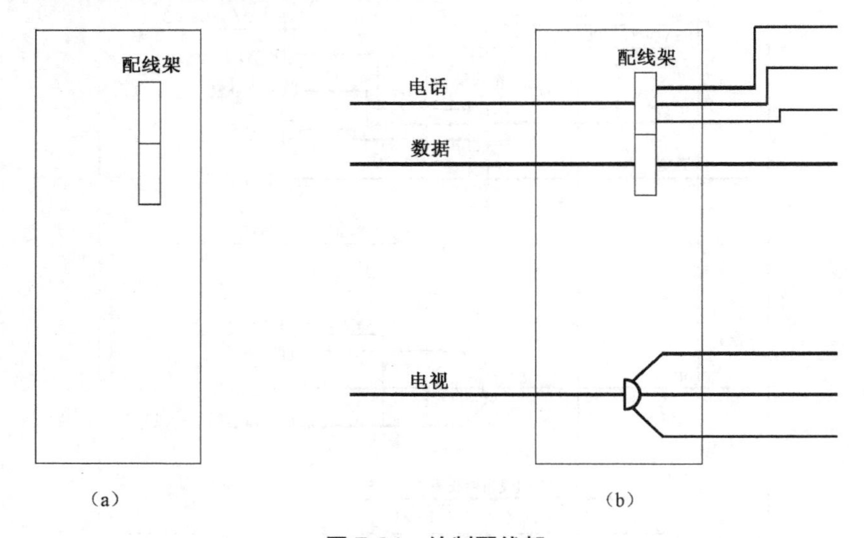

图 7-24　绘制配线架

利用矩形命令、单行文字命令和直线命令绘制电话插座、网络插座和电视插座图形符号，如图 7-25 所示。

绘制电视插座：

命令：rec

```
RECTANG
指定第一个角点或 [倒角(C)/标高(E)/圆角(F)/厚度(T)/宽度(W)]: ↙
指定另一个角点或 [面积(A)/尺寸(D)/旋转(R)]: @400,200↙
```

命令：l

```
LINE 指定第一点: ↙
指定下一点或 [放弃(U)]: 200↙
指定下一点或 [放弃(U)]: ↙
```

命令：x

EXPLODE
选择对象：找到 1 个
选择对象：↙

命令：e

ERASE
选择对象：找到 1 个
选择对象：↙

电话插座和网络插座绘制过程类似，图 7-25 中的图形符号创建为块，然后我们才可以利用“插入块”命令把相应的插座符号插入相应的位置，再注写对应的文字说明。

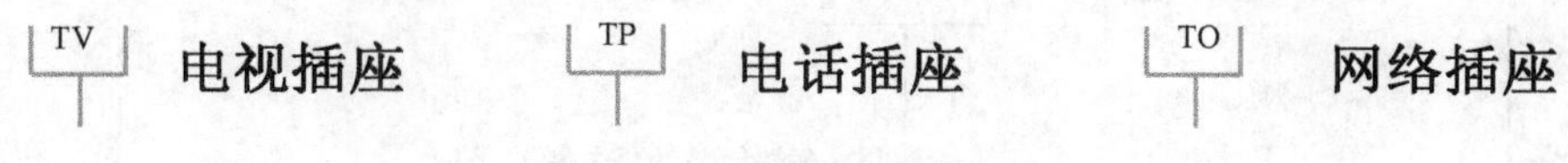

图 7-25 图形符号的绘制

分别插入图块到相应的位置，如图 7-26 所示。

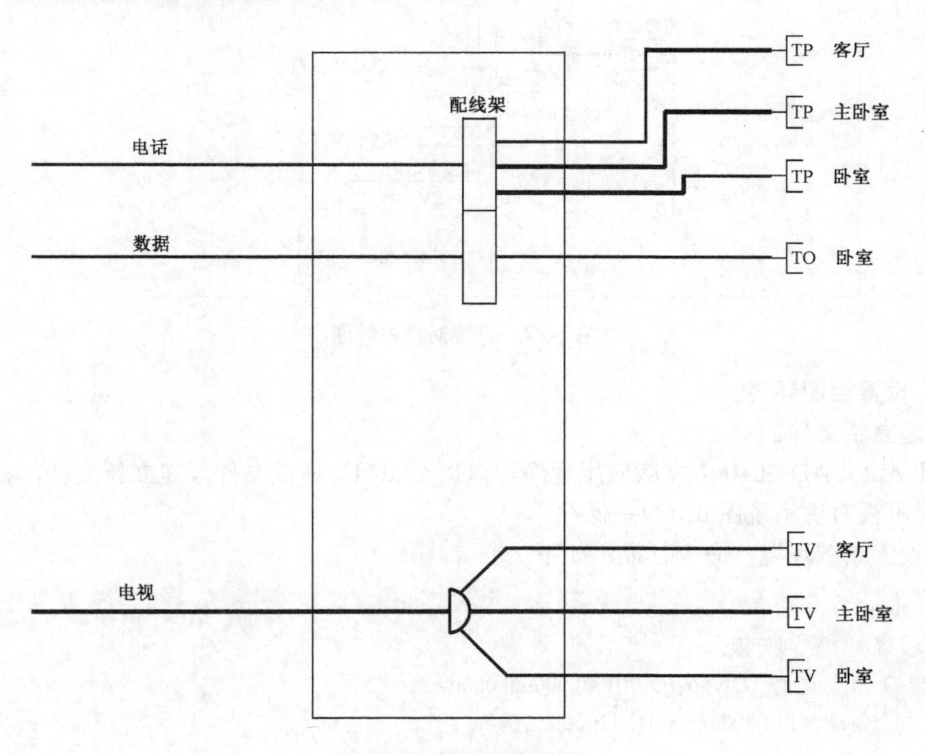

图 7-26 插入对应插座

注写电话、数据、电视、线路的技术参数，设置文字字体高度为 400，分别注写：电话线采用 RCS-2（2X0.5）穿 PC 电线埋地或沿墙暗敷。RVS-2(2×0.5)-PC16-WC，FC；数据线路采用 HYUTP-5E-PC20-WC，FC 穿 PC 电线埋地或沿墙暗敷;效果如图 7-22 所示。

技能训练二　绘制可视对讲系统图

1. 训练目的

（1）掌握楼宇智控系统可视对讲系统图的绘制方法。

（2）熟练掌握 AutoCAD 2010 中文版绘制可视对讲系统图的方法。

2. 绘制可视对讲系统图

【例 7-2】绘制可视对讲系统图，如图 7-27 所示。

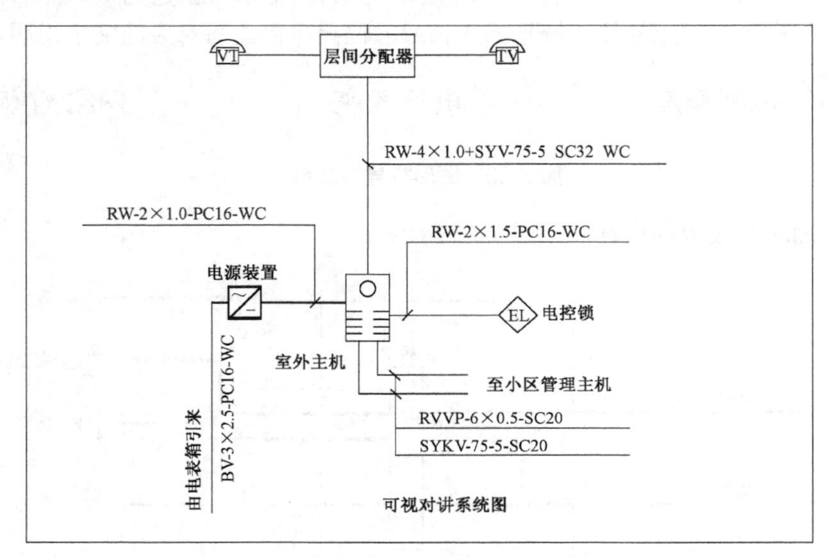

图 7-27　可视对讲系统图

（1）设置绘图环境。

① 建立新文件。

打开 AutoCAD 2010 中文版应用程序，以“A4.dwt”样板文件，建立新文件，将新文件命名为“可视对讲系统图.dwt”并保存。

② 设置绘图环境，命令行提示如下：

```
命令: limits
重新设置模型空间界限:
指定左下角点或 [开(ON)/关(OFF)] <0.0000,0.0000>: ↙
指定右上角点 <12.0000,9.0000>: 42000,297000↙
```

命令：z

```
ZOOM
指定窗口的角点，输入比例因子（nX 或 nXP），或者
执行缩放全图
[全部(A)/中心(C)/动态(D)/范围(E)/上一个(P)/比例(S)/窗口(W)/对象(O)] <实时>: a 正在重生成模型。
```

③ 设置图层。

命令调用：【格式】→【图层】，快捷键【Alt+N】新建图层，分别为“DIM-系统”、“ELEMENT”、“EQUIP-通讯”、“ROOF”、“TEL_TEXT”、“WIRE-系统”六个图层。设置“WIRE-系统”层为当前图层，设置好的各图层属性如图 7-28 所示。

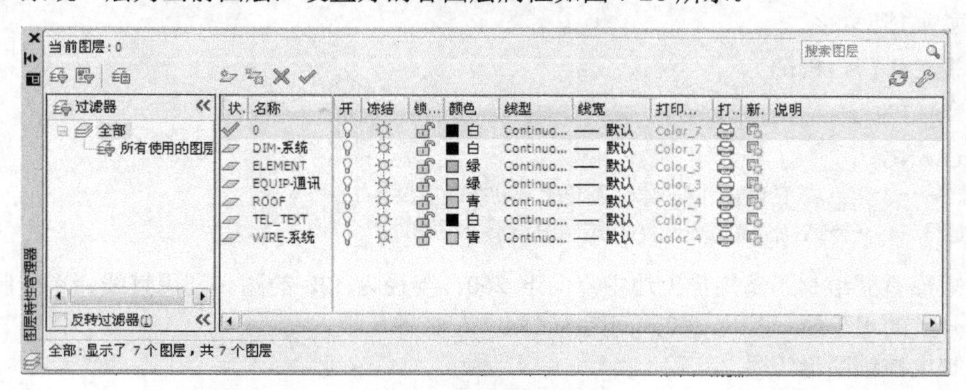

图 7-28 设置图层

④ 绘制外边框。

命令：rec

RECTANG
指定第一个角点或 [倒角(C)/标高(E)/圆角(F)/厚度(T)/宽度(W)]: ↙
指定另一个角点或 [面积(A)/尺寸(D)/旋转(R)]: @13000,9400↙

⑤ 绘制电源装置、可视对讲门口机、电控锁、层间分配器和可视对讲户机的图形符号，效果如图 7-29 所示。

绘制电源装置：

命令：rec

RECTANG
指定第一个角点或 [倒角(C)/标高(E)/圆角(F)/厚度(T)/宽度(W)]: ↙
指定另一个角点或 [面积(A)/尺寸(D)/旋转(R)]: @570,570↙

命令：l

LINE 指定第一点：(绘制正方形对角线)
指定下一点或 [放弃(U)]:
指定下一点或 [放弃(U)]:
命令: LINE 指定第一点: (绘制直流符号)
指定下一点或 [放弃(U)]: <正交 开>↙
指定下一点或 [放弃(U)]: ↙

命令：spl

SPLINE（绘制交流符号）
指定第一个点或 [对象(O)]:
指定下一点: <正交 关>

```
指定下一点或 [闭合(C)/拟合公差(F)] <起点切向>:
指定下一点或 [闭合(C)/拟合公差(F)] <起点切向>:
指定下一点或 [闭合(C)/拟合公差(F)] <起点切向>: ↙
指定起点切向: ↙
指定端点切向: ↙
```

可视对讲门口机：

命令：rec

```
RECTANG
指定第一个角点或 [倒角(C)/标高(E)/圆角(F)/厚度(T)/宽度(W)]:
指定另一个角点或 [面积(A)/尺寸(D)/旋转(R)]: @750,1200↙
```

在矩形里面绘制距离矩形上边中点向下 260，半径为 138 的圆。利用直线命令绘制室外主机符号上的水平线，长为 260，间距为 134，左右各 4 根。

绘制电控锁图形符号：

命令：pol

```
POLYGON 输入边的数目 <4>: ↙
指定正多边形的中心点或 [边(E)]: e 指定边的第一个端点: 指定边的第二个端点: @480<45↙
```

利用单行文字命令输入文字“EL”，字体高度为 200。

绘制层间分配器：

命令：rec

```
RECTANG
指定第一个角点或 [倒角(C)/标高(E)/圆角(F)/厚度(T)/宽度(W)]:
指定另一个角点或 [面积(A)/尺寸(D)/旋转(R)]: @1646,772↙
```

利用单行文字命令输入文字“层间分配器”，字体高度为 200。

绘制可视对讲户机图形符号：

命令：rec

```
RECTANG
指定第一个角点或 [倒角(C)/标高(E)/圆角(F)/厚度(T)/宽度(W)]:
指定另一个角点或 [面积(A)/尺寸(D)/旋转(R)]: @370，310↙
```

利用单行文字命令输入文字“层间分配器”，字体高度为 200。

利用直线命令完成可视对讲户机上部的绘制，输入（@255<45）、（@256<0）、（@255<-45），输入 C 闭合。移动矩形上边中点到梯形底边中点上边 90，然后修剪梯形底边与矩形相交的部分。

利用单行文字命令输入文字“TV”，字体高度为 200。

图 7-29　电源装置、可视对讲门口机、电控锁、层间分配器和可视对讲户机

把图 7-29 中的图形符号都定义为图块。把定义为块后图 7-29 中的图形符号插入图框中相应的位置，然后用直线命令做适当的连接。

利用单行文字命令，设置字体高度为 200，注写“由电表箱引来”、“至小区管理主机”，利用引线标注命令完成各线路文字注释。

知识拓展

上机实训

绘制有线电视系统图和网络及电话系统图，如图 7-30 所示。

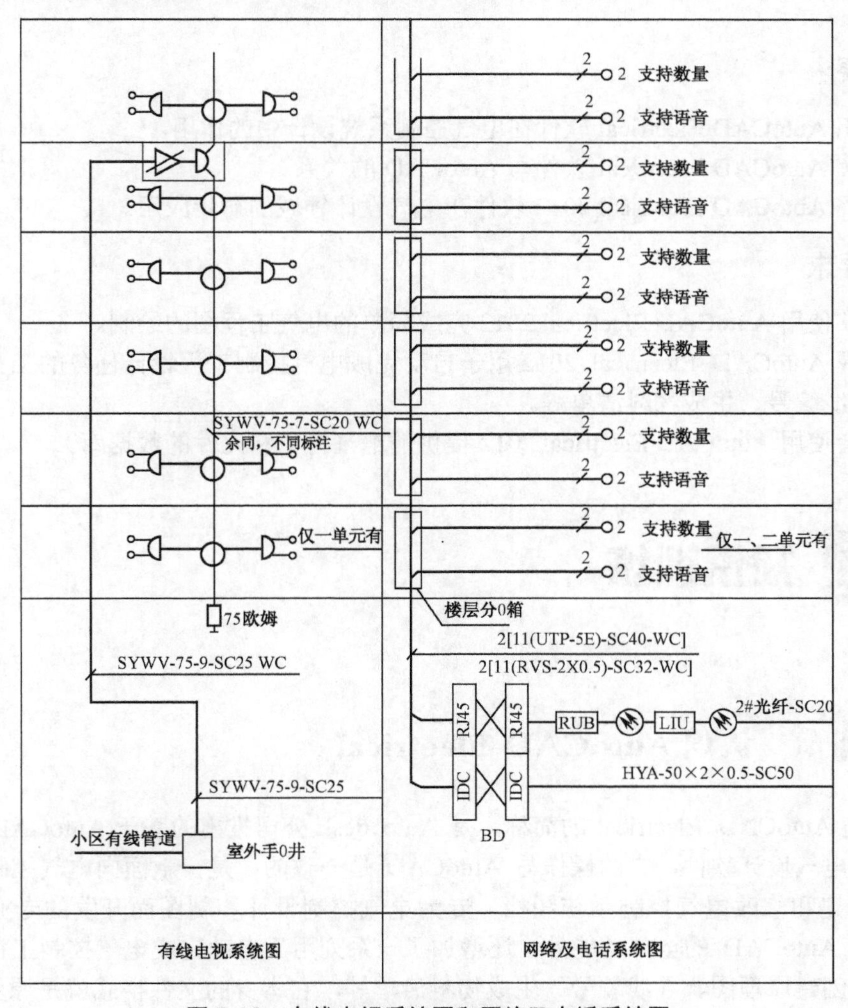

图 7-30 有线电视系统图和网络及电话系统图

项目八
认识 ACE 绘图

知识要求

1．认识 AutoCAD Electrical 软件在电气控制系统设计中的作用。

2．了解 AutoCAD Electrical 软件与 AutoCAD 的关系。

3．掌握 AutoCAD Electrical 2012 软件在电气设计领域的初步应用。

技能要求

1．能够使用 AutoCAD Electrical 2012 完成简单的电气工程图的绘制。

2．掌握 AutoCAD Electrical 2012 用于自动完成电气控制工程设计任务的工具，如创建原理图、导线编号、生成物料清单等。

3．学会使用 AutoCAD Electrical 2012 提供的电气符号和元件的数据库。

8.1 知识训练

知识训练一　认识 AutoCAD Electrical

ACE 是 AutoCAD Electrical 的简称，是 Auto desk 公司推出的基于 AutoCAD 通用平台的一个专业电气设计软件，它的操作与 AutoCAD 是一致的，是一款面向电气控制设计师的专门用于创建和修改电气控制系统图档，专为电气控制设计和制图而开发的专业软件。该软件除包含 AutoCAD 的全部功能外，还增加了一系列用于自动完成电气控制工程设计任务的工具，如创建原理图、导线编号、生成物料清单等，它本身的文件格式就是原生的 DWG 格式，因此在 ACE 中画好的图纸在 AutoCAD 平台下一样可以编辑。只是在 ACE 环境下可以大大提高出图效率，显著减少设计错误。

AutoCAD Electrical 提供了一个含有 650 000 多个电气符号和元件的数据库，具有实时错误检查功能，使电气设计团队与机械设计团队能够通过使用 Auto desk Inventor 软件创建的数字样机模型进行高效协作。AutoCAD Electrical 能够帮助电气控制工程师节省大量时间。专业的电气设计工具极大地提高了电气设计和制图的效率。

1. ACE 的基本功能

ACE 是基于 AutoCAD 通用平台上二次开发出来的，除了有 AutoCAD 的所有优点外，它能自动出明细表、自动导线编号、自动元件编号、自动实现如触点与线圈之类的交叉参考，图框带有智能图副分区信息，可以实现库元件的全局更新、父子元件自动跟踪、原理图线号自动导入到屏柜接线图、参数化 PLC 模块生成等。

2. ACE 的工作机制

首先，一张图纸对应一个 DWG 文件，一个项目文件管理多个 DWG 文件从而组成一套图纸。每张图纸对应一个图框，各种元件符号实际上就是 AutoCAD 的块定义的，从根本上来说，ACE 就是根据块的文件名，块的各个属性名及属性值，还有图层名来构成整个系统的。

一种 ACE 的原理图就是一个图框中放入各种元件符号（AutoCAD 块文件），并根据电气原来用导线（是处在特殊名称图层上的 AutoCAD 直线）将其连接好的 DWG 文件。

ACE 具有极大的开放性，它与 Microsoft 的 Excel 和 Access 直接交换数据。事实上，每个 ACE 项目文件就是以一个对应的 Access 数据库做后盾来实现其智能化的功能。这是一快照型的数据库文件，用来将项目文件中各 DWG 文件内的数据抓取出来供 ACE 的程序使用。

在 ACE 中的图纸文件是一个纯粹的 dwg 文件，因此具有极大通用性。

ACE 的数据存在 DWG 文件中，不需要后台数据库的支撑，它所用的 MDB 文件只是辅助性的文件，图元操作可充分利用 AutoCAD 的各种功能，因此具有极大的灵活性。

AutoCAD 与& AutoCAD Electrical（ACE）的关系如下：

（1）ACE 是 AutoCAD 的电气专业版。

（2）在 ACE 的环境中，AutoCAD 的命令按原来情况使用。

（3）ACE 所做的工作用 AutoCAD 都能完成。

（4）ACE 的文件格式是*dwg，用 AutoCAD 就可以打开编辑。

知识训练二　AutoCAD Electrical 2012 工作界面

1. ACE 用户界面

AutoCAD Electrical 2012 中文版首次启动画面如图 8-1 所示，工作界面如图 8-2 所示，它由常用、项目、原理图、面板、报告、输入/输出数据、转换工具、联机、附加模块、工具栏、命令窗口、绘图窗口、状态栏、工具选项板等组成。

常用的工具栏有绘图、修改、注释、图层、块、特性、组、实用工具和剪贴板等，其他常用的工具栏还有对象步骤、标注、视口等，所有工具栏都由一系列图标组成。

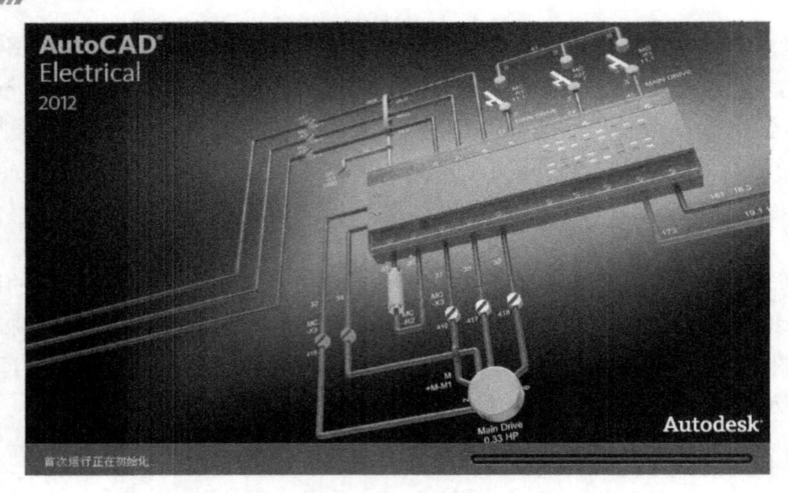

图 8-1 AutoCAD Electrical 2012 启动画面

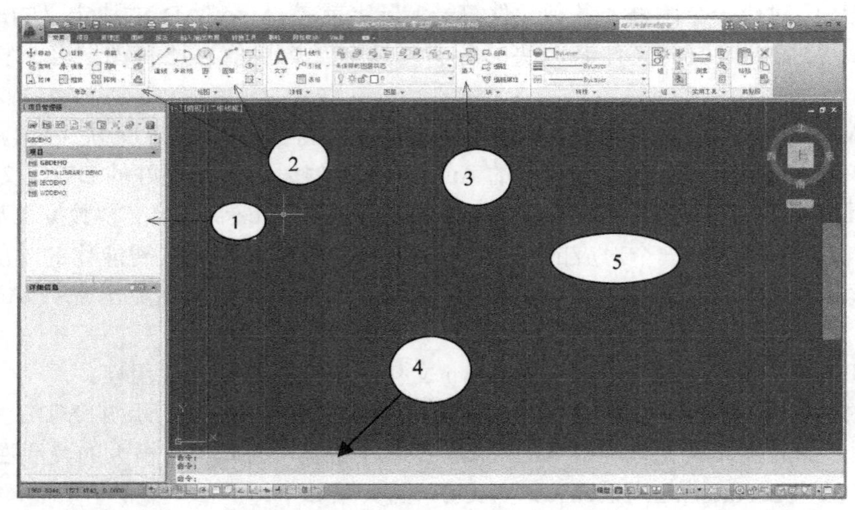

1—项目管理 2—菜单 3—工具面板 4—ACE 命令行 5—ACE 绘图区

图 8-2 AutoCAD Electrical 2012 工作界面

2. ACE 启动与文件操作方法

ACE 的启动方法：双击桌面图标，或者执行【开始】→【程序】→【Auto desk】→【AutoCAD Electrical 2012】命令。

① 新建文件：执行【文件】→【新建】命令，在“选择样板”对话框中，选择“ACAD-ELECTRICAL.dwt”，然后单击“打开”按钮。

② 保存文件：执行【】→【另存为】命令，导航到“Documents and settings”下面几个目录中的“Aegs”文件夹（Application Data \Auto desk\AutoCAD Electrical\r18.0\cha\Support\AeData\Proj），保存位置：Aegs，文件名：这个可以根据需要自己设定。

③ 打开文件：单击“”图标，可以执行打开文件操作。

3. ACE 基本工作原理

（1）导线：位于特定图层上的直线。

（2）元件符号：含有特定属性的、特定命名规则的图块。

（3）不可见图块 WD-M：用于保存图形配置数据。

（4）不可见属性 WD-TB：用于定义标题栏默认值。

4. ACE 工作环境

（1）硬件环境。

① CPU：Pentium Ⅲ 800MHz 以上

② 内存：512MB（建议）

③ 显示器：1024×768 以上真彩色

④ 显卡：64MB 以上显存显卡

⑤ 硬盘空间：750MB 以上

（2）软件环境。

AutoCAD Electrical 2012 中文版（32 位版本）对软件环境的要求如下：

① 操作系统（32 位）：Windows® XP Professional Service Pack 2、Windows XP Home Service Pack 2、Windows 2000 Service Pack 4、Windows Vista Enterprise/Business/Ultimate、Windows Vista Home Premium/Basic、Windows Vista Starter。

② IE 浏览器：中文版 6.0SP1 以上、Microsoft DirectX 9.0 以上。

5. AutoCAD Electrical 2012 中文版项目应用

将多张图纸作为一个整体来处理的功能称为项目。在项目管理器中可以执行 “打开项目”、“新建项目”、“新建图形” 等操作。

项目应用属于 ACE 软件的一个基础，它负责把原来单一的 CAD 图纸进行成套的管理，并把它们进行统一的管理。

（1）项目的建立。

（2）项目的激活和关闭。

（3）项目的特性。

（4）建立新图纸和添加图形，任何时候都可以将新图形添加到项目中。

（5）图纸的删除和排序。

（6）项目的描述。

（7）标题栏的更新。

（8）项目的三个文件。

（9）图纸清单报告。

6. 创建项目

创建项目时，可使用“项目特性”对话框来定义设置，然后将此设置用于新图形或添加到该项目。在“项目特性”对话框中，图标表示设置是应用于项目设置还是应用于图形默认设置。

（1）应用于项目设置并保存在项目定义文件（.wdp）内的设置。

（2）在项目文件中保存为图形默认设置的设置。运行“添加图形”命令时，将要添加到项目的图形相关数据另存为图形自定义特性，如图 8-3 所示。

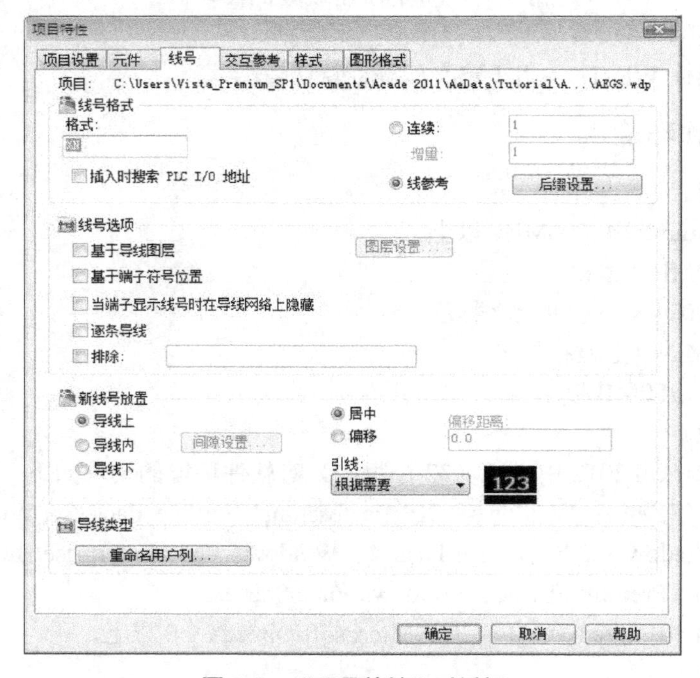

图 8-3 “项目特性”对话框

① 项目范围图形配置。

② 导线跨图纸自动编号。

③ 元件跨图纸自动编号。

④ 项目范围统计报表。

⑤ 图纸批量处理。

项目文件是一个 ASCII 文件，扩展名为 WDP，它存储从属于项目图纸的信息，如路径、项目设置等，在一个项目中，所包括的图形文件，可以在各个不同的目录中，项目中所包括的图纸数量是没有限制的。

功用：使用项目管理器，可以在不同的项目之间进行切换，而不同的项目之间可以使用完全不同的设置，如不同的符号库、不同的线编号方式等。

项目描述信息映射文件（WDL 文件）

（3）项目管理器启动

① 工具栏。

② “项目”菜单→“项目”→“项目管理器”（如图 8-4 所示）。

（4）项目基本操作

① 当前项目/激活项目。

② 创建新项目。

③ 打开已有的项目。

④ 激活/关闭项目。

（5）项目中图纸的变更

① 创建新图形文件。

② 添加图形文件。

③ 删除图形文件。

④ 重排序图形文件。

（6）步骤：

右键单击项目，从弹出的快捷菜单中选择相应的操作。

（7）在项目中图纸间顺序切换

浏览下一张或者上一张图纸；

双击或者从右键快捷菜单中打开项目中的图形文件【GBDEMO】；

使用搜索器在项目的图形文件中定位图形对象。

（8）项目特性设置（如图 8-5 所示）

① 图库的路径。

② 元件库。

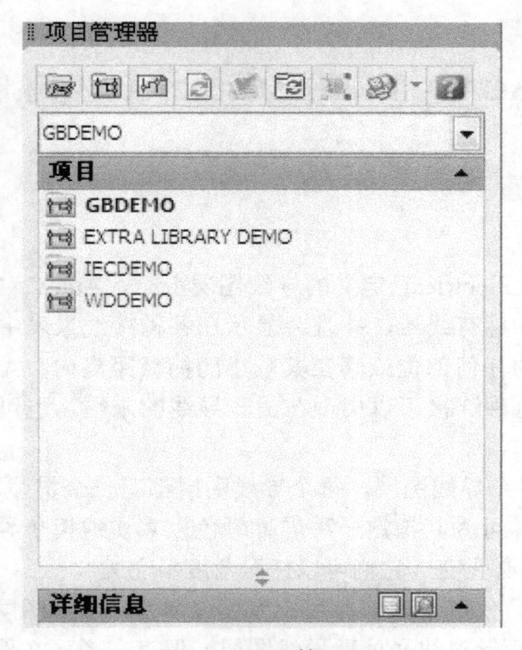

图 8-4 项目管理器

③ 元件标记规则。

④ 导线的标记规则。

⑤ 交互参考。

⑥ 样式。

⑦ 图形格式。

⑧ WDL 文件。

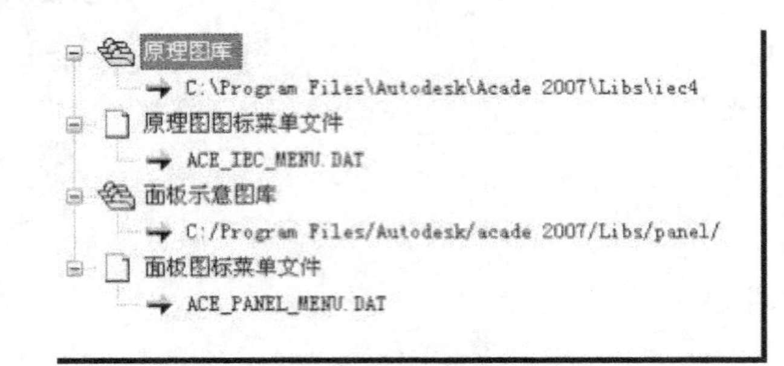

图 8-5　项目特性设置

（9）图形特性设置。

① 元件标记规则。

② 导线的标记规则。

③ 交互参考。

④ 样式。

⑤ 图形格式。

⑥ WD_M 图块。

知识训练三　AutoCAD Electrical 2012 原理图绘制与编辑

1. 导线的相关设置

（1）导线图层的定义。

当线位于 AutoCAD Electrical 定义的导线图层上时，AutoCAD Electrical 会将线条图元视为导线。这些线条均标有线号，并且会显示在各种接线报表中。如果一条导线段的末端接触到另一条导线段的任何部位或落在其较小的捕获距离内，AutoCAD Electrical 则认为这两条导线段相连。这种连接可以出现在另一导线的末端，也可以出现在该导线的任何位置处。

可以在图形中设置多个导线图层，每个导线图层都有一个描述性名称（如“RED_16”或“BLK_14_THW”），并可为其指定一种屏幕颜色以真实地模仿导线颜色。导线不必在捕捉点处开始或结束，也不必正交（它们可以任意角度斜交）。

“设置导线类型”工具仅用于为新导线设置导线类型，导线图层名称和关联的导线特性（如导线颜色、尺寸及是否针对线号处理导线图层）保存在图形文件中。以下规则决定新导线的导线图层：

① 当从现有导线创建导线时，新导线与现有导线具有相同的图层，它忽略当前图层和当前导线类型。

② 当新导线开始于空白区域并终止于现有导线时，新导线具有终止导线的导线图层，当前图层和当前导线类型会被忽略。

③ 当新导线开始于现有导线并终止于其他现有导线时，新导线具有开始导线的图层。

④ 如果图形中没有任何导线图层，则在 WIRES 图层中绘制新导线。

⑤ 当导线开始于空白区域并终止于元件接线连接点时，则在当前导线类型上绘制新导

线，连接到同一元件连接点的导线图层会被忽略。开始于元件接线连接点并终止于空白区域的导线也是如此，如图 8-6 所示。

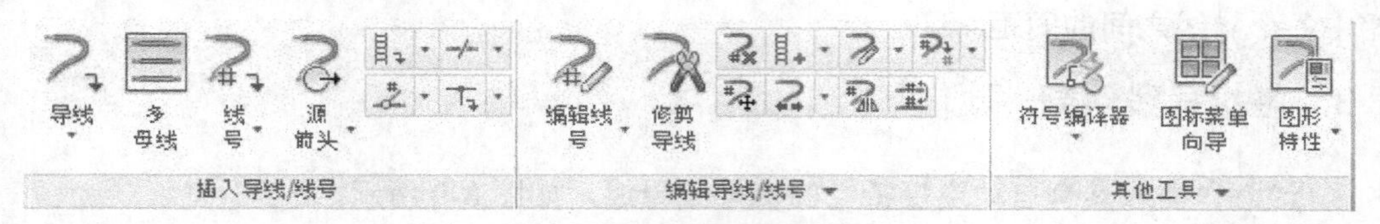

图 8-6　导线的相关设置

（2）导线布线样式设置，如图 8-7 所示。

① 导线交叉样式包括“间隙”、“环”、“实心”三种样式。

② 导线 T 形相交样式包括“无”、“点”、“角 1”、“角 2”四种样式。

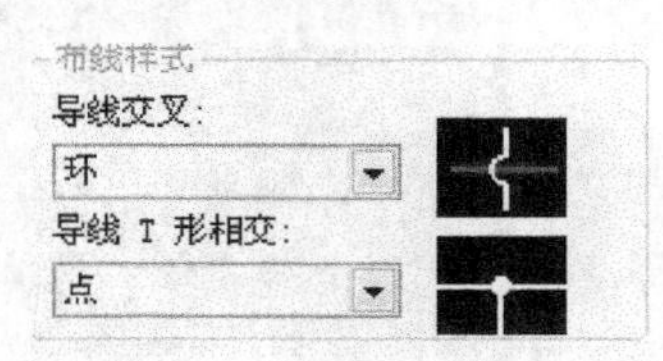

图 8-7　导线布线样式设置

2．导线绘制工具

AutoCAD “Line”命令在 ACE 绘图中同样可以使用，只是这里需要图层转换。

（1）插入导线 意思是插入具有自动连接特性的导线和导线交叉间隙/回路。可以在空白区域，从现有导线段或从现有元件中开始或结束一个导线段。如果从一个元件开始，导线段将捕捉到距离你在该符号上拾取的点最近的接线端子。如果导线段结束于另一个导线段，则在适用情况下，会采用一个块名称为 Wddot.dwg 的节点。如果导线结束于另一个元件，则它将连接到距离你在该符号上拾取的点最近的接线端子。

（2）阶梯图的绘制，如图 8-8 所示。

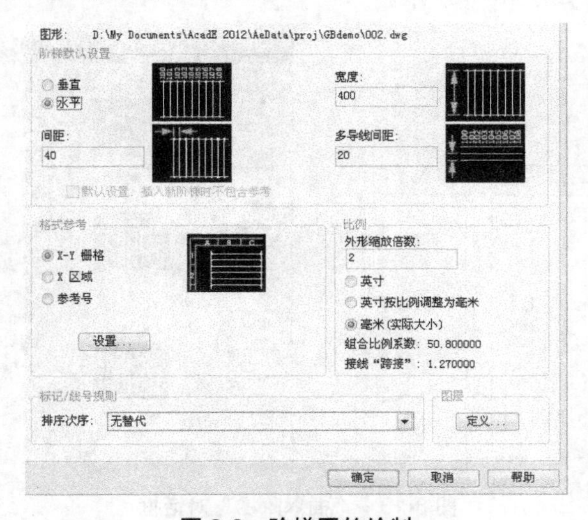

图 8-8　阶梯图的绘制

（3）阶梯图默认设置：“垂直/水平”表示指定水平还是垂直创建阶梯；“间距”表示指定各个阶梯横档之间的间距；“宽度”表示指定阶梯的宽度；“多导线间距”表示指定多导线相中各个导线之间的间距。

3．多相导线绘制

多母线插入具有自动连接特性的多导线母线，如图 8-9 所示。

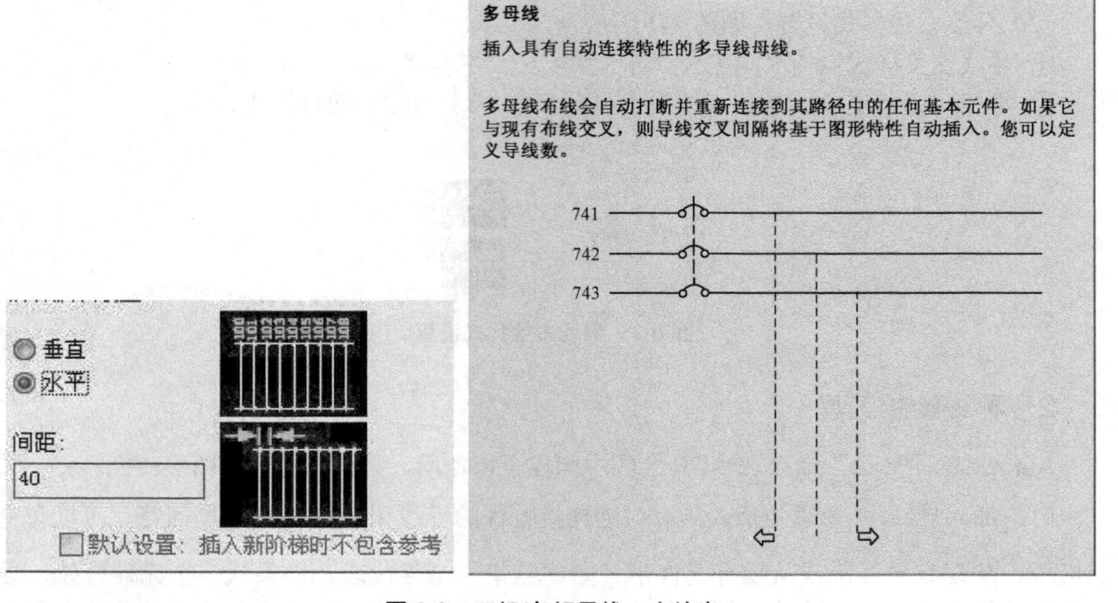

图 8-9　三相/多相导线一次绘出

4．阶梯图绘制

阶梯图一次绘出，如图 8-10 所示。

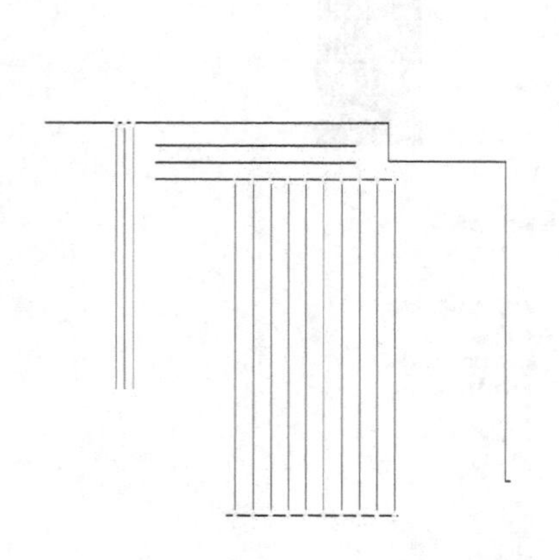

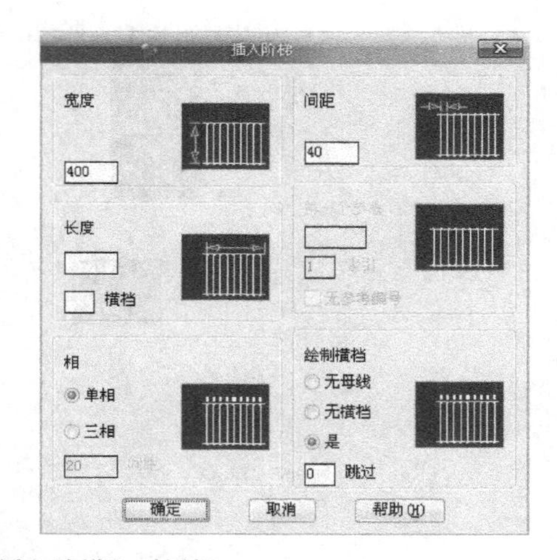

图 8-10　“插入阶梯”对话框

5. 单导线绘制

这是一个智能导线绘制工具，当有交叉点时自动生成交叉标志，如图 8-11 所示。

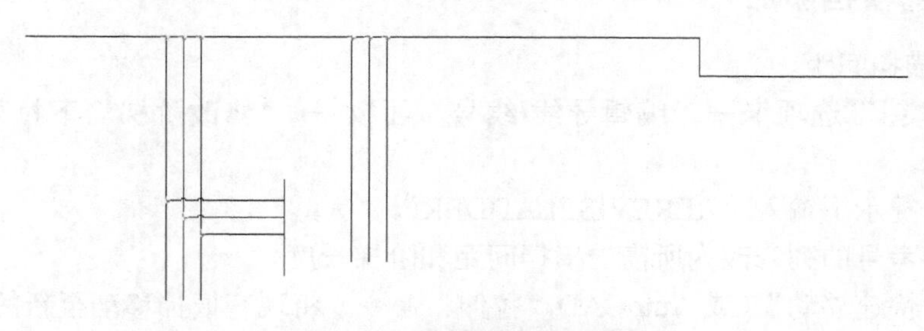

图 8-11 单导线绘制效果图

6. 导线的关联参考

导线的关联参考涉及源信号箭头和目标信号箭头。AutoCAD Electrical 使用已命名的源/目标概念，可以标识要作为源的导线网络，在该网络上插入源箭头，并为该源箭头指定源代号名称。在即将成为相同线号延续部分的导线网络上，无论在项目中相同的图形还是在不同的图形上，均插入目标箭头。赋予目标箭头与其源相同的代码名称。AutoCAD Electrical 会使源代号名称与目标名称相匹配，并将源线号复制到目标导线网络上。

有时可能想要显示电缆各条导线上的源标记和目标标记，而且还想要显示汇聚在一起以形成电缆的导线。

插入串联输入/输出标记时，AutoCAD Electrical 将打断导线，并将导线一端的图层更改为专用图层。如果插入源标记，则从此标记出来的导线将发生改变。如果插入目标标记，则进入该标记的导线将发生改变。可以使用 AutoCAD Electrical 的【串联输入/输出】→【单线图层】命令更改导线的位置，使其位于这些图层中的某个图层上。

7. 导线编辑

导线编辑：将直线转换为导线，或将导线从一种导线类型更改为另一种导线类型。使用“创建/编辑导线类型”工具创建和编辑导线类型，也可以在插入导线时在命令提示下输入“T”以使用“设置导线类型”工具。

智能导线修剪：修剪接线间的导线。使用此工具可以根据需要删除导线段和导线 T 形相交，可以在单条导线上拾取，也可以绘制穿过多条导线的栏进行修剪，效果如图 8-12 所示。

命令执行方式如下：

（1）“原理图”选项卡→“编辑导线/线号”面板→“修剪导线”。

（2）在命令提示下输入“AETRIM”。

（3）选择图形上要删除的导线段，或者输入“F”并后加一个空格以同时删除多条导线。

（4）如果要删除多条导线，可以绘制穿过这些导线的栏进行修剪。

（5）如果导线超出了屏幕，将会触发一个“范围缩放”操作。如果在多次修剪期间来回进行缩放使您感到非常麻烦，则可以缩放回原始大小以使所有回路都显示在屏幕上，或者在出现修剪提示时按【Space+Z】组合键。这将触发一个“范围缩放”操作，此操作将在其余的修剪编辑中持续进行。

8．阶梯图横挡添加

（1）更改横挡间距。

① “原理图”选项卡→“编辑导线/线号”面板 →“修改阶梯”下拉列表→“修改阶梯”。

② 在命令提示下输入“AEREVISELADDER”。

③ 将线参考号的列修改为所需的横挡间距和阶梯长度。

④ 使用“快速移动”（或 AutoCAD“拉伸”命令）将现有横挡移动至新的横挡位置。

⑤ “原理图”选项卡→“编辑元件”面板→“修改元件”下拉列表→“快速移动”。

（2）插入横挡。

在阶梯内部最接近用户选择点的线参考处添加阶梯横挡，母线导线在屏幕上必须可见，（如图 8-13 所示）。

修剪导线
修剪接线间的导线。

删除导线段以及所有导线T形相交或节点。可以在单条导线上拾取，绘制栏选或绘制窗选以选择要修剪的导线。

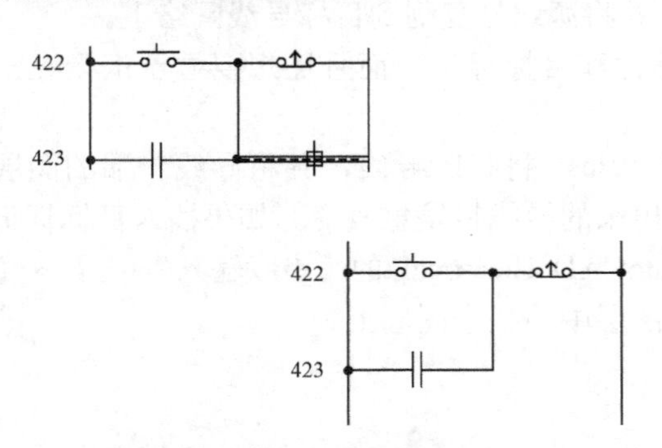

图 8-12　修剪导线效果图

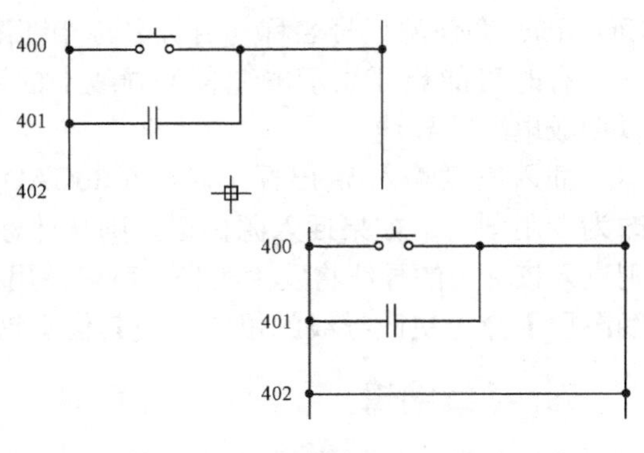

图 8-13　插入横挡效果图

9. 元件符号库

元件符号库包括电气元件、气动元件、液压元件和 PID 元件，如图 8-14 所示。

图 8-14　插入元件

10．插入元件符号

AutoCAD Electrical 原理图元件是带有某些预期属性的 AutoCAD[(R)] 块。插入元件时，可以使用 AutoCAD Electrical 工具打断导线，指定唯一的元件标记，交互参考相关元件，还可以输入目录信息、元件描述和位置代号等值。

AutoCAD Electrical 为查找和插入原理图元件提供了一个原理图符号对话框。它还可以触发其他许多功能，如自动打断导线、标记元件、实时交互参考及注释元件。

（1）在原理图中插入元件符号。

（2）查找目录数据。

（3）指定端号。

（4）添加描述行。

（5）建立元件间的父子关系。

11. 插入多相元件符号

AutoCAD Electrical 的原理图元件之间具有主/辅关系。带有多个触点的继电器线圈可用主线圈符号和辅触点表示，主线圈符号在插入时被指定一个唯一的元件标记；而辅触点符号在插入时与主线圈符号相关，因此主线圈符号的元件标记将被指定给该辅符号。

（1）多相元件符号一次插入。

（2）自动构建完成。

12. 插入多个元件符号

（1）多个元件符号一次插入。

（2）自动捕捉插入点完成。

13. 编辑元件符号

编辑元件符号中包括

“复制元件”、“编辑元件属性”、“编辑元件标记”、“编辑元件位置”、“复制元件”、“对齐元件”、“删除元件”、“切换常开/常闭”按钮，如图 8-15 所示。

14. 回路重用

（1）回路复制与粘贴。

（2）回路保存与插入。

15. 添加导线线号

根据图形特性中的指定插入线号，“导线标记”对话框如图 8-16 所示。

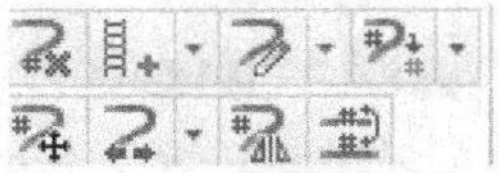

图 8-15 编辑元件符号

操作步骤如下：

（1）导线插入线号。

（2）设置相关选项。

（3）选择应用范围。

（4）自动导线编号。

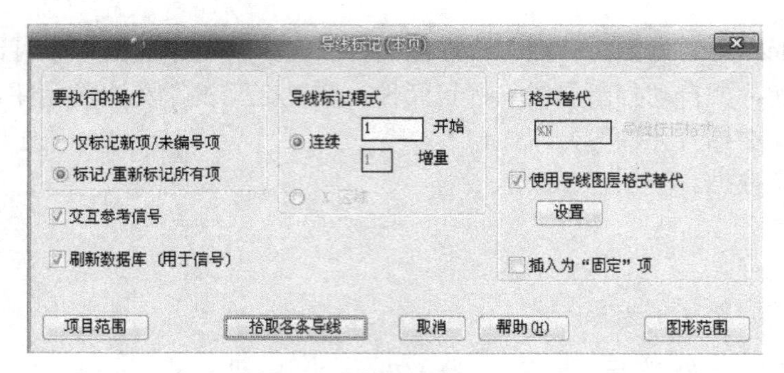

图 8-16　导线标记对话框

16. 编辑导线线号

提供编辑线号或线号不存在时插入新线号的方法，如图 8-17 所示，编辑线号并提供以下操作的方法：

（1）修改线号值。

（2）固定或取消固定线号。

（3）更改线号的可见性。

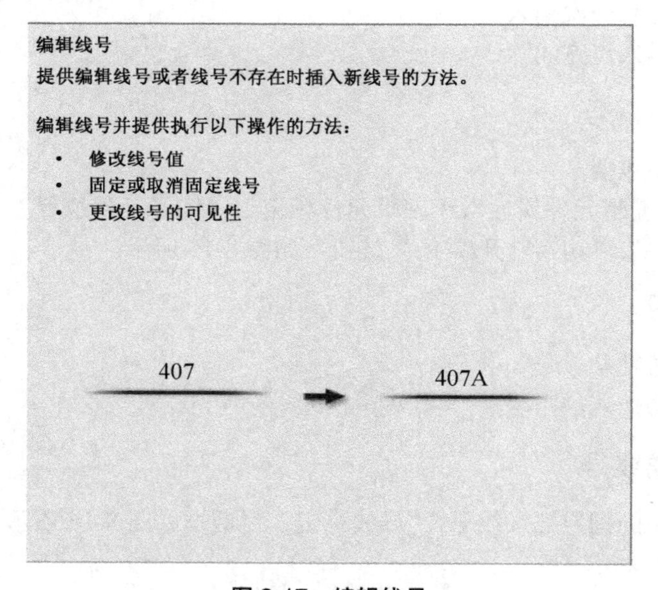

图 8-17　编辑线号

17. 面板图配置

“面板配置”会将设置作为属性值保存在名为 WD_PNLM 的不可见块上。在任意面板布局命令中，如果此块在当前图形中不存在，则系统会显示一个消息框，询问是否允许插入该块，块的位置并不重要。“面板设置”包括引出序号设置、导线注释、面板装配。

（1）引出序号设置：插入包含选定元件的 BOM 表条目号的引出序号。在“面板配置”对话框的“引出序号设置”区域中，可以预设引出序号的形状、大小、文字大小和箭头类型。

（2）导线注释：将导线信息添加到示意图。

（3）面板装配：插入已写为块的面板示意图装配。

18．面板图

（1）通过原理图元件列表插入面板示意图。

（2）直接通过布局图图标菜单插入面板示意图。

19．接线图

（1）自动生成二次接线图。

（2）自动提取、标注接线信息。

20．端子排

（1）自动生成各种类型端字排。

（2）自动提供图形端子排配线信息。

（3）支持多种制表格式。

21．报告

AutoCAD Electrical 报告具有很大的灵活性，可以手动运行，也可以自动运行。AutoCAD Electrical 可以将多个字段提取到各个报告类型中，不同的报告包含不同的信息字段。运行报告时，可以选择要包括的字段及要忽略的字段，还可以通过使用“用户定义的属性列表”工具创建用户定义的属性支持文件（.wda）来添加自己的字段。用户定义的属性文件中列出的所有属性都会作为可用字段添加到每个报告中，可以清除数据中的某些字段列，然后创建其他有用的报告类型。

（1）报告的种类。

① BOM 表：“BOM 表”报告仅会报告包含指定 BOM 表信息的元件。

② 元件表：此报告可在项目范围内提取在布线图集上找到的所有元件。提取的数据包括元件标记、位置代号、位置参考、描述文字、额定值、目录信息和块名。

③ 接线表：此报告会提取元件接线数据，并将其显示在对话框中。每个条目显示一个元件连接、线号、元件标记名称、端子端号、元件位置代号（如果存在）及连接的导线所在的图层。

（2）报告输出。

① 放置在图形文件上。

② 输出为文件。

（3）报告格式更改。

22．错误检查

（1）Electrical 核查——检查项目中可能的错误或遗漏。

（2）图形核查——专门用于导线的核查，自动纠正导线的错误。

23．样板文件

（1）样板文件如图 8-18 所示，支持多种标准。

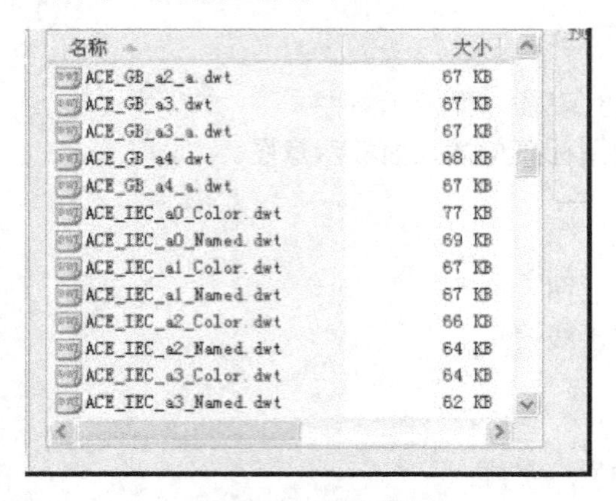

图 8-18　样板文件

（2）预定义边框和标题栏，如图 8-19 所示。

—			—	—	—	文件名称	图号
—			—	—	—		
—			—	—	—		×××1
标记	处数	分区	更改文件号	姓名	日期		

设计	—	工艺	—	阶段标记	数量	比例	
制图	—	标准	—		数量	比例	
校对	—	批准	—				
审核	—	日期	—	共 总数 页	第 页数 页		

图 8-19　预定义边框和标题栏

24．项目信息编辑/处理功能

（1）重新排序和重新标记图纸中的内容。

① 重新利用其他项目的图纸。

② 元件导线的编号方式发生改变。

（2）适用于项目范围内的功能。

① 线号处理。

② 信号箭头处理。

③ 元件标记/属性处理。

④ 图块清理。

（3）标记/验证图形。

① 图形标记。

② 图形验证。

（4）图纸标题栏更新。

① 更新范围：项目/图形。

② 更新内容：自由选择。

（5）图纸目录。

① 目录格式自由设置。

② 输出方式多种多样。

25. 图纸批量打印

（1）项目图纸批量打印

26. 设计资源自定义

设计资源自定义包括原理图符号自定义、接线图图块自定义。

（1）“原理图符号自定义”步骤如下：

① 绘制符号图形。

② 确定元件类型（父元件还是子元件）。

③ 添加属性。

④ 添加接线点。

⑤ 写块。

⑥ 添加到图标菜单中。

（2）原理图符号常用属性：TAG1——元件标记，父元件独有、TAG2——元件标记，子元件独有、INST——元件安装代号、LOC——元件位置代号、TERM——元件端子。

（3）接线图图块自定义。

自定义步骤如下：

① 绘制图形。

② 添加属性。

③ 写为全局块。

（4）接线图图块常用属性：P_TAG1 ——元件名、DESC1——元件描述、TERMxx——元件端子、WIRENOxx——元件线号。

参考文献

1. 胡仁喜，程丽，刘红宇. 中文版 AutoCAD 2008 电气设计经典实例解析. 北京：中国电力出版社，2008.08.
2. 刘国亭，刘增良. 电气工程 CAD 第二版. 北京：中国水利水电出版社，2011.01.
3. 路纯红，刘红宇等. AutoCAD 2010 中文版电气设计快速入门实例教程. 北京：机械工业出版社，2010.07.
4. 桂树国. AutoCAD 2008 工程绘图及实训. 北京：电子工业出版社，2010.01.
5. 赵翠萍. AutoCAD 工程制图项目教程. 北京：电子工业出版社，2011.12.
6. 郑凤翼. 电工应用识图. 北京：电子工业出版社，2010.01.
7. 吕景泉. 楼宇智能化技术. 北京：机械工业出版社，2008.06.
8. 陈文斌，章金良. 建筑工程制图. 上海：同济大学出版社，2010.03.
9. 汤煊琳. 工厂电气控制技术（项目式教材）. 北京：北京理工大学出版社，2009.07.
10. 王秀丽，苏云凤. AutoCAD 制图辅助设计案例教程. 北京：中国水利水电出版社，2008.01.
11. 梁波，王先生. 中文版 AutoCAD 2008 电气设计. 北京：清华大学出版社，2008.01.
12. 崔晓利. 中文版 AutoCAD 工程制图（2010 版）. 北京：清华大学出版社，2009.06.
13. 王征. 中文版 AutoCAD 2010 实用教程. 北京：清华大学出版社，2009.05.
14. 曾刚. AutoCAD 建筑设计与绘图实用教程. 北京：中国水利水电出版社，2010.01.
15. 廖念禾. 《AutoCAD 2008 中文版全接触》. 北京：中国水利水电出版社，2008.01.
16. 中华人民共和国国家质量监督检验检疫总局、中国国家标准化管理委员会编著. GB/T18135-2008 电气工程 CAD 制图规则. 北京：中国标准出版社，2008.10.
17. 赵灼辉. 电力工程制图与 CAD. 北京：中国电力出版社，2007.09.
18. 李梅芳，李庆武，王宏玉. 建筑供电与照明工程. 北京：电子工业出版社，2010.04.